im DETAIL Solares Bauen

im DETAIL

Solares Bauen

Strategien · Visionen · Konzepte

Christian Schittich (Hrsg.)

Edition Detail – Institut für internationale
Architektur-Dokumentation GmbH & Co. KG
München

Birkhäuser – Verlag für Architektur
Basel · Boston · Berlin

Herausgeber: Christian Schittich
Projektleitung: Andrea Wiegelmann
Redaktionelle Mitarbeit: Henning Bouterwek, Alexander Felix, Christina Kimmerle, Julia Liese, Thomas Madlener, Christina Reinhard

Zeichnungen: Kathrin Draeger, Bettina Brecht, Daniel Gärtner, Norbert Graeser, Christiane Haslberger, Olli Klein, Andrea Saiko, Andrea Sommer, Claudia Toepsch
DTP: Peter Gensmantel, Andrea Linke, Cornelia Kohn, Roswitha Siegler

Dieses Buch ist eine Kooperation zwischen Edition Detail – Institut für internationale Architektur-Dokumentation GmbH & Co. KG und Birkhäuser – Verlag für Architektur

Bibliografische Information der Deutschen Bibliothek
Die Deutsche Bibliothek verzeichnet diese Publikation in der Deutschen Nationalbibliografie; detaillierte bibliografische Daten sind im Internet über <http://dnb.ddb.de> abrufbar.

Gedruckt auf säurefreiem Papier, hergestellt aus chlorfrei gebleichtem Zellstoff (TCF ∞).

Printed in Germany
Reproduktion:
Karl Dörfel Reproduktions-GmbH, München
Druck und Bindung:
Kösel GmbH & Co. KG, Kempten

ISBN 3-7643-0709-9

9 8 7 6 5 4 3 2 1

Inhalt

Auf dem Weg zu einer solaren Architektur

Christian Schittich

Das Potenzial an Energie, das uns die Sonne täglich zur Verfügung stellt, scheint unerschöpflich. Allein die Einstrahlung auf die Landmassen der Erde ist über 3000 mal höher als der weltweite Bedarf. Doch nach wie vor decken wir diesen fast ausschließlich mit nicht erneuerbaren, vorwiegend aus fossilen Trägern erzeugten Energien.
Die daraus resultierenden Umweltprobleme – Luftverschmutzung, saurer Regen, Treibhauseffekt und Klimawandel – sind hinlänglich bekannt. Als wäre dies noch nicht genug, nimmt der jährliche Verbrauch dramatisch zu: Der Wohlstand wächst und einige der bevölkerungsreichsten Länder wie China oder Indien sind dabei, den verschwenderischen westlichen Lebensstil zu übernehmen. Schon in Kürze wird das zu kaum absehbaren Konsequenzen führen – in ökologischer wie politischer Hinsicht. Schließlich sind die Ressourcen an herkömmlichen Energieträgern endlich und bald erschöpft. Der Kampf um deren Zugänglichkeit und Kontrolle, allen voran um das Öl, wird sich dann weiter verschärfen. Unter diesem Aspekt ist Solarpolitik nicht nur Umweltpolitik, sondern ein Beitrag zum Frieden. Höchste Zeit endlich umzudenken und einen Weg einzuschlagen hin zu einer nachhaltigen Entwicklung, die auf erneuerbaren Energien aufbaut. Auf Energien also, die direkt oder indirekt auf die Sonne zurückzuführen sind wie Solarstrahlung, Wind- und Wasserkraft oder Biomasse.
Architektur und Bauwesen spielen in diesem Zusammenhang eine zentrale Rolle. Denn beinahe die Hälfte der verbrauchten Energie wird in Mitteleuropa für den Betrieb von Gebäuden aufgewendet, für das Heizen, das Kühlen und die Beleuchtung. Gerade die beiden letztgenannten Aspekte wurden lange Zeit vernachlässigt. Als das solare Bauen, bedingt durch die beiden Ölkrisen zu Beginn der 70er-Jahre, an Bedeutung gewann, drehte sich zunächst alles um die Vermeidung von Wärmeverlusten, die Verwendung von Sonnenenergie zum Heizen der Gebäude im Winter und das Erwärmen von Brauch- oder Trinkwasser. Gerade bei Bürobauten aber ist das Problem der Kühlung meist weitaus gravierender und der dafür benötigte Energieanteil höher. Die Gebäude heizen sich nicht nur durch Witterungseinflüsse auf, sondern zusätzlich durch die abgestrahlte Wärme der Nutzer, der installierten Geräte wie Computer und Bildschirme, vor allem aber durch den Einsatz künstlicher Beleuchtung. Bedenkt man, dass im Vergleich zum Heizen etwa die dreifache Menge an Energie erforderlich ist, um einen Raum in gleichem Maß zu kühlen, wird deutlich, welchen Stellenwert die Vermeidung von Überhitzung, die Klimatisierung mit regenerativen Energien und eine möglichst natürliche Belichtung haben. Der Vergleich zeigt auch, in welchem Maße die verschiedenen Faktoren voneinander abhängen: Solares Bauen lässt sich nicht auf Einzelmaßnahmen beschränken wie Kollektoren oder Photovoltaikanlagen auf dem Dach. Ein Gebäude muss als komplexes Gebilde verstanden werden – als ein energetisches Gesamtsystem –, das für unterschiedliche Ansprüche die vor Ort verfügbaren natürlichen Ressourcen wie Sonnenenergie, Wind und Erdwärme bestmöglich nutzt. Passive und aktive Maßnahmen ergänzen sich dabei. Das fängt bei der Orientierung und Gliederung des Baukörpers an und reicht bis zur Integration von Vorrichtungen, um Warmwasser oder Strom zu erzeugen. Zunehmend leistet dabei auch eine veränderbare Außenhaut ihren Beitrag, die, von einem intelligenten Leitsystem gesteuert, auf unterschiedliche Zustände und Witterungseinflüsse reagiert. Dass für so ein komplexes Gebilde ganzheitliche, fachübergreifende Konzepte erforderlich sind, eine integrale Planung also mit der frühzeitigen Einbeziehung aller beteiligten Fachleute, liegt auf der Hand.

Energiesparendes Bauen kann sich aber nicht auf den Betrieb der Bauwerke beschränken. Es fängt beim Städtebau an und berücksichtigt die Energieinhalte der verwendeten Materialien ebenso wie die Stoffkreisläufe. Produktionstechnologien, Transportwege, Montage und Recycling-Fähigkeit von Bauteilen fließen in die Betrachtung ein. Nachwachsende und vor Ort verfügbare Baustoffe wie Holz oder Lehm schneiden dabei besser ab als solche, zu deren Herstellung viel Energie – erzeugt aus fossilen Brennstoffen – erforderlich ist. Sie verursachen zudem hohe Schadstoff-Emissionen in der Herstellung und werden oft über weite Strecken transportiert. Doch auf welche konkreten Kriterien zur Bewertung der Materialien kann ein Architekt tatsächlich zurückgreifen? Noch immer gibt es zu wenig verfügbare Informationen und noch immer fließt der Primärenergiebedarf von Baustoffen zu wenig in die Beurteilung selbst von Solarhäusern ein, auch wenn sich in letzter Zeit auf diesem Gebiet viel tut. Vorbildlich in diesem Zusammenhang ist die Umweltdeklaration von Bauprodukten in Vorarlberg, wo die Verteilung staatlicher Fördermittel im privaten Wohnungsbau nach ökologischen Kriterien geschieht. Mittels eines Punktekatalogs werden dabei neben dem Heizwärmebedarf vor allem die Umweltverträglichkeit jedes einzelnen Baustoffs sowie die Verwendung erneuerbarer Energieträger berücksichtigt.

1.1

1.2

Im Vergleich dazu werden die Fördermittel für Wohneigentum in Deutschland eher nach dem Gießkannenprinzip verteilt. Zu allem Überfluss schneiden Neubauten dabei noch besser ab als Sanierungsmaßnahmen an Altbauten. Unter ökologischen Gesichtspunkten müsste es genau umgekehrt sein. Denn der schonende Umgang mit Ressourcen bedeutet zuallererst die Nutzung der wichtigsten verfügbaren Ressource, des Gebäudebestands. Darüber hinaus sollte der verdichtete Wohnungsbau stärker unterstützt werden als der Bau von Einfamilienhäusern.
Da weder frei stehende Einfamilien- noch Hochhäuser wirklich ökologisch sein können, sind beide Bauaufgaben im Beispielteil des vorliegenden Bandes nicht berücksichtigt. Bei den Einfamilienhäusern ist es der Freiflächenverbrauch, der negativ zu Buche schlägt sowie der energieintensive Verkehrsaufwand für die Erschließung. Daneben wirkt sich der hohe Anteil an Wärme abstrahlenden und Material verschlingenden Außenflächen ungünstig aus. Bei den Hochhäusern fällt der relativ große Anteil an Erschließungsflächen ins Gewicht, vor allem aber der deutlich erhöhte Materialverbrauch für Tragkonstruktion und Fassade, der notwendig ist, um den statischen Ansprüchen wegen des großen Eigengewichts und der extremen Windkräfte Genüge zu leisten. Außerdem kommen an Hochhausfassaden fast ausschließlich Materialien mit einem sehr hohen Primärenergiebedarf wie Glas, Stahl und Aluminium zum Einsatz.

Als die Zeitschrift DETAIL vor genau zehn Jahren (1993) erstmals ein Heft mit dem Thema »Solares Bauen« herausbrachte, war es noch schwierig, überzeugende Beispiele zu finden. Zu selten sind technisch funktionierende Maßnahmen auch gestalterisch befriedigend in ausgereifte Architekturkonzepte integriert worden. Bei den wenigen gelungenen Häusern wurden – entsprechend den Vorstellungen der damals vorherrschenden Hightech-Architektur – solare Vorrichtungen (wie der Sonnenschutz an Norman Fosters Berufsoberschule im südfranzösischen Fréjus) monströs inszeniert (Abb. 1.1). Überhaupt pries man damals jedes Gebäude, das auch nur im Ansatz etwas mit Energiesparen zu tun hatte, werbewirksam als Solarbau an.

In der Zwischenzeit hat sich vieles geändert. Funktionierende und sinnvoll integrierte Solarkonzepte und Einzelmaßnahmen gibt es jetzt wesentlich häufiger. Sie werden kaum noch an die große Glocke gehängt. Viele hervorragend gestaltete Niedrigenergiehäuser sind äußerlich nicht mehr als solche zu erkennen. Im Bürobau gehören, so möchte man meinen,

Teilaspekte wie die Bauteiltemperierung bei vielen Architekten beinahe zum Alltag. Doch das Ziel ist noch lange nicht erreicht. Noch immer ist der Anteil an regenerativen Energien beim Betrieb von Gebäuden viel zu gering. Noch immer gibt es zu wenig Gesamtkonzepte, noch immer schwelt der Konflikt zwischen Ästhetik und Funktion. Viel zu selten werden beispielsweise Kollektoren oder Photovoltaikmodule sinnvoll in ein Gesamtkonzept integriert. Viel zu oft werden sie irgendwie auf konventionell gedeckte Dächer gesetzt. Das ist nicht nur ästhetisch unbefriedigend, sondern auch im Hinblick auf Kosten und Materialverbrauch – als Dach- oder Fassadenpaneel könnten sie Bestandteil der Gebäudehülle sein.
Ohnehin drängt sich gelegentlich der Eindruck auf, dass manche Maßnahmen nur dazu dienen, das Gewissen zu beruhigen oder Fördermittel einzustreichen. Vor allem dann, wenn auf protzige, Energie- und Ressourcen verschlingende Vorstadtvillen zur Krönung der Kollektor gesetzt wird. In der Gesamtheit hat der Einsatz regenerativer Energien bisher kaum mehr als eine Alibifunktion. Auch wenn es der deutschen Bundesregierung gelingen sollte, ihr ehrgeiziges Ziel umzusetzen und deren Anteil im Zeitraum von zehn Jahren bis 2010 auf 4,2 % nahezu zu verdoppeln, kann das nicht darüber hinwegtäuschen, dass der Gesamtenergiebedarf stetig steigt und die solaren Energien im Wesentlichen den Mehrbedarf decken. Anders ausgedrückt: Die absolute Menge an konsumierten herkömmlichen Energien bleibt etwa die gleiche, mit all den erwähnten Folgen.

Wenn es uns nicht gelingt, unseren verschwenderischen Lebensstil nachhaltig zu ändern und den Energieverbrauch drastisch zu senken, führt kein Weg daran vorbei, in naher Zukunft überwiegend auf regenerative Energien zurückzugreifen. Eine echte Solararchitektur wird somit zur Notwendigkeit. Sie wird mehr sein als nur ein neuer Stil. Ihre Prinzipien werden zur Grundlage allen Bauens. Sie wird das Gesicht der Architektur verändern. Ihre technischen und funktionalen Anforderungen in ein ästhetisch befriedigendes Gesamtkonzept zu integrieren, ist gleichzeitig Herausforderung wie Chance für den Berufsstand der Architekten. Das zu erreichen, dazu möchte dieses Buch beitragen.

1.1 Servicezentrum Finanzämter München (2003), Bernhard Peck
Photovoltaikmodule auf Sonnenschutzlamellen
1.2 Berufsoberschule, Fréjus, Frankreich (1993), Norman Foster
inszenierte Sonnenschutzvorrichtung
1.3 Verwaltungsgebäude, Kronberg (2000), Schneider + Schumacher
Klimafassade aus zweischaligen Kastenfenstern

1.3

Von der passiven Nutzung zu einer smarten Solararchitektur

Manfred Hegger

Das Thema Nachhaltigkeit beherrscht in den letzten Jahren in zunehmendem Maße die Diskussion um Architektur und Bauen. Dabei werden die Inhalte dieses Begriffs arg strapaziert. Es gibt Auslegungen, in die sich die »steinerne Architektur« Berlins ebenso einordnet wie experimentelle Solarbauten. Bereinigt wird diese Begriffsverwirrung derzeit unter anderem durch eine EU-Kommission.[1] Unbestritten ist jedoch: Die Berücksichtigung der Einstrahlung und die passive Nutzung von Sonnenenergie im Bauen ist ein wesentliches Merkmal nachhaltiger Architektur.

Der Begriff der Nachhaltigkeit war in anderen Lebensbereichen immer mit einem eindeutigen Sinn verbunden. Nachhaltig waren sättigende Mahlzeiten wie Omas Erbsensuppe, eine auf Stetigkeit abzielende Waldbewirtschaftung oder ein solides Gebäude mit langer Lebensdauer. Dinge, von denen wir wussten, dass sie gut waren und weswegen. Doch eine kürzlich durchgeführte Umfrage[2] hat Verwirrendes ergeben: nur 10 % der Bürger kennen in irgendeiner Form den Sinn des Wortes. Doch fast 90 % finden das, was sie nicht mit Bedeutung zu füllen vermögen, gut. Es besteht wohl Erklärungsbedarf. Der Begriff der Nachhaltigkeit, ursprünglich für eine dauerhafte Waldwirtschaft verwendet, bezeichnet als Sammelbegriff ganz allgemein einen korrekten Umgang mit der Umwelt. Die UN-Expertenkommission unter Leitung der ehemaligen norwegischen Ministerpräsidentin Brundtland formuliert es treffend so: »Nachhaltigkeit ist eine Entwicklung, die die Bedürfnisse der gegenwärtigen Generationen deckt, ohne die Möglichkeiten der zukünftigen Generationen zu beeinflussen.«[3]

Das Bauen ist hier in vielerlei Hinsicht angesprochen. Zum einen von seiner wirtschaftlichen Bedeutung, es bindet mehr als die Hälfte des gesamten Anlagekapitals unseres Landes, zum anderen geht es einher mit dem größten Teil des Ressourcenverbrauchs. Auch wenn die gebaute Umwelt selbst ein langfristiges Gut ist, wird durch sie bis dato weit mehr als die Hälfte aller »Abfälle« erzeugt, d.h. die Kreislaufwirtschaft im Bauen ist noch unterentwickelt. Der Anteil der Gebäude am gesamten Energieverbrauch in Deutschland liegt bei ca. 40 % und ist damit höher als der des Verkehrs oder der Industrie.[4] Es wird deutlich, dass zu einem nachhaltigen Gebäude ganz selbstverständlich die Energieeinsparung und eine intelligente Nutzung der einfallenden Sonneneinstrahlung gehören sollten. Fossile Energieträger, seit 150 Jahren die Grundlage der Energieversorgung und besonders der Beheizung unserer Häuser, sind begrenzt. Bereits seit einigen Jahren unterschreiten die jährlich entdeckten neuen Vorkommen den Verbrauch, die Kosten steigen, die Auseinandersetzungen um den Zugang zu den Quellen sind unerträglich. Genauso gravierend sind die schädlichen Umwelteinflüsse der fossilen Energieträger, sie verändern unser Weltklima. Viele Alternativen hierzu haben sich als trügerisch erwiesen, weil sie letztlich ebenfalls auf begrenzten Ressourcen gründen, technologisch schwer beherrschbar sind und schädliche Nebenwirkungen haben. Vielleicht wird man bald die Ära der intensiven fossilen Energienutzung für unsere Gebäude als eine Episode betrachten. Warum sollten wir schließlich noch in großem Umfang fossil gespeicherte Sonnenenergie nutzen, wenn wir sie auch direkt einsetzen können? Sie stört das natürliche globale Gleichgewicht nicht, sondern bildet im Gegenteil dessen Grundlage. Sie ist uns als Licht- und Energiequelle vertraut. Doch es wäre kurzsichtig, lediglich alte Prinzipien zu beschwören. »Zurück zur Natur« ist ein beliebter, aber wenig durchdachter Slogan. Wir können keine Häuser mehr bauen wie vor Beginn des fossilen Zeitalters. Die seitdem bestehende bequeme und überall gleichermaßen zugängliche Energieversorgung hat unsere Ansprüche erheblich gesteigert, wir werden wohl auch in Zukunft nicht auf diesen Komfort verzichten wollen. Sicherlich, Architektur, die sich auf die Sonne bezieht, wird einerseits alte Prinzipien geschickter solarer Nutzung in Gebäuden aufgreifen können. Andererseits wird sie als intelligente Architektur darüber hinaus gehen müssen, um heutigen Ansprüchen zu genügen und akzeptiert zu werden. War vor Beginn des fossilen Zeitalters mit den damals verfügbaren Mitteln nur eine passive Nutzung der Sonnenenergie möglich (gegebenenfalls unterstützt durch Brennstellen für nachwachsende Rohstoffe), so erlauben die fossilen Heizquellen und die daraus abgeleiteten neueren Technologien heute ein aktives Temperaturmanagement – völlig unabhängig von Umgebungsbedingungen, Form und Materialität unserer Häuser. Die Phasen der erst passiven und dann auch aktiven Energieversorgung von Gebäuden werden zunehmend abgelöst durch interaktive oder smarte Gebäudekonzeptionen. Sie greifen gewisse passive Systeme auf und ergänzen diese um intelligente Komponenten.

Passive Nutzung

Die passive Nutzung der Sonneneinstrahlung kommt ohne den Einsatz technischer Systeme aus. Das Gebäude mit seiner Platzierung, seiner Geometrie, seinen Bauelementen und Materialien gebraucht die Sonnenenergie ganz direkt

2.1 Pfarrheim, Schwindkirchen (2001), arc Architekten.
Nutzung eines alten Stadels als klimatischen Puffer für den eingestellten Holzbaukörper des Pfarrheims.

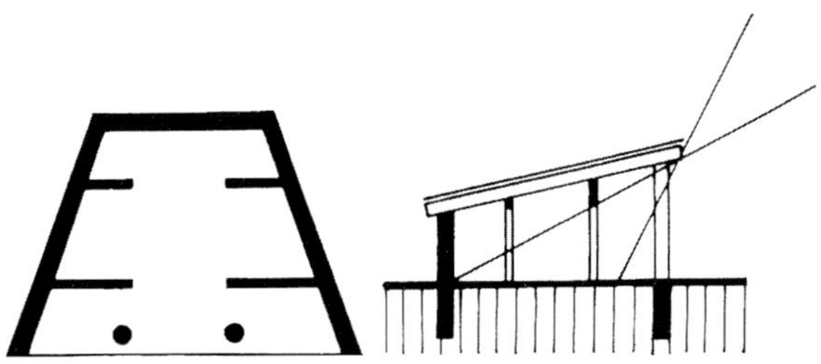

2.2

und ohne Umwege. Dies ist die einfachste und gleichzeitig wirksamste Form solaren Bauens. Das Haus und seine Elemente werden hierbei als solares System betrachtet. Eine sorgfältige Planung kann ein Gebäude an das natürliche Energiepotenzial anpassen, um dieses effizient zu nutzen. Die geschickte Wahl des Standortes, die Platzierung, Formgebung und Ausrichtung, die überlegte Anordnung der Fenster, eine sorgfältige Wahl der Materialien und Wandaufbauten: Dies sind die Faktoren, die es ermöglichen, Sonnenwärme aufzunehmen und zu speichern, die Temperaturen in einer klimagerechten Hülle angenehm zu gestalten und das Licht optimal einzusetzen. Auf diese Weise wird Solararchitektur unter Berücksichtigung nur weniger Regeln eine zukunftsweisende und zugleich die effektivste Form des energiesparenden und -gewinnenden Bauens. Der Heizwärmebedarf reduziert sich, die Heizperiode und die Zeit des Zuheizens verkürzen sich deutlich. Das Bauen leistet hiermit einen deutlichen Beitrag zum Umweltschutz durch Reduktion der CO_2-Emissionen; dazu trägt auch der Einsatz CO_2-neutraler Materialien bei. Bauen und Leben mit der Sonne bedeutet zugleich auch einen erhöhten Wohnkomfort. Helle, lichtdurchflutete Innenräume haben messbar positive physiologische und psychische Auswirkungen auf den Menschen. Solares Bauen bewirkt deshalb mehr als Umweltschutz und Energieeinsparung. Darüber hinaus verbessert es die Behaglichkeit: Die tief in das Haus eindringende Sonne erhöht das Wohlbefinden ebenso wie die höheren Oberflächentemperaturen gut gedämmter Außenwände. Damit einher geht eine erweiterte Nutzung des Tageslichts, die wiederum den Energiebedarf für Kunstlicht reduziert und daneben gleichfalls positive Auswirkungen auf die Benutzer eines solchen Gebäudes hat.

Ein wenig Geschichte ...

Besonnung hatte seit Beginn des Bauens wesentlichen Einfluss auf Lage, Orientierung, Form, Konstruktion und Materialwahl von Gebäuden. Sie war, zusammen mit anderen klimatischen Besonderheiten, prägend für die Entwicklung von Haustypen und die ortsspezifischen Bauweisen.
Das Megaron-Haus[5] des Sokrates (470–399 v. Chr.) weist archetypische Merkmale des solaren Bauens auf. Der kompakte Baukörper öffnet sich nach Süden. Die trapezoide Grundform maximiert diese Ausrichtung und minimiert gleichzeitig die sonnenabgewandte Nordfläche. Hier liegt auch der kühle Vorratsraum, zugleich Pufferzone für den Wohnbereich. Wände und Boden des Hauses sind massiv und besitzen somit eine hohe Speicherwirkung. Der Dachüberstand nach Süden verschattet das Haus bei steil stehender Sommersonne, während die Wintersonne tief in das Gebäude eindringen kann (Abb. 2.2).
Diese Hauskonzeption zeigt exemplarisch wesentliche, zeitlose Prinzipien passiven solaren Bauens:
- Minimierung der Oberfläche (günstige A/V-Verhältnis)
- Öffnung zur Sonne
- solare Zonierung – kühle Räume im Norden warme im Süden
- selektive Verschattung, Schutz vor steiler Sommersonne
- Nutzung von Speichermassen zum Temperaturausgleich

Mit den entstehenden, kostengünstigen Produktionsverfahren für großformatige Verglasungen ergeben sich im 19. Jahrhundert neue Möglichkeiten für das solare Bauen. Die frühen Gewächshäuser schufen künstliche exotische Welten, ermöglicht

durch den Treibhauseffekt des Glases, mit dessen Hilfe ultraviolette Strahlung in infrarote Wärmestrahlung umgewandelt und hinter Glas eingefangen werden konnte (Abb. 2.3).
Im frühen 20. Jahrhundert wurden Transparenz, Licht, Luft und Sonne zum Credo der Moderne. Die Künstler und Architekten der Gläsernen Kette propagierten kristalline Strukturen als Idealbilder, entwarfen Gegenwelten zum Elend der dunklen und unhygienischen Städte, deren Strukturen sich durch die industrielle Revolution rasant verändert hatten. Doch erst in der Moderne wurden diese Ideen verwirklicht, wenn die damals realisierten großen Glasfassaden auch häufig erhebliche bauphysikalische Probleme mit sich brachten. Anfang der 30er-Jahre entstand mitten in der Not der Weltwirtschaftskrise, eine Architektur, welche die Ideen des ökologischen Bauens der 70er-Jahre vorwegnahm: Der Berliner Wettbewerb »Das wachsende Haus« zeigt versorgungstechnisch weitgehend autonome, passiv-solare Hausentwürfe.[6]
Das Dritte Reich bereitete diesen Ansätzen jedoch ein abruptes Ende. Erst 40 Jahre später entwickelten sich diese Ideen unter anderen Vorzeichen weiter: Die Raumfahrt (Umkreisung der Erde von Gagarin 1961, erster bemannter Flug auf den Mond 1969) erlaubte nun einen Blick von außen auf die Erde und machte die Einmaligkeit, und führt zugleich auch die Verletzlichkeit unseres Planeten vor Augen. Die Energiekrise (1973) verdeutlichte die Abhängigkeit von fossilen Energiequellen und die Endlichkeit dieser Ressourcen. Die Warnungen des Club of Rome zu den Grenzen des Wachstums, erstmals 1972 veröffentlicht,[7] verdichteten sich zur Realität. Unter diesen Rahmenbedingungen entstand das so genannte ökologische Bauen, das die Rückbesinnung auf überkommene Bauformen, die Nutzung natürlicher Materialien, regenerierbarer Energiequellen sowie besonders der Sonnenenergie zu seinen Themen machte. Von der etablierten Architektur zunächst ignoriert, entwickelte es sich weiter zum solaren und zum nachhaltigen Bauen. Die intelligente Nutzung der Sonneneinstrahlung blieb, bei aller Veränderung in den übrigen Zielsetzungen, immer eine Konstante dieses Bauens. Die konstituierenden Merkmale der solaren Architektur werden im Folgenden beschrieben. Sie alle nehmen Einfluss auf die Nachhaltigkeit und die Energieeffizienz. Sie ausschließlich zu berücksichtigen führt jedoch nicht weiter, weil unter Umständen übergeordnete Aspekte der Nachhaltigkeit aus Städtebau, Verkehr oder anderen Rahmenbedingungen außer Acht gelassen werden. Die Nichteinhaltung eines Kriteriums kann deshalb also insgesamt durchaus vernünftig sein; sie ist durch andere Maßnahmen in aller Regel kompensierbar (zum Beipspiel mikroklimatisch ungünstiger Standort durch bessere Dämmung, Verzicht auf Windschutz durch bessere Dichtheit).

Standort und Mikroklima

Der Energiebedarf eines Gebäudes ist nicht nur von seinen bauphysikalischen Eigenschaften abhängig, sondern ebenso sehr von seinem Standort und den jeweiligen klimatischen Gegebenheiten. Die globalen Klimazonen haben natürlich überragende Bedeutung: typische Temperaturverläufe über die Jahreszeiten und den Tag, Luftfeuchtigkeit, Sonneneinstrahlung, Windgeschwindigkeiten und -richtungen. Jeder

2.3

2.2 Das Megaron-Haus (um 400 v. Chr.), Sokrates. Trichterförming nach Süden zur Sonne geöffnet und mit Pufferräumen im Norden der erste Entwurf eines Solarhauses.
2.3 Palmenhaus im Sefton Park, Liverpool (1896), Entwurf und Ausführung Mackenzie & Moncur.

Kleinklimaraum weist darüber hinaus typische Besonderheiten auf, die sich aus Topographie, Landschaftsformation, Bepflanzung, Baumbestand, Nachbarschaft zu offenen Gewässern usw. ableiten. Schon bei der Ausweisung von Bauland sollte deshalb darauf geachtet werden, das am gewählten Standort möglichst positive mikroklimatische Rahmenbedingungen herrschen. Bereits die Lage auf dem Grundstück beeinflusst die Energiebilanz des Hauses.

Topographie

Die Topographie definiert die Temperaturverhältnisse eines Standortes ganz entscheidend. Höhenlagen bedeuten in aller Regel niedrigere Durchschnittstemperaturen. Umgekehrt können in Tieflagen Kaltluftseen oder -schneisen sowie zeitweise Bodennebel entstehen, die auch gegenüber Nachbarlagen deutlich niedrigere Durchschnittstemperaturen bedeuten. Kaltluftstaugebiete haben besonders wegen ihrer nächtlichen Tiefpunkttemperaturen auch niedrige Temperaturmittelwerte und erfordern einen entsprechend höheren Energieeinsatz zur Gebäudeheizung. Nicht beeinflussbare Kaltluftstaugebiete sollte man daher als Standort meiden. Man erkennt sie unter anderem an begrenzten Nebelfeldern, an Tau- und Reifniederschlägen und Frostschäden an Pflanzen. Geeignete Gebäudestellungen und Vegetationsschutz verhindern Kaltluftstau im Nahbereich von Objekten und damit unnötige Wärmeverluste. Kaltlufteinflüsse können durch bauliche Maßnahmen wie Einbettung des Gebäudes ins Erdreich, Erdwälle, Hecken oder Nebengebäude abgelenkt werden. Hanglagen weisen je nach Orientierung eine sehr unterschiedliche Sonneneinstrahlung und daher eine unterschiedliche Erwärmung der Böden bzw. bodennaher Luftschichten auf. Entsprechend stark unterscheiden sich auch die Einstrahlungsverhältnisse für die Gebäude. Natürlich sind die südorientierten Lagen am wärmsten – im Winterhalbjahr die nach Südwest orientierten, im Sommer die nach Süd bis Südost gerichteten Lagen.

Windschutz

Hohe durchschnittliche Windgeschwindigkeiten führen zu entsprechenden Transmissionsverlusten am Gebäude. Man ist deshalb gut beraten, windgeschützte Standorte zu bevorzugen oder, sollte dies nicht möglich sein, Windschutzmaßnahmen zu ergreifen. Dies können Pflanzungen wie Hecken und dichte Baumreihen sein, Fassadenbegrünungen oder Böschungen. Hecken und Baumgruppen blockieren nicht nur kalte Luftströmungen, sondern lenken diese auch in gewünschte Kanäle ab. Windgeschützte Lagen und aktive Windschutzmaßnahmen verbessern daher die Standorteigenschaften eines Gebäudes deutlich.

Pflanzungen können darüber hinaus durch Verdunstung die Umgebung kühlen und Kohlendioxid zu Sauerstoff umwandeln. Richtig ausgewählt und platziert, übernehmen sie während der Vegetationsperiode, also in der warmen Jahreszeit, zugleich eine Sonnenschutzfunktion. Immergrüne Pflanzen führen zur Verschattung eines Gebäudes, weil sie die winterliche Sonneneinstrahlung reduzieren. Laubbäume hingegen lassen im Herbst die Blätter fallen, so dass die wärmenden Sonnenstrahlen dann ungehindert in das Hausinnere eindringen können. Wie deutlich der Energieverbrauch von Gebäuden infolge der Lage differiert, zeigen Untersuchungen von identischen Bauten an verschiedenen Standorten. Legt man ein frei stehendes Einfamilienhaus in normaler Lage mit einem 100 % Energieverbrauch zugrunde, so kann

2.4

2.5

2.6

ein identisches Gebäude an anderen Standorten deutlich veränderte Heizwärmemengen benötigen.[8]

Bauform

Die energetisch optimale Bauform berücksichtigt klimatische Gegebenheiten und geht auf mikroklimatische Besonderheiten ein. Aus städtebaulichen Gründen und infolge anderer übergeordneter Zusammenhängen lässt sich dieses Ideal jedoch nicht oft erreichen. Um sich diesem dennoch so weit als möglich anzunähern, lohnt es sich neben Messgrößen auch auf überlieferte ortstypische Bauformen und Vorbilder aus der Natur zurückzugreifen.

Autochthone Bauformen als Vorbild
Die traditionellen Gebäudetypen geben wichtige Hinweise für geeignete Bauweisen. Sie wurden über Jahrhunderte entwickelt und immer weiter optimiert. In ihren Strukturen basieren sie auf ortsüblichen Wirtschaftsformen und Nutzungsanforderungen, gehen auf die Verfügbarkeit von Baumaterialien ein und berücksichtigen die klimatischen Gegebenheiten des Ortes. Insbesondere letzteren begegnen autochthone Bauformen, betrachtet man sie einmal etwas genauer, meist sehr geschickt. Auf windige Situationen wird mit eingegrabenen Gebäuden oder weit heruntergezogenen Dächern reagiert. In besonders kalten Regionen ist die Wärme abstrahlende Oberfläche minimiert, die Häuser sind entsprechend kompakt. Wohngebäude in gemäßigten Klimazonen richten sich zur Sonne aus und nutzen schon seit früher Zeit über große Öffnungen den Treibhauseffekt verglaster Flächen; Baum- und Heckenpflanzungen vermindern Auskühlung durch Wind und können zugleich für Verschattung im Sommer sorgen. (Abb. 2.4–2.6)

Bionik – die Natur als Vorbild
Tiere und Pflanzen richten sich in vielen ihrer Lebensformen nach den natürlichen Gegebenheiten, insbesondere den klimatischen Bedingungen eines Standortes. Was für sie überlebensnotwendig ist, kann dem Bauen wichtige Impulse geben. Lange Zeit waren allerdings die konstruktiv-technischen Voraussetzungen für die Übertragung solch vorbildhafter Lösungen auf den Bereich des Bauens nicht gegeben. Heute sind sie vorhanden: Das Formenrepertoire der Architektur hat sich erweitert, die gewonnenen Freiheiten lassen sich sinnvoll nutzen. Ein Beispiel aus extremen Klimata zur Verdeutlichung: Der Eisbär hat unter seinem transluzenten weißen Pelz eine schwarze Haut. Auf diese lenken die Haare des Oberfells die Sonnenstrahlen, die Haut erwärmt sich. Der Pelz transportiert aber nicht nur die Sonne zum Körper, sondern wirkt zugleich auch als Wärmedämmung.

A/V-Verhältnis
Auch bei einem Gebäude lässt sich über die richtige Gestaltung seiner Oberflächen Energie gewinnen und Wärme bewahren. Dies ist besonders wichtig in Regionen, in denen – wie bei uns – die Innentemperaturen zu einem Großteil des Jahres über den Außentemperaturen liegen. Um die energetisch unerwünschten Transmissionswärmeverluste so gering wie möglich zu halten, sind minimierte Oberflächen sinnvoll. Jedoch nicht nur zur Verringerung der Verluste: Oberflächen, die einen guten Wind- und Wärmeschutz liefern sowie eine effektive Nutzung des natürlichen Lichts und der Sonnenwärme erreichen können, sind aufwändig und teuer. Ökonomie und Ökologie gehen hier also Hand in Hand. Ein brauchbarer Messwert zur Bestimmung einer energetisch optimalen Bauform ist das so genannte A/V-Verhältnis, das die Wärme abstrahlenden Oberflächen eines Gebäudes (A) ins Verhältnis zu dessen Volumen (V) setzt. Ein niedriges A/V-Verhältnis spart Kosten und Energie.
Zur Erläuterung wieder einige Beispiele: Das beste A/V-Verhältnis hat die Kugel. Da eine Kugel als Bauform aufwändig ist und Nutzungsnachteile hat (Grundfläche), nähert sich die Halbkugel als brauchbare Form dem Ideal weitgehend an. So nutzt das Iglu ein optimales A/V-Verhältnis und wird damit der besonderen Klimasituation der kalten Regionen gerecht.
Bei steigendem Volumen kompakter Formen verringert sich der Oberflächenanteil und damit der Transmissionswärmeverlust. Kleinere Volumina haben immer ein ungünstigeres A/V-Verhältniss als größere Volumina. Kompakte Körper und verdichtete Bauweisen minimieren deshalb gegenüber frei stehenden Gebäuden die Abkühlungsflächen deutlich. Große und kompakte Baukörper sind deshalb kleinen und gegliederten vorzuziehen (Abb. 2.8). Ist man dennoch auf letztere angewiesen, so kann man deren geometrische Nachteile durch

2.4 Traditionelles Haus der Färöer-Inseln. Ein geteerter Holzbau mit einem Sockel aus örtlichen Basaltsteinen und üppigem Grasdach. Neben dem Schutz vor Wind und Sturm ist die Ausrichtung nach Süden bzw. Südwesten, um die Sonneneinstrahlung zu nutzen, wesentlich.
2.5 Erdwohnungen in Shaanxi/China. Bemerkenswert ist ihre temperaturausgleichende Wirkung in einer Zone extremer Klimaunterschiede: im Winter ist es innen 10° wärmer und im Sommer 10° kälter als im Freien.
2.6 Bergdorf im Tessin. Die Steinhäuser sind mit Steinschindeln gedeckt und ohne Mörtel in den Hang gebaut.

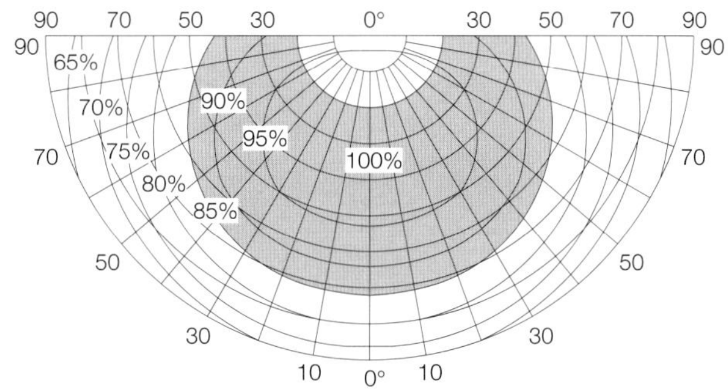

Bereich empfohlener Flächenorientierung
max. jährliche Einstrahlung 1055 kWh/m²

2.7

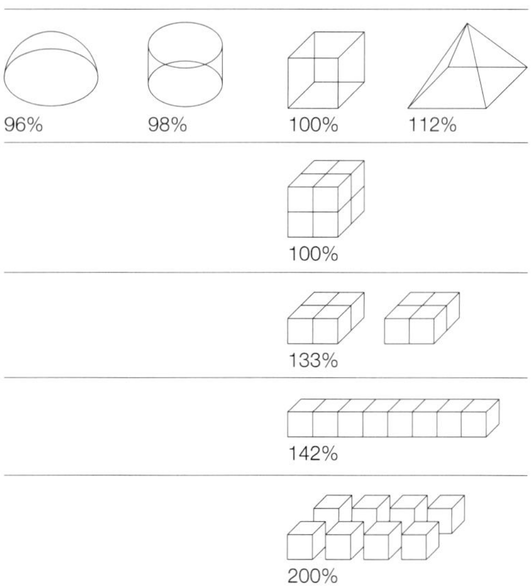

2.8

2.9

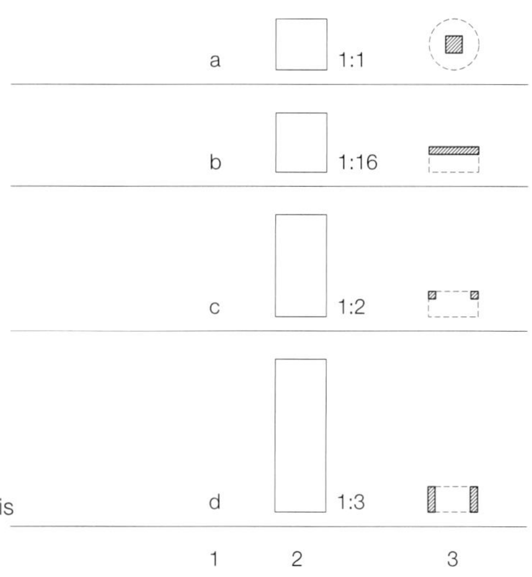

1 Klimazone
2 Seitenverhältnis
3 Gebäude-orientierung

verbesserte Dämmung und eine gesteigerte Ausnutzung der solaren Einstrahlung kompensieren. Auch hier gilt also der oben beschriebene Grundsatz: Es macht wenig Sinn, unbedingt und ausschließlich eine nach energetischen Kriterien optimierte Bauform zu verfolgen. Allein A/V-optimierte Kuben ergeben noch keine wirklich lebenswerte solare Architektur.

Einbettung

Auch die Einbettung eines Gebäudes in das Erdreich vermindert Wärmeverluste, denn dadurch erfährt das Gebäude wesentlich geringere Temperaturschwankungen und der Einfluss des wechselnden Außenklimas wird gedämpft. Eine Nordeinbettung in Verbindung mit einer günstigen Ausrichtung des Gebäudes zur Sonne kann wesentlich zu einem angenehmen Raumklima beitragen.

Ausrichtung und Besonnung

In der frühen Phase des solaren Bauens schien die Ausrichtung von Gebäuden zur Sonne unverrückbares Gesetz. Gemeint war damit natürlich in unseren Breiten eine mehr oder weniger eindeutige Südausrichtung. In heißen Regionen ist dagegen der Schutz vor Sonne wesentlicher Entwurfsparameter. Doch dieses Primat ist eindimensional, es schränkt die Möglichkeiten städtebaulicher Gliederung und Raumbildung ein. Die technischen Entwicklungen im Bereich des Bauens lassen heute auch bei anderen Ausrichtungen erhebliche solare Gewinne zu.
Hohe Dämmstandards in Verbindung mit dauerhaft hohen inneren Lasten (Kunstlicht, Gerätebestand, Belegung) können auch das Gegenteil geraten erscheinen lassen: nämlich der Sonne auszuweichen, um zusätzliche solare Einträge wirksam zu vermeiden. Welche Maßnahmen ergriffen werden, gilt es im Einzelfall zu klären, insbesondere für Gebäudearten mit hohen inneren Lasten (zum Beispiel dicht besetzte Büros, Labors). Ausrichtung zur Sonne, Tageslichteinfall und Beschattung sollten auch bei städtebaulichen Projekten immer vorab geprüft werden. Klassisches Hilfsmittel hierzu sind einfache Sonnenstandsdiagramme, in der Regel wird man heute jedoch CAD-Programme oder spezielle CAD-Tools einsetzen, die zuverlässige Daten ermitteln sowie statische oder bewegte Bilder erzeugen. Dabei sind die Verschattungen durch benachbarte Gebäude, Vegetation oder Topographie zu berücksichtigen.
Nach wie vor gilt: In unseren Breiten kann die Ausrichtung – insbesondere der Hauptträume von Wohnungen – nach Süden vorteilhaft sein. Sie lässt auch in dichteren Baugebieten selbst im Winter Sonne in das Gebäude eindringen und verschafft ihm hohe solare Gewinne. Darüber hinaus ist im Sommer der Sonnenschutz leichter zu bewältigen als bei Ost- oder Westausrichtung: Der steilere Einfallswinkel der Sonne führt zu einem höheren Reflektionsanteil auf der Scheibenaußenseite der Verglasung. Außerdem lassen sich Sonnenschutz und Tageslichtversorgung, ebenfalls wegen des steileren Sonnenwinkels, besser in Einklang bringen. Die Orientierung von Öffnungen nach Osten oder Westen führt in der warmen Jahreszeit zu hohen solaren Einträgen, da die Sonnenstrahlen in flachen Winkeln durch die Verglasung einfallen. Effizienter Sonnenschutz führt in diesem Fall – sofern es sich nicht um hoch entwickelte Systeme handelt – zu Einbußen beim Tageslichteinfall. Im Winter sind die solaren Gewinne dagegen geringer als bei einer Südausrichtung. Dennoch gelingt es zunehmend, zum Beispiel durch größere

Kompaktheit und bessere Dämmqualitäten, auch bei Westausrichtung gute Ergebnisse bis hin zur Passivhausqualität zu erreichen. Eine Nordausrichtung ist besonders für Nutzungen mit geringeren Wärmeanforderungen oder bei hohen inneren Lasten geeignet. Zu beachten ist, dass hochwertige Verglasungen selbst bei reiner Nordausrichtung in der Jahresbilanz einen Energieüberschuss erwirtschaften können.

Zonierung

Die Zonierung eines Gebäudes geht von der Prämisse aus, dass Räume unterschiedliche Qualitätsanforderungen in Bezug auf Nutzung und Innenraumklima erfüllen. Dies gilt besonders für den Wohnungsbau. Die Temperaturansprüche an Wohn- und Arbeitsräume sind grundsätzlich verschieden von denen an Schlaf- und Nebenräume. Auch bei anderen Gebäudearten sind thermische Differenzierungen der Nutzungen sinnvoll: etwa zwischen Arbeits- und Pausenräumen, Büro- und Produktionsbereichen, Ausstellungs- und Lagerräumen. Liegen solche unterschiedlichen Anforderungen vor, so ist eine Zonierung des Gebäudes entsprechend der Nutzungen sinnvoll. Die klassische Zonierung sieht eine räumliche Struktur vor, die konzentrisch ist wie bei einer Zwiebel. Die dauerhaft benutzten und warmen Räume liegen innen, die kühleren und weniger benutzten Räume außen. Dieses Konzept lässt jedoch die Wirkung der Sonneneinstrahlung unberücksichtigt. Demgegenüber orientiert sich das Gebäude bei der solaren Zonierung in einem ersten Schritt nach Süden. Dorthin öffnen sich die innen liegenden, wärmebedürftigen Räume und nutzen die solare Einstrahlung, an den drei anderen Seiten werden sie von Räumen mit geringeren thermischen Anforderungen umhüllt. Diese idealtypische Anordnung ist jedoch meistens räumlich nicht umsetzbar. Daraus ergibt sich die lineare Zonierung. Die Räume sind hier in der Regel zeilenartig angeordnet: die wärmebedürftigen, qualitativ hochwertigen nach Süden, die weniger anspruchsvollen nach Norden. Dazwischen liegt häufig eine Verkehrs- und Verteilerzone. Vorbauten für temporäre Nutzungen bzw. Pufferzonen können diese Struktur im Süden und im Norden ergänzen. Eine klar gegliederte Zonierung macht nicht nur energetisch Sinn: Funktionen sind geordnet, die Gebäudestruktur wird übersichtlich, Bau und Betrieb wirtschaftlich. Sie schafft Ordnungen – eine wesentliche Bedingung für das Entstehen von Architektur.

Gebäudehülle

Die Hülle erfüllt die Aufgaben des Witterungsschutzes, stellt Behaglichkeit im Innern her, lässt Tageslicht in das Gebäude und ermöglicht den Sichtkontakt nach außen. Solare Nutzung erweitert das ohnehin schon komplexe Funktionsspektrum der Hülle. Die Schnittstelle zwischen innen und außen ist dann als dynamisches System zu betrachten, das auf die permante Veränderung der äußeren Einstrahlungs-, der klimatischen Rahmenbedingungen und der inneren Anforderungen reagiert. Simple Regeln wie die Herstellung hoher Wärmeschutzqualität werden damit nicht ausgehebelt, sie sind jedoch in einen größeren Zusammenhang gestellt.

2.7 Sonnenstandsdiagramm und empfohlene Gebäudeorientierung
2.8 Veränderungen des Wärmebedarfs eines Gebäudes bei verschiedenen Oberflächen, aber unverändertem Volumen.
2.9 Klimaeinflüsse auf Gebäudeform und -orientierung mit sinnvoller Anordnung von Speichermassen.

2.10

2.11

Wärme- und Windschutz
Eine gute Wärmeschutzqualität der Gebäudehülle ist für die passive Nutzung der Sonnenenergie mit entscheidend. Denn es macht wenig Sinn, in großem Umfang Sonneneinstrahlung aufzufangen, wenn diese nicht wirksam im Inneren gespeichert werden kann. Einen effizienten Wärmeschutz erhält die Hülle in aller Regel mit hoch dämmenden Bauelementen: in den opaken Fassadenbereichen mit Dämmstoffen oder gut dämmenden Bauteilen, in den transparenten Bereichen mit hochwertigen Verglasungen, transparenter Wärmedämmung oder mehrschichtigen Fassaden. Hierbei sind durch sorgfältige Planung Wärmebrücken zuverlässig zu vermeiden. Moderne Energiesimulationssysteme oder Programme zur Berechnung der EnEV[9] unterstützen den Architekten beim Aufspüren und der Beseitigung derselben.
Bei opaken Bauteilen sind hohe Dämmqualitäten mit entsprechend starken Aufbauten zu erreichen. Die Kosten liegen weniger in den Materialien als vielmehr in deren Verarbeitung. Bei der Wahl der Dämmstärken sind besonders die Einbaubedingungen und die architektonische Wirkung zu beachten. So stellen die extrem hohen Dämmstärken von Passivhäusern neue Herausforderungen für Architekten dar. Vakuumdämmungen, zunächst für den Kühlschrankbau entwickelt und später in der Raumfahrt eingesetzt, sind für den Baubereich eine Neuerung. Mit wenigen Zentimetern Dämmstärke lassen sich außerordentlich hohe Qualitäten erreichen. Jedoch sind Probleme der Verlegung, insbesondere die Behandlung der Stoßfugen, vor allem bei vertikaler Verlegung noch weitgehend ungelöst.
Wärmeschutz macht wenig Sinn ohne einen wirksamen Windschutz. Um neben den Transmissions- auch unkontrollierte Lüftungswärmeverluste in Griff zu bekommen, ist die Gebäudehülle auf Winddichtheit entsprechend der Richtlinien auszuführen; ihre Wirksamkeit lässt sich nur empirisch durch Blower-door-Tests prüfen. Neuere Studien und Planungen zeigen allerdings, dass offensichtlich auch mit anderen Mitteln Fassaden mit hohen energetischen Qualitäten realisierbar sind. Voraussetzung dafür ist, dass man die Gebäudehülle nicht mehr als statisches System auffasst, sondern als dynamisch auf die Umweltbedingungen reagierende Hülle begreift und berechnet. Diese so genannte kybernetische Betrachtungsweise führt zu völlig neuen Lösungen, bei denen die Einstrahlung der Sonne über direkte Nutzung oder Zwischenspeicherung in Bauteilen offensichtlich so effizient wirken kann, dass ein solches, wirklich interaktives System durch direkte Solarnutzung Dämmung weitestgehend ersetzt. Erste Gebäude sind in Betrieb, die dynamischen Simulationen viel versprechend.[10] Inwieweit sich diese Lösungen im Alltag bewähren, bleibt allerdings noch abzuwarten.

Öffnungen

Die Öffnungen eines Hauses bieten die größten Chancen und zugleich die meisten Risiken für eine passive solare Nutzung. Richtig bemessen, angeordnet, ausgerichtet und ausgeführt, können sie heute entscheidend zur Energieversorgung des Gebäudes und zum Komfort seiner Benutzer beitragen. Umgekehrt entstehen durch sie erhebliche Wärmeverluste, Abkühlungen oder Überhitzungen, die die Aufenthaltsqualitäten stark mindern. Die Berechnungen der EnEV legen nahe, dass der Anteil der Fensteröffnungen bei heute durchschnittlicher Verglasungsqualität möglichst nicht

zu groß sein sollte, mit Standardverglasungen nicht über 45 % der Gebäudeoberfläche. Bei höherem Anteil sollte zur Verminderung der Wärmeverluste im Winter eine entsprechend bessere Glasqualität eingesetzt werden.
Will man über transparente Öffnungen Energie gewinnen, wählt man Gläser, die gute Dämmqualitäten und gute Licht- und Wärmetransmissionswerte besitzen. Sie sind zur Sonne hin ausgerichtet, die Strahlung wird über den bekannten Treibhauseffekt – UV-Strahlung wird beim Durchgang durch die Verglasung und beim Auftreffen auf Oberflächen in IR-Wärmestrahlung umgewandelt – im Raum gefangen, je nach Verglasung mehr oder weniger effizient.
Rahmen stellen in der Konstruktion von Fenstern einen Schwachpunkt dar. In der Regel sind ihre Dämmqualitäten denen der Gläser weit unterlegen – trotz thermisch getrennter Profile und anderer besonderer Konstruktionsmerkmale. Wirklich gut gedämmte Fensterrahmen sind sehr aufwändig und wirken oft ziemlich klobig – hier ist noch erhebliche Entwicklungsarbeit notwendig. Eine Alternative dazu ist der weitgehende Verzicht auf Rahmen, sofern dies mit Konstruktions- bzw. Lüftungskonzept und Nutzung vereinbart werden kann: keine allzu kleinen Fensterformate, wenige, lüftungstechnisch optimal angeordnete Öffnungsflügel.
Vernachlässigt wird häufig auch die Auswahl geeigneter Türen, deshalb stellen auch sie energetische Schwachstellen dar. Schlecht gedämmte Türen zum Außenbereich oder zu ungeheizten Räumen verziehen sich darüber hinaus unter den unterschiedlichen Temperaturbedingungen der beiden Oberflächen, tendieren zu Undichtheiten, mechanische Probleme sind sie Folge. Ein Windfang kann Abhilfe schaffen, sofern er räumlich möglich bzw. gewünscht ist.
Die Anforderungen an Öffnungen sind nicht gleich bleibend. Als Nahtstelle zwischen Innen- und Außenklima sollen sie je nach äußeren Bedingungen und inneren Anforderungen in der Lage sein, Licht, Luft und Energie aufzunehmen oder abzuwehren. Im Mittelpunkt der architektonischen Entwicklung steht deshalb die adaptionsfähige Außenwand, die sich veränderlichen Bedingungen und Anforderungen anpasst.

2.12

Verglaste Pufferzonen – Wintergärten

Verglaste Pufferzonen bzw. Wintergärten sind dann energetisch sinnvoll, wenn sie nicht beheizt werden und entsprechend nicht dem dauernden Aufenthalt dienen. Als Zwischentemperaturzone oder als simpler Warmluftkollektor genutzt, lässt sich die hier erwärmte Luft über Schwerkraftlüftung bzw. mit mechanischer Unterstützung im Haus verteilen. Der Reiz des Wechsels zwischen innen und außen mit wechselnden Klimazuständen ist groß, nicht nur im Wohnungsbau. Die Dachverglasung spielt für dieses Raumgefühl eine wesentliche Rolle; energetisch hat sie die Nachteile der schnellen Auskühlung bei Nacht und der Überhitzung durch die steil einfallende Sommersonne. Die räumlichen Qualitäten solcher Pufferzonen können dazu verleiten, hier nachträglich einen beheizbaren Zusatzraum zu schaffen. Dies konterkariert jedoch die Funktion der Pufferzonen, denn der hohe Verglasungsanteil und die geringe Glasqualitäten (vorzugsweise Einfachverglasung) machen dann den anfänglichen energeti-

2.10 Aerogel-Granulat
2.11 Aerogel-Granulat; Aerogele (Basogel®)
2.12 Fachhochschule, Kufstein (2000), Henke und Schreieck. Tageslichtsituation im PC-Arbeitsraum, Sonnenschutz über Lammellenjalousien in der Doppelfassade.

schen Vorteil mehr als zunichte. Mit verschiebbaren Balkonverglasungen lassen sich ähnliche Effekte erzielen wie mit einem Wintergarten. Diese Form des temporären Wintergartens ist besonders in skandinavischen Ländern beliebt.

Transparente Wärmedämmung (TWD)

Der Begriff der transparenten Wärmedämmung ist insofern unkorrekt, als es sich in aller Regel um eine transluzente Dämmung handelt. Diese ist in verschiedenen Materialien erhältlich: als durchscheinende, zwischen Gläsern eingeschlossene oder als in ebenfalls transluzente Putze eingeschlossene, Licht transportierende und streuende Strukturen aus Kunststoffen, wie etwa den so genannten Aerogelen, die quasihomog aufgebaut und in Form von Platten oder Kügelchen erhältlich sind (Abb. 2.10, 2.11). Transparente Wärmedämmung wird auf eine absorbierende Außenwand aufgebracht und wärmt diese mit dem durchgelassenen Sonnenlicht auf. Konstruktiv entsprechend ausgebildet wird sie zur solaren Wandheizung, besonders im Winter und in den Übergangszeiten (Abb. 2.15). Bei ausreichender Speicherfähigkeit der Wand können so kalte Nächte und bedeckte Tage gut überbrückt werden. Im Sommer muss die TWD jedoch wirksam abgeschattet werden, um Überhitzung zu vermeiden. Dies erhöht den Aufwand und die Reparaturanfälligkeit des Gesamtsystems.
Transparente Wärmedämmung kann auch als Licht streuendes Glas, insbesondere in Oberlichtern, eingesetzt werden. Dies schafft eine gleichmäßige Beleuchtung im Inneren, die vor allem in tiefen Arbeits- oder Ausstellungsräumen von Vorteil sein kann. Allgemein anzumerken ist, dass eine in die Verglasungen eingebettete TWD im Vergleich zu hochwertigen, selektiv beschichteten und mit Edelgas gefüllten Gläsern eine weitaus größere Bautiefe ermöglicht, jedoch höhere Kosten verursacht. Deshalb kommen häufig geätzte, sandgestrahlte oder bedruckte Verglasungen mit vergleichbarer Licht streuender Wirkung zum Einsatz.

2.13

Speichermassen

Speichermassen haben die Aufgabe, die Temperatur im Gebäude gegenüber Schwankungen des Außenklimas, der Sonneneinstrahlung und den inneren Wärmequellen zu stabilisieren. Sie halten das Innenklima konstant und können dazu beitragen, Energiepotenziale geschickt zu nutzen.

Massespeicher
Besonders einfach und effizient ist die solare Nutzung massiver oder gut speichernder Bauteile eines Gebäudes. Begünstigt wird die Wärmespeicherfähigkeit durch eine große Oberfläche, eine hohe Wärmekapazität des Materials und direkte Besonnung. Solche Eigenschaften weisen unter anderen frei liegende Massivbauteile wie Wände und Decken auf. Hohlraumböden und abgehängte Decken mindern deren Speicherfähigkeit jedoch erheblich. Auch die Sonnenenergie kann dann nur eingeschränkt genutzt werden, wegen des fehlenden Stabilisierungseffekts steigen in der warmen Jahreszeit zudem die Innenraumtemperaturen, wodurch der Einsatz aktiver Systeme zur Kühlung erforderlich wird. An die Stelle von Massivspeichern können Flüssigkeitsspeicher treten. Diese haben, zum Beispiel beim Medium Wasser, den Vorteil deutlich höherer Speicherkapazität pro Volumeneinheit. In größeren Abmessungen sind sie als Langzeitspeicher (saisonale Speicher) einsetzbar; im Sommer eingespeicherte Sonnenenergie wird

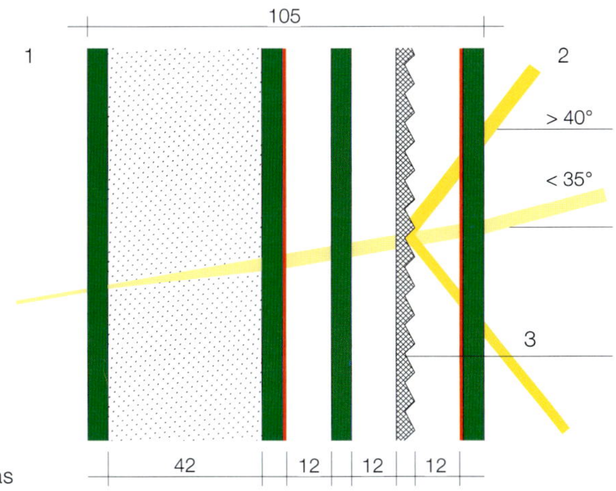

1 Innen
2 Außen
3 Prismenglas

2.14

dann zur Beheizung im Winter genutzt. Die hierfür notwendigen Volumina sind allerdings sehr groß; für ein Einfamilienhaus werden ca. 50 m³ benötigt. Wirtschaftlich einsetzbar sind Flüssigkeitsspeicher deshalb eher für größere Einheiten, insbesondere für eine solare Nahwärmeversorgung in Siedlungen. Verschiedene Pilotprojekte sind in Betrieb, sie alle bedienen sich unterirdischer Großspeicher, bei denen das Verhältnis von Oberfläche zu Volumen wesentlich günstiger ist als bei kleineren hausbezogenen Einheiten.[11] Flüssigkeitsspeicher benötigen immer aktive Zusatzelemente, d.h. Pumpen, die ihre Integration in das Heizsystem bewerkstelligen. Ähnliches gilt für so genannte Energiepfähle. Hier wird die hohe Speicherfähigkeit des Fundamentbetons in Verbindung mit dem über das Jahr annähernd stabilen Temperaturniveau des Erdreichs genutzt, um im Sommer solare Wärme einzuspeichern und sie im Winter (über eine Wärmepumpe) zu nutzen. Umgekehrt kann im Sommer die niedrige Temperatur des Erdreichs zur Kühlung des Gebäudes dienen (s. S. 43ff.)

Latentspeicher
Latentspeicher nutzen den Phasenübergang von Stoffen, vorwiegend vom festen zum flüssigen Zustand, für die materialsparende Wärmespeicherung. Sie besitzen eine sehr große Speicherkapazität. Bei der Einspeicherung von Wärme beginnt das verwendete Material zu schmelzen, erhöht seine Temperatur aber solange nicht, bis es komplett geschmolzen ist. Da trotz Wärmezufuhr keine merkliche Temperaturerhöhung eintritt, nennt man die während des Phasenübergangs eingespeicherte Wärme auch »versteckt« oder latent. Zur Speicherung kommt zum Beispiel Paraffin infrage, das eine etwa zehnmal höhere Wärmekapazität als Beton aufweist. Eine 3 cm starke Trockenbauwand mit Paraffinzusatz erreicht so das Speichervermögen einer 40 cm starken Betonwand.
In die Verglasung integriert, kann Paraffin auch einen ausgesprochen sinnlichen Reiz ausüben. Die Interaktion mit der Außenwelt wird im Innenraum durch die Helligkeit der Wand spürbar. Im Sommer wirkt sie im Innenraum lichtundurchlässig. Im Winter hellt sie, weil das Paraffin geschmolzen ist, nach sonnigen Tagen auf. Bei einer Schlechtwetterperiode verdunkelt sie sich wieder, da das Paraffin bei der Energieabgabe zum Innenraum gefriert.[12]

Auf dem Weg zu smarten Solararchitektur

Mit einigen der zuletzt angesprochenen Maßnahmen ist der Weg zu interaktiven Gesamtsystemen bereits vorgezeichnet. Weitere Ansätze und Technologien sind in der Entwicklung und auch im Einsatz (vgl. S. 38ff., S. 56ff.).

- *Erdkanäle zur Vorwärmung und Kühlung*:

Erdkanäle nutzen das gleichmäßige Temperaturniveau des Erdreichs. Als Erdwärmetauscher liegen sie im frostfreien Bereich und Erwärmen mit entsprechender Kanallänge die angesaugte Frischluft, deren Temperatur sich dabei der Erdtemperatur annähert (ganzjährig ca. 8 °C). In der kalten Jahreszeit heizt der Erdkanal die für das Gebäude benötigte Frischluft vor, in der heißen Jahreszeit kühlt er sie.

2.13 Wohnhaus, Argau (1997), Theresia Schreiber. Außenwand mit Kartonwabendämmung hinter Einscheibensicherheitsglas zur dynamischen Verbesserung des U-Wertes.
2.14 Wohnhaus, Ebnat-Kappel (2000), Dietrich Schwarz. Schemaschnitt Wandaufbau mit Paraffin-Latentspeicher

- *Adiabate Kühlung:*
Die adiabate Kühlung funktioniert nach dem bereits in der Antike angewendeten Prinzip des Springbrunnens. Wasser verdunstet und kühlt dabei durch Befeuchtung die Umgebungsluft um wenige Grad ab. Dieses Verfahren hat physikalische Grenzen, die freie adiabate Kühlung kann durch ihre atmosphärischen Qualitäten jedoch wesentlich zum Wohlbefinden der Nutzer beitragen. Der Nachteil der steigenden relativen Luftfeuchte bei sinkender Temperatur lässt sich bei mechanischen Lüftungssystemen durch Zwischenschaltung eines Wärmetauschers überwinden.
- *Freie nächtliche Kühlung:*
Freie Kühlung ist nicht mehr und nicht weniger als Fenster- oder Klappenlüftung. In Verbindung mit thermischen Speichermassen kann sie allerdings sehr wirkungsvoll zum Ausgleich sommerlicher Temperaturen beitragen: Wärme, die im Laufe des Tages in Bauteile eingespeichert wird und damit Temperaturspitzen verhindert, kann nachts bei geöffneten Fenstern oder Klappen abgebaut werden. Diese sind so bemessen und ausgeführt, dass sie Einbruch, Eindringen von Insekten und allzu hohe Luftgeschwindigkeiten verhindern. Sie können manuell oder mechanisch gesteuert werden. Morgens ist so auch ein gut gedämmtes Volumen wirksam entwärmt.
- *Lichtlenkelemente:*
Lichtlenkelemente führen Tageslicht tief in Räume und reduzieren damit den Bedarf an Kunstlicht. Sie können als reflektierende Lamellen oder Lichtschwerter (Lightshelves), als Licht streuende Scheiben, Licht umlenkende Prismen oder als holografisch-optische Elemente ausgeführt sein. Sie sollten so ausgebildet sein, dass sie – über minimierte Querschnitte – die Tageslichtversorgung optimieren, ohne die thermischen Lasten durch Sonneneinfall stark zu erhöhen.
- *Schaltbare Gläser:*
Die Entwicklung in der Glastechnologie ist rasant. Besonders interessant für das Bauen sind schaltbare Gläser. Durch Anlegen von Strom oder durch Gase lassen sie sich in unterschiedliche Zustände versetzen, so zum Beispiel von transparent in transluzent.
In Abhängigkeit von Lichteinfall oder Temperaturniveau ist auch eine selbstständige Veränderbarkeit möglich, die zum Beispiel Sonnenschutzqualitäten herstellt. Diese Glasart ist sehr aufwändig oder noch in der Entwicklung; in den nächsten Jahren werden wir aber ihren Einzug in die Praxis erleben.
- *Schaltbare Folien/Folienkissen:*
Leichte Konstruktionen sind mit neuartigen Kunststoffen möglich. Aus ETFE-Folien entstehen extrem leichte Bauteile, die meist als formstabile pneumatische Kissen eingesetzt werden. Mehrlagige Konstruktionen ermöglichen es, die Dämmfähigkeit zu erhöhen sowie Lichteinfall und Sonnenschutz zu steuern. Hierfür werden einzelne Folienlagen versetzt zueinander beschichtet oder bedruckt. Durch Druckerhöhung bzw. Evakuierung der Luftzwischenräume werden die Folienzwischeneinlagen »geschaltet«; Lichteinfall in Fassaden und Dächer steuerbar.
- *Vakuumisolationspaneele:*
Die so genannten »VIPs« kamen bisher vorwiegend in Kühlgeräten zum Einsatz. Sie funktionieren nach dem Prinzip der Thermoskanne. Sie bestehen aus in Kunststofffolie vakuumverpackten Dämmstoffe, wie zum Beispiel gepresster Kieselsäure. Paneele mit 2 cm Stärke dämmen so gut wie 20 cm Mineralfaser. Sowohl bei Sanierungen als auch bei Neubauten eröffnen sich dabei neue Möglichkeiten der Gestaltung:

Wand- und Dachaufbauten können in ihrer Stärke deutlich reduziert werden.
Die dargestellten und viele weitere Entwicklungen verbinden klassischerweise passiv genannte Elemente mit aktiven Komponenten, die in der Regel auch über »eigene Intelligenz« verfügen. Sie sind smart, d.h. in der Lage, auf sich verändernde klimatische Verhältnisse und solare Einstrahlungsbedingungen zu reagieren. Das steigert ihre Material- wie Energieeffizienz.
Dies wird der Weg nachhaltiger und energieeffizienter Solararchitektur sein. Ausgehend von der passiven solaren Nutzung ausgehen, sie ist einfach umzusetzen und stabil, effizient durch Materialien, die auf Sonneneinstrahlung jeweils entsprechend reagieren – smarte Materialien. Sie wird lenkbar durch intelligente, sich selbst regulierende Steuerungstechnologien – smarte Regelung. Schließlich verknüpft sie passive und aktive solare Systeme: Die direkte, passive Nutzung der Sonnenenergie wird synergetische Beziehungen mit der aktiven Nutzung der solaren Einstrahlung herstellen. Stichworte hierzu sind beispielsweise Hybrid-Solarsysteme, mikro-klimatische Hüllen und selbstregelnde Fassaden. Die Entwicklung smarter Solararchitektur wird neue Technologien, eine neue Architektur hervorbringen, auf die wir gespannt sein dürfen.

Anmerkungen
1 Die Europäische Union hat zu Beginn des Jahres 2003 unter der Schirmherrschaft des Architects Council of Europe (ACE) das internationale Komitee Sustainable Construction Methods and Technologies (SCMT) eingerichtet mit dem Ziel, die Thematik der Nachhaltigkeit im Bauen für die zukünftige politische und gesetzgebende Arbeit aufzubereiten.
2 Lotter, Wolf (Text), Kimmerle, Julia (Zeitleiste), Kochs, Monika (Zeichnungen): Trägheit. Ein kompakter Überblick über unverstandene Worte wie Nachhaltigkeit, Grüne, Gentechnik und Inertia, übersetzt: Trägheit. In: brand eins, Heft 9/2002
3 Wird auch als Brundtland-Formel bezeichnet. In: brand eins, Heft 9/2002
4 Statistisches Bundesamt Deutschland. www.destatis.de
5 Sokrates forderte um 400 v.Chr. die Ausblidung von trichterförmigen, nach Süden geöffneten Solarhäusern und entwarf mit dem Megaron-Haus den Urtyp eines passiven Gebäudes.
6 Martin Wagner: Das wachsende Haus: Ein Beitrag zur Lösung der städtischen Wohnungsfrage, Leipzig 1932
7 1972 erschien die Studie »Limits to Growth«, auf Deutsch »Die Grenzen des Wachstums«. Sie entstand auf Initiative des Club of Rome und basiert auf dem Modell der »Dynamik komplexer Systeme« einer homogenen Welt. Es berücksichtigt die Wechselwirkungen zwischen Bevölkerungsdichte, Nahrungsmittelressourcen, Energie, Material und Kapital, Umweltzerstörung, Landnutzung etc. www.clubofrome.org.
8 Heizwärmebedarf in Abhängigkeit vom Standort: In Kaltluftstaugebieten 125 %, in Beschattet durch dichte Wälder 110 %, an exponierter Höhenlage 110 %, in windgeschützter Flachlage 85 % an offener Süd- und Hanglage 85 %, bei windstiller sonniger Südlage 60–70 %. Aus: Sabady, Biologischer Sonnenhausbau 1980
9 Die Energieeinsparverordnung (EnEV) ist in Deutschland mit dem 1. Februar 2002 in Kraft getreten. Sie fasst die Wärmeschutz- und Heizungsanlagenverordnung zu einer Verordnung zusammen und gilt für alle beheizten Gebäude, auch den Bestand; das hier vorhanden Energiesparpotenzial wird ausdrücklich erwähnt. www.bmvbw.de
10 Pfeifer, Günter: Vernetzte Systeme. Und: Das kybernetische Prinzip. In: Der Architekt 11/2002
11 Etwa die Solarsiedlung Hannover Kronsberg, oder der Stadtteil Wiggenhausen-Süd in Friedrichshafen.
12 Die Schmelztemperatur eines Paraffins hängt von der Anzahl seiner Kohlenstoff-Atome ab, spezielle Paraffine können bei Raumtemperatur schmelzen und gefrieren.

2.15 Atelierhaus, München (1994), Thomas Herzog. Erste Realisierung einer Fassadenkonstruktion mit Aerogel-Granulat.

2.15

Solartechnik im Spannungsfeld von innovativer Gebäudehülle und energetischer Sanierung

Roland Krippner

Mitte der 1970er-Jahre wurden die ersten Sonnenkollektoren auf Hausdächer montiert, knapp zehn Jahre später folgte die erste gebäudeintegrierte Photovoltaikanlage. Heute kann nach wechselvollem Beginn, der von systemtechnischen Schwierigkeiten und wirtschaftlichen Hemmnissen durchsetzt war, durchaus von einer erfolgreichen Platzierung der aktiven Solartechnik im Bauwesen gesprochen werden. Mehr noch, sie ist mittlerweile nahezu selbstverständlicher Teil nicht nur energetisch innovativer Gebäudekonzepte. Im Bereich des solaren Bauens spielen diese so genannten indirekten Systeme eine besondere Rolle. Die in die Gebäudehülle eingebauten Kollektoranlagen und Photovoltaikmodule treten optisch viel stärker in Erscheinung als direkte Maßnahmen wie kompakter Baukörper, leistungsfähige Verglasung, intelligenter Wärmeschutz oder effizientes Haustechnikkonzept. Neben den funktionalen Aufgaben – Erwärmung des Brauchwassers, unterstützende Beheizung der Räume oder Erzeugung von Strom – ist mit dem Einsatz der Komponenten auch eine starke semantische Erweiterung im Bereich des technischen Repertoires beim Bauen verbunden. Wesentliches Merkmal gebäudeintegrierter Solartechnik ist der sichtbare Einbau der Elemente in das Dach oder die Fassade, die somit die erforderlichen Schnittstellen zwischen Solarstrahlung und haustechnischer Anlage bilden. Und es ist die Gebäudehülle, die Architektur mit ihren jeweiligen gestalterischen Setzungen im öffentlichen Raum – Straße, Platz oder Quartier – erfahrbar werden lässt. Damit stellt sich auch die Frage, ob und inwieweit die solartechnischen Systeme zu neuartigen baulichen Lösungen führen und welchen Beitrag diese zur baukulturellen Qualität leisten können.

Suche nach Qualität in der Architektur

Seit Jahren wird in Fachdiskussionen und politischen Gremien ein wachsendes Qualitätsproblem im Bauen konstatiert. Wenn nun die deutsche Baukultur im Allgemeinen derart vernachlässigt erscheint, wie verhält es sich da im Besonderen mit der so genannten Solar-Architektur? Auch nach knapp dreißig Jahren der verstärkten Auseinandersetzung mit der Solartechnik spiegelt dieses Arbeitsfeld als Pars pro toto eine gewisse »Beliebigkeit und Stillosigkeit«[1] wider, wird nachgerade diesen Bauten eine architektonische Qualität nicht selten abgesprochen. Einerseits gibt es noch immer etliche Architekten, die sich der Thematik nicht stellen und somit das Terrain Technikern und Handwerkern überlassen; andererseits scheinen die Qualitätsansprüche angesichts der Komplexität der Anforderungen und der Fülle an Systemen noch schwieriger zu bestimmen zu sein.

Beschäftigt man sich mit der Qualität von Architektur, so sind zunächst zwei Phänomene festzustellen: Zum einen wird sie von Fachleuten und Laien häufig sehr unterschiedlich beurteilt; zum anderen ist damit allzu oft lediglich die gestalterische Qualität eines Gebäudes gemeint. Zwar wird die Schlüssigkeit einer Lösung, d.h. die Angemessenheit der eingesetzten Mittel und die Sinnfälligkeit des Ausdrucks, sowohl hinsichtlich der Einbettung in den städtebaulichen Kontext als auch im Bezug auf das Gebäudekonzept stark von ästhetischen Kriterien bestimmt; eine Beschränkung auf gestalterische Gesichtspunkte greift indes zu kurz. Denn Architektur ist in hohem Maße an Gebrauchstauglichkeit und Stabilität gebunden, also von funktionalen und konstruktiven Qualitätsmerkmalen bestimmt. Ist schon deren Definition angesichts unterschiedlichster Anforderungen und unscharfer Kriterien schwierig, so entpuppt sich die Frage nach der gestalterischen Qualität – nach einem schönen Bau, welcher hinsichtlich Raumwirkung, Maßstäblichkeit, Proportion, Farbwahl und Oberflächenbehandlung zu überzeugen weiß – als diffiziles Unterfangen, da der angelegte Beurteilungsmaßstab infolge unterschiedlicher Vorkenntnisse und persönlicher Präferenzen ziemlich unverbindlich geraten kann. Darüber hinaus ergeben sich mit dem Einsatz von Solartechnik neue Anforderungen an das komplexe Gebilde der Hülle – etwa Informationsträger zwischen Klimamodulator und Medienscreen zu sein –, die jedoch klassische Beurteilungsschemata nicht überflüssig machen. Eine Qualität der Baukultur kann sich letztlich nur im Zusammenspiel und in der Wechselbeziehung von den architektonischen Kategorien im Sinne Vitruvs entfalten.

Intelligente Gebäudehüllen

Im Zusammenhang mit der Neubetrachtung der Gebäudehülle, d.h. mit deren Übergang von monofunktionalen Schutz- zur polyvalenten Steuerungsfunktion, wird viel von Synergieeffekten gesprochen, und es taucht immer wieder der Terminus »intelligente Gebäudehülle« auf. Wenn die »Bewältigung neuartiger Situationen durch problemlösendes Verhalten«[2] ein Intelligenzkriterium darstellt, dann lässt sich angesichts der apparatetechnischen Aufwertung und Ausstattung insbesondere von Fassaden sicherlich von einem »intelligenten Verhalten« sprechen.

Neben einer Vielzahl an Fenstersystemen zur direkten Nut-

3.1 Museum für Archäologie, Herne (2003), von Busse Klapp Brüning. Die Photovoltaikanlage auf den Sheddächern liefert 100 kW/h in das Stromnetz der Stadt Herne.

zung von Solarenergie, natürlichen Belüftungsstrategien, so genannten Manipulatoren zum Sonnen- und Wärmeschutz und Elementen der Tageslichtlenkungssteuerung bilden solartechnische Komponenten einen wichtigen Bestandteil intelligenter bzw. innovativer Gebäudehüllen. Fassade und Dach können durch ihre Technik (in einem elektronisch vernetzten System) auf die veränderlichen Außenbedingungen flexibel reagieren und damit wesentliche Eigenschaften der Räume bzw. des Gebäudes, d.h. die Komfortbedingungen für die Nutzer, nachhaltig beeinflussen.[3] Das Spektrum an Produkten ist riesig und die Innovationsrate seitens der Industrie enorm; dabei gewinnt insbesondere die Photovoltaik als Stromlieferant für notwendige Steuerungstechniken und als vielseitig einsetzbarer Manipulator zunehmend an Bedeutung.
Für eine Architektur, die physisch und ästhetisch befriedigt, für ein humaneres und intelligenteres Bauen nimmt die Technik eine Schlüsselposition ein.[4] Intelligentes Bauen ist aber nicht notwendigerweise an technische Systeme gekoppelt. Gerade die Vielfalt des traditionellen regionalen Bauens zeigt – da rationales Denken und handwerkliche Technik dort mit schlüssigen Ausdrucksformen einhergehen – einen intelligenten, weil effizienten Umgang mit Material und Energie. Es kann folglich nicht ausschließlich um ein Mehr an Technik gehen. Die Vermeidung unnötiger Technik, gerade dort, wo diese zum Selbstzweck gerät, kann gleichermaßen innovativ und intelligent sein.

Solartechnik

Die Solartechnik begleiten stets Fragen nach ihren technischen und wirtschaftlichen Potenzialen. Mittlerweile sind die Systeme jedoch weit entwickelt. Dadurch ist die Zeit, in der sich durch die gewonnene Energie die Investitionskosten auch unter primärenergetischen Gesichtspunkten amortisiert haben, zum Teil beträchtlich kürzer geworden. Gleichwohl gilt auch heute: Erst wenn die direkten Maßnahmen – die grundlegenden Strategien in Bezug auf das Gebäude und insbesondere die Gebäudehülle hinsichtlich Energiehaushalt und Innenraumklima – umfassend genutzt sind, können Kollektoren und Photovoltaikanlagen mit einem spürbaren Beitrag fossile Energie substituieren und CO_2-Emissionen vermindern. Dies kann bis zu Konzepten von Plusenergiehäusern führen, Bauten also, die über das Jahr mehr Energie erzeugen, als sie verbrauchen.
Prinzipiell sind zwei verschiedene Arten der indirekten Nutzung von Sonnenenergie zur unterscheiden: Solarthermie und Photovoltaik (PV). Bei der Solarthermie wandeln Kollektoren die Solarstrahlung in Wärme um; demgegenüber wird mittels PV-Zellen aus Solarstrahlung Strom gewonnen. Der energetische Ertrag der Systeme wird einerseits von den Standortbedingungen beeinflusst und kann je nach geographischer Lage stark variieren.[5] Andererseits bestimmen Neigungswinkel und Exposition der Anlagen die Energieausbeute. Hierbei sind Unterschiede zwischen solarthermischen und photovoltaischen Systemen zu berücksichtigen. Beim Einsatz von Kollektoren wird die Aufstellung von der Nutzungsart beeinflusst. So sollten Anlagen zur Brauchwasserbereitung auf den höheren Sonnenstand im Sommerhalbjahr ausgerichtet werden, Anlagen zur Unterstützung der Raumheizung sollten stärker den niedrigeren Sonnenstand im Winterhalbjahr einbeziehen. Daraus resultiert für nach Süden orientierte Kollektoren eine flachere Anstellung von 20° bei Brauchwasseranlagen und ein steilerer Neigungswinkel von

3.2

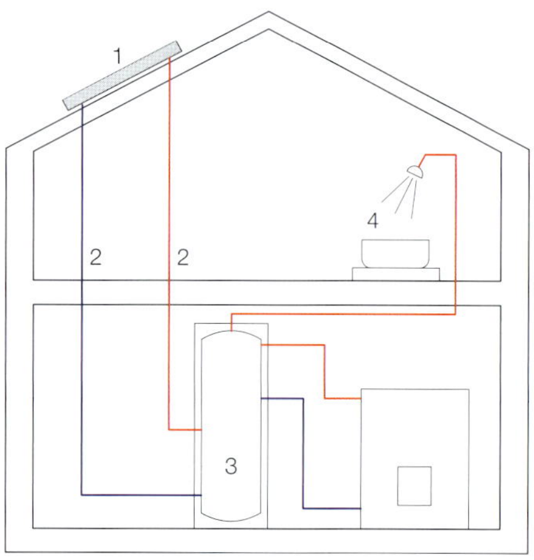

1 Kollektor
2 Solarkreislauf
3 Speicher
4 Warmwasser

3.3

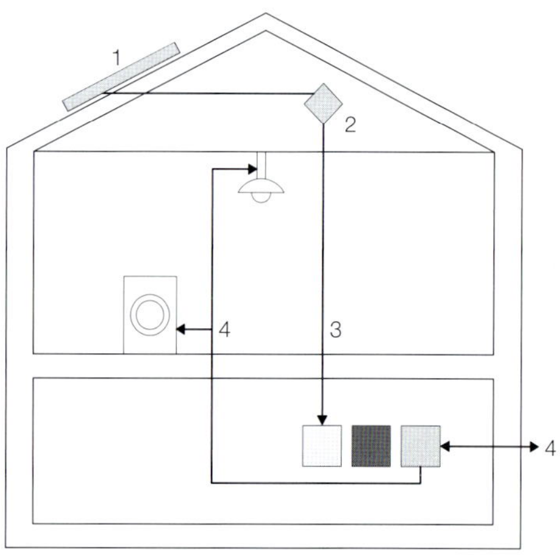

1 Solargenerator auf Montagekonstruktion
2 Anschluss Solargenerator
3 Gleichstrom
4 Verbraucherstromkreis (Wechselstrom)

60° bei Anlagen zur Unterstützung der Raumheizung. Starre PV-Module mit Südausrichtung erreichen in Deutschland den größten jährlichen Ertrag bei einer Neigung von 30° zur Horizontalen. Vereinfachend kann gesagt werden, dass innerhalb einer Südost-/Südwestausrichtung und bei Dachneigungen bis 45° nur mit geringen Abweichungen vom Optimum der Energieausbeute zu rechnen ist; dagegen reduziert sich die Einstrahlung auf vertikale Fassadenflächen erheblich.[6]

Solarthermie

Luft- und Warmwasserkollektoren (Flach- und Vakuumröhrenkollektoren) werden im Wesentlichen zur direkten Vorwärmung der Raumluft, zur Brauchwasserbereitung und zur Heizungsunterstützung eingesetzt. Flachkollektoren bestehen in der Regel aus einem vollflächigen Metallabsorber in einem rechteckigen Rahmenelement, dessen Vorderseite mit einer Glasscheibe abgedeckt und der zur Rückwand wärmegedämmt ist, mit seitlichen Anschlüssen für das Wärmeträgermedium. Der Absorber ist das wichtigste, weil das energieaufnehmende Bauteil; sein Absorptions- und Emissionsvermögen ist entscheidend für den Wirkungsgrad des Kollektors. Einfache schwarze Anstriche werden heute kaum noch verwendet, stattdessen arbeitet man mit effizienteren Beschichtungen. Neue, hochselektive Absorberbeschichtungen, die einen hohen Absorptionsgrad (95 %) haben und die Abstrahlung im infraroten Spektralbereich drastisch verringern, steigern den Energieertrag pro Jahr nochmals. Außerdem lassen sich durch eine Veränderung der Oberflächenstruktur statt der bisher monoton schwarzen auch blauschwarze bis blaugraue Beschichtungen herstellen, was die Gestaltungsmöglichkeiten erweitert.

Bei Vakuumröhrenkollektoren sind Glasröhren mit eingebauten Absorbern an einem Sammelrohr zusammengefasst. Die Glasröhren dienen gleichzeitig als transparente Abdeckung und als Gehäuse. Da durch das Vakuum in den einzelnen Röhren die Wärmeverluste fast vollständig reduziert sind, werden Arbeitstemperaturen von bis zu 120 °C erreicht. Der bis zu einem Drittel höheren Leistungsfähigkeit von Vakuumröhrenkollektoren steht jedoch nahezu eine Verdoppelung der Kosten gegenüber. Hergestellt werden solche Kollektoren in unterschiedlichen Bauformen, wobei es sich meist um »offene Systeme« handelt, d.h. diese bilden keine wasserführende Schicht aus und müssen daher auf dem Dach aufgeständert oder vor die Fassade gehängt werden. Mittlerweile gibt es Ansätze für eine integrierte Montage, die Vakuumröhrenkollektoren auch für die Fassade interessanter werden lässt. Allerdings ist der höhere Dichtungsaufwand zu berücksichtigen.

Die Anlagendimensionierung bei der Warmwasserbereitung zielt in der Regel darauf ab, dass im Jahresmittel etwa zwischen 50 und 80 % des Bedarfs durch die Kollektoren geliefert werden; während im Sommer eine nahezu hundertprozentige Deckung erreicht werden kann, sinkt im Winter durch Wärmeverluste und geringere Einstrahlung der Ertrag auf etwa 50–60 % ab. Bei Ein- und Zweifamilienhäusern wird mit 1,2–1,5 m^2 Flachkollektorfläche und einem Speichervolumen von 80–100 l pro Person gerechnet. Bei handelsüblichen Solaranlagen zur Heizungsunterstützung, so genannten

3.4

3.2 Schema zur Funktionsweise von Solarthermie
3.3 Schema zur Funktionsweise von Photovoltaik
3.4 Mehrfamilienhaus, Zürich (2001), Beat Kämpfen. Die Balkonbrüstung besteht aus Vakuumröhrenkollektoren.

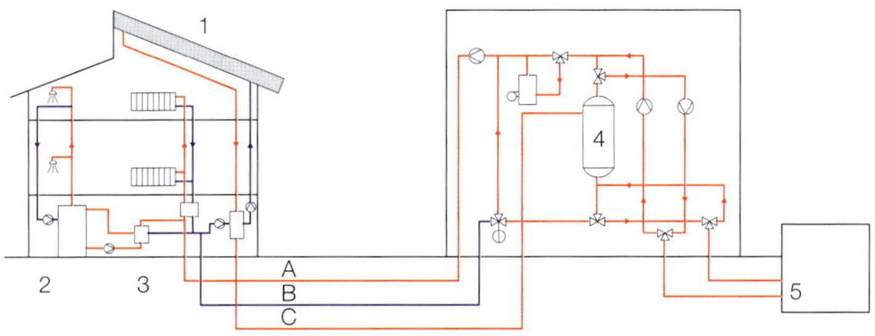

A Wärmevorlauf
B Wärmerücklauf
C Solarvorlauf

1 Kollektorfeld
2 Hausübergabestation
3 Solarübergabestation
4 Pufferspeicher
5 Langzeitspeicher

3.5

Kombi-Anlagen, ermittelt man die Auslegung über die Heizlast. Aus der Faustformel, dass etwa 1 m² Kollektorfläche pro kW benötigt wird, resultieren gängige Systemgrößen von 8–16 m² Kollektorfläche – bei der Verwendung von Vakuumröhrenkollektoren sind bereits etwa 10 m² ausreichend – und ein installiertes Speichervolumen zwischen 500 und 1000 l. Damit kann bis zu einem Viertel des Gesamtwärmebedarfs durch die Solaranlage gedeckt werden.

Solare Nahwärmekonzepte und Kühlverfahren
Im Bereich der Solarthermie gewinnen zwei Themen in zunehmendem Maße an Bedeutung: solare Nahwärmekonzepte[7] und solargestützte Kühlverfahren[8]. Bei der solar unterstützten Nahwärmeversorgung sucht man das Problem der Ungleichzeitigkeit von hohem Strahlungsangebot im Sommer und Wärmebedarf im Winter durch eine saisonale Speicherung zu überbrücken. Durch die dazu benötigten großen Speichervolumina (bis zu 20000 m³) sowie eine abgestimmte Einbettung in das Versorgungsnetz und eine besondere Auslegung der Regelungstechnik kommt dieses Modell vorrangig bei der Planung neuer Wohnsiedlungen in Betracht. Da solche Anlagen große Absorberflächen benötigen, führt man die Kollektoren meist als komplett vorgefertigte »Solardächer« aus. Dabei können auch Dächer und Fassaden benachbarter Schulgebäude, Kindergärten oder Sporthallen sowie Lärmschutzwände genutzt werden. In Verbindung mit Niedertemperaturheizungen werden solare Deckungsraten für den Bedarf an Brauchwasser und Raumheizung von bis zu 60 % erreicht. Solar unterstützte Nahwärmekonzepte stellen einen wichtigen Baustein zur effektiven thermischen Nutzung der Solarenergie dar. Indes besteht hinsichtlich der unterschiedlichen Speichertypen noch reichlich Entwicklungsbedarf, besonders bei der baukonstruktiven Ausführung zur Minimierung der Wärmeverluste wie auch der Reduktion der Kosten. Dadurch ist heute die Wirtschaftlichkeit solcher Anlagen noch recht niedrig.
Seit Jahren laufen Versuche, die Solarenergie verstärkt auch für die Klimatisierung von Gebäuden zu nutzen, da gerade bei Bürobauten das Thema der Kühlung von besonderer Relevanz ist. Dabei lässt sich der positive Effekt einer weitgehenden Gleichzeitigkeit von Strahlungseinträgen und Kühlbedarf ausnutzen. Auch wenn sich solarthermisch betriebene Kältemaschinen und Klimaanlagen noch in der Entwicklung befinden, sind doch zumindest Pilotanlagen in Betrieb. Bei einer sorptionsgestützten Klimatisierung kommen so genannte offene Systeme zum Einsatz, welche die Raumluft direkt entfeuchten und kühlen. Während hierfür Luftkollektoren als thermischer Antrieb geeignet sind, erfordern Adsorptions- bzw. Absorptionskältemaschinen – also geschlossene Systeme zur Erzeugung von kaltem Wasser – je nach Kühltemperatur gute Flachkollektoren (mit Arbeitstemperaturen von 80–100 °C) oder Vakuumröhrenkollektoren (100–150 °C). Beim Monitoring der Demonstrationsanlagen zeigte sich, dass vor allem Probleme im Bereich der Regelungsstrategie, d.h. beim Zusammenwirken von Kollektoranlage und Kältemaschine, bestehen.

Photovoltaik
Eine Photovoltaikanlage besteht aus Solarzellen, die zu Modulen zusammengefasst werden. Die einzelnen Zellen sind entweder in Reihe oder parallel geschaltet. Die Addition von mehreren Modulen bezeichnet man als Solargenerator. Bei PV-Anlagen können Verschattungen (durch benachbarte

Gebäude, Vegetation, Dachaufbauten, konstruktive Elemente) zum Teil zu einer erheblichen Leistungsminderung führen; sie sollten deshalb grundsätzlich vermieden werden. Allerdings ermöglichen spezielle Verschaltungsarten eine Begrenzung der Ertragseinbußen.
Solarstrom kann entweder im Inselbetrieb oder über eine netzgekoppelte Anlage gewonnen werden. Bei Inselsystemen (z.B. Berghütte, Wochenendhaus) besteht kein Netzanschluss, der generierte Gleichstrom wird direkt und ohne Umwandlung vor Ort in Batterien gespeichert oder für entsprechende Endgeräte (so genannte Niedervoltgeräte) genutzt. In netzgekoppelten Anlagen muss der erzeugte Gleichstrom mittels eines Wechselrichters in Wechselstrom umgewandelt werden, bevor dieser ins öffentliche Netz eingespeist oder im Haushalt verbraucht werden kann.
Photovoltaikmodule haben einen mehrschichtigen Aufbau und sind entweder zwischen Glasscheiben in einer Kunstharzeinbettung oder zwischen Glas und Kunststofflaminat eingelegt. Ihre Rückseite ist je nach Anforderung opak, transluzent (Mattglas, streuende Folien) oder transparent (Klarglas, transparente Folien). Prinzipiell sind starre und bewegliche Photovoltaikmodule zu unterscheiden. Als Alternative zu fest montierten Elementen finden zunehmend bewegliche, einachsig und zweiachsig nachführbare Systeme Verbreitung. Eine Vielzahl von Herstellern bietet Module in unterschiedlichen Standardabmessungen und Sonderanfertigungen an; die Produktpalette reicht vom kompletten Energiedach über Sonnenschutzsysteme bis zum PV-Dachziegel.
Die benötigte Fläche ergibt sich aus der Generatorleistung, die in Kilowattpeak (kW_p) gemessen wird, einem Wert, der die Modulleistung unter genormten Testbedingungen angibt. In Deutschland liefert eine optimal ausgerichtete PV-Anlage mit einer Leistung von 1 kW_p je nach Standortbedingungen jährlich zwischen 600 und 1000 kWh Strom. Abhängig vom Zelltyp erfordert dies eine Fläche von 10 m^2 bei kristallinen Zellen, bei amorphen deutlich mehr. Mit einer durchschnittlichen Anlagengröße (2–3 kW_p) kann bis zur Hälfte des Jahresbedarfs gedeckt werden; allerdings liegt der direkt eigengenutzte Anteil aufgrund der zeitversetzten Erzeugung nur bei 20–25 %.

3.6

Zelltechnologie

Solarzellen bestehen meist aus amorphem oder kristallinem Silizium. Die einzelnen Zelltypen unterscheiden sich in der Oberflächenstruktur und Farbigkeit, aber auch im Wirkungsgrad. Den höchsten Wert weisen monokristalline Zellen mit bis zu 18 % auf. Während polykristalline Zellen noch 16 % erreichen, liegt der Wirkungsgrad bei amorphem Silizium bei etwa 10 %. Mittels so genannter Hybridzellen, bei denen monokristalline Wafer von zwei Schichten mit amorphem Silizium umgeben sind, werden die Wirkungsgrade stetig weiter optimiert. Daneben wird bereits an vielfältigen neuen Techniken geforscht, etwa für mikrokristalline und mikromorphe Solarzellen oder Farbstoffzellen.
Dagegen stellen »transparente« polykristalline Zellen mit ihren interessanten optischen Effekten eine neue Technologie im Bereich der gestalterischen Wirkung dar. In einem speziellen Bearbeitungsverfahren werden Vorder- und Rückseite

3.5 Schema zur Funktionsweise von solaren Nahwärmekonzepten
3.6 Lehrter Bahnhof, Berlin (2003), von Gerkan Marg und Partner. Die Photovoltaikmodule sind in das Glasdach integriert und dienen gleichzeitig dem Sonnenschutz.

3.7

des Wafers jeweils in parallelen Schnitten gesägt. Die in deren Schnittpunkten entstehenden (Kleinst-)Löcher mindern zwar leicht die Flächenleistung, erzeugen jedoch den Eindruck einer transparenten Zelle.
Ein großes technisches wie gestalterisches Potenzial liegt in der Dünnschichttechnologie.[9] Diese Zelltypen sind einerseits materialsparend – da für die Lichtabsorption Schichten von nur wenigen Mikrometern (1–6 µm) ausreichen – und andererseits energiesparend, weil die Herstellungstemperaturen mit 200–700 °C ein Viertel unter denen für kristalline Zellen liegen. Zusätzlich besteht ein hoher Automatisierungsgrad in der Fertigung, was enorme Einspareffekte verspricht.
Im Bereich der Einstrahlungs- und Temperaturabhängigkeit weisen Dünnschichtzellen eine Reihe von Vorteilen auf, gleichzeitig haben sie eine größere Verschattungstoleranz. Diffuses und schwaches Licht wird besser genutzt, und der Leistungsabfall bei Temperaturerhöhung in der Zelle fällt geringer aus; darüber hinaus verhindern die langen Streifen eine vollflächige Verschattung der Einzelzelle.
Ein weiterer Vorteil der Dünnschichttechnologie ist die relativ freie Formbarkeit der Module. Da diese nicht wie bei kristallinen Zellen an standardisierte Wafergrößen gebunden sind, können sie unterschiedliche geometrische Zuschnitte aufweisen und auch auf gekrümmten und flexiblen Trägermaterialien wie Metallblechen oder Kunststofffolien aufgebracht werden. Besonders geeignet ist dieser Zelltyp für die Integration in Gebäudebereiche, in denen eine ausreichende Hinterlüftung nicht immer gewährleistet ist oder Verschattungen auftreten können. Bei der Weiterentwicklung von Dünnschichtzellen wurden in den 1990er-Jahren neben amorphem Silizium weitere Halbleitermaterialien erprobt, vorrangig Kupfer-Indium-Selen (CIS) und Cadmium-Tellurid (CdTe). Dabei sind mit der CIS-Technologie zur Zeit die höchsten Wirkungsgrade im Bereich der Dünnschichttechnologie (14 %) zu erzielen. Die Entwicklung von so genannten Stapelzellen, bei denen zwei bzw. drei Schichten übereinander aufgebracht sind (Tandem- bzw. Triple-Zellen), führte zur Verbesserung des Gesamtwirkungsgrades. Um die Leistung solcher Stapelzellen noch weiter zu optimieren, wird z.B. bei den Triple-Zellen jede der Schichten für einen anderen Spektralbereich (kurz-, mittel-, langwellige Strahlung) ausgelegt.
Das Erscheinungsbild eines Dünnschicht-PV-Moduls prägen homogene Flächen, die durch äußerst schmale und transparente Trennschnitte strukturiert sind. Diese resultieren aus der Herstellung, d.h. der elektrischen Trennung und Verschaltung der Zellschichten. Eine Variation der Breite oder zusätzliche horizontale Trennschnitte können auch gezielt als gestalterische Elemente eingesetzt werden. Während das Farbspektrum bei den polykristallinen Zellen zunehmend erweitert wird, dominieren im Bereich der Dünnschichttechnologie noch die dunklen Töne, von Schwarz bis Rötlichbraun bzw. Dunkelgrün.

Integrationsarbeit

Betrachtet man den baukonstruktiven Bereich der Integration solartechnischer Systeme in Dach bzw. Wand, so fällt zunächst auf, dass die Einbaubedingungen, insbesondere bei den Befestigungsarten und der seitlichen Andichtung, seitens der Hersteller stetig verfeinert und verbessert werden. Durch neuartige Rahmenprofile lässt sich neben der Vereinfachung des Zusammenbaus der einzelnen Elemente und der Verkürzung der Montagezeit auch eine Minimierung von Profilhöhen und Ansichtsbreiten erzielen. Mittlerweile lassen

sich Solaranlagen durch vielfältige Möglichkeiten relativ flexibel in die Gebäudehülle integrieren. Auch gibt es vermehrt Komplettlösungen, bei denen solarthermische und photovoltaische Systeme innerhalb einer Konstruktionstechnik besser untereinander und mit weiteren Elementen der Hülle kombiniert werden können.
Wesentlich ist, dass Kollektoren und PV-Module in das Haustechnikkonzept eingebunden werden müssen. Dazu bedarf es je nach Nutzungsart Leitungsführungen und zusätzlicher Apparatetechnik, was vor allem bei Außenwandkonstruktionen zu berücksichtigen ist. Aufgrund der relativ schlanken Aufbauten und der beweglichen Stromkabel mit kleinen Querschnitten eignet sich dort die Photovoltaik besonders gut zur Integration. Der Durchmesser der Rohrleitungen bei Wasserkollektoren ist deutlich größer, und es muss auf Dichtigkeit und Frostsicherheit der Leitungen und Verbindungen geachtet werden.
Hinsichtlich formalästhetischer Kriterien ist bei solartechnischen Systemen ein großes Spektrum an Gestaltungsoptionen vorhanden. Die Hersteller versuchen heute, auf fast alle Wünsche von Architekten einzugehen. Eine möglichst große Bandbreite an Farben wird häufig als besonderer Pluspunkt der Photovoltaik herausgehoben. Natürlich beeinflussen die Farbvarianz der Absorberflächen und die formale Vielfalt von Profilen[10] ebenso wie die seitlichen Anschlusselemente an Dachhaut oder Fassadenebene das Erscheinungsbild der Anlagen. Das Einfügen zusätzlicher Farben und Formen in die Gebäudehülle muss allerdings sorgfältig geprüft werden.
Die architektonische Integration solartechnischer Systeme in die Gebäudehülle greift jedoch weiter, denn mit dem Einfügen eines Bauteils in Wand bzw. Dach übernimmt dieses Element als deren Bestandteil funktionale und konstruktive Aufgaben. Die Anforderungen und Eigenschaften der baulichen Struktur sind dabei mit den gestalterischen Kriterien und den Gesetzmäßigkeiten des Energiesystems in einen Gesamtzusammenhang zu bringen.[11]

Additiver oder integrierter Einbau?
Häufig werden die mitunter nachträglich installierten Kollektoren und PV-Module als optisch störende Elemente auf dem Dach oder an der Fassade empfunden. Schon in den Anfangsjahren sah man – und so ist es im Übrigen bis heute geblieben – das »Hauptübel« in aufgeständerten Anlagen, also in additiven Maßnahmen. Dagegen gilt die Indachmontage scheinbar per se als dezent und unauffällig oder gar als elegante Lösung. So wird bereits die erste Indachmontage einer Kollektoranlage (1976) in der Rückschau als »gelungene architektonische Lösung«[12] herausgestellt. Hier scheint sich über die Jahre ein großes Missverständnis gehalten zu haben. Nun mag das Resultat in diesem Fall bautechnisch innovativ und funktional, d.h. energetisch richtig gewesen sein, aber von einer gestalterischen Einbindung in die bestehende Dachfläche kann nicht gesprochen werden.
Das Unbehagen an den »aufgepflasterten« Anlagen hat zunächst nichts mit der Art der baukonstruktiven Lösung zu tun. Ob nun aufgeständert oder bündig in die Dachhaut oder die Fassadenebene integriert, maßgebliche Parameter einer gestalterisch befriedigenden Lösung sind die Modulabmes-

3.8

3.7 Einfamilienhaus, Öhling, Österreich (1999), Poppe Prehal. In die schmale Stirnfassade ist auf 7 m² eine Kollektoranlage integriert.
3.8 Niedrigenergiehaus in Bregenz (2001), Daniel Sauter. Die PV-Anlage ist konstruktiv und gestalterisch in die Fassade integriert.

3.9

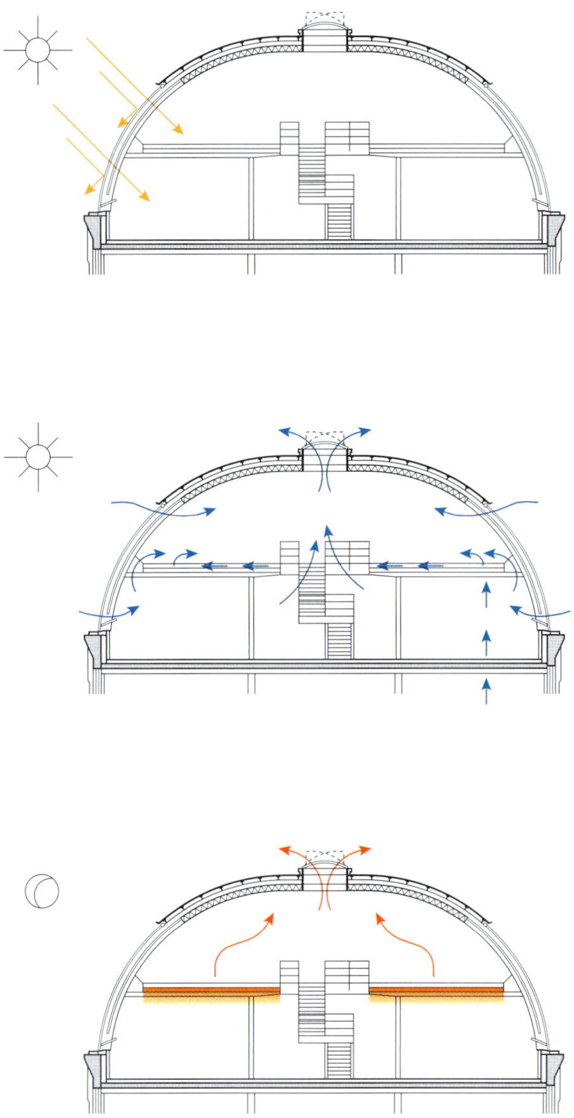

3.10

sungen, die Proportionen des Gesamtelements und dessen Binnengliederung, vor allem aber die gewählte Anordnung in der Fläche.
Eine Reihe gebauter Beispiele zeigt, dass Konzepte, die solartechnische Anlagen sowohl im Dach als auch in der Fassade additiv einsetzen, durchaus ein hohes Maß an architektonischer Integration aufweisen können. In diesen Projekten werden die Kollektoren oder die PV-Module als weitere Funktionsebene begriffen, die abgelöst von der wasserführenden Schicht angeordnet ist. Dies kann seine Gründe im Bauablauf haben, aber auch in Nutzungsaspekten, etwa in der ausreichenden Hinterlüftung, geschützten Wartungsgängen etc. Wesentlich im Sinne einer architektonischen Integration ist neben den baukonstruktiven und energetischen Aspekten die schlüssige Einbindung in ein übergeordnetes Gestaltungskonzept; da ist die Frage nach additivem oder integriertem Einbau zunächst nachgeordnet zu betrachten.

Gebäudebestand

Im Zusammenhang mit dem solaren Bauen ist immer wieder der ökologische Sinn des energiesparenden Einfamilienhauses auf der grünen Wiese infrage gestellt worden. Zudem wird betont, dass ressourcenschonende Maßnahmen letztlich nur im Altbaubestand zu realisieren seien.[13] Auch ist der Bedarf an Neubauten relativ klein geworden, die jährliche Erneuerungsrate des Bestandes beträgt für die nächsten Jahre etwa 1 %, Tendenz fallend. Große Potenziale liegen hingegen in der baulichen und energetischen Erneuerung wie auch in der architektonischen Aufwertung von Siedlungs-, Industrie- und Gewerbearealen.
Angesichts der Tatsache, dass weiterhin etwa 40 % der in Europa insgesamt verbrauchten Energie für den Bau und den Betrieb von Gebäuden aufgewendet werden und insbesondere die großen Bauvolumen aus den 1950er-, 60er- und 70er-Jahren hinsichtlich des Wärmeschutzes deutliche Defizite aufweisen, gewinnt die energietechnische Optimierung der Altbauten einen hohen Stellenwert. Die Aufgabenfelder der Zukunft für Architekten und Ingenieure heißen Pflege, Umbau, Anpassung des Gebäudebestandes sowie partieller Neubau.
Ferner gibt es bei der Entscheidung für eine solarthermische Anlage einen wesentlichen Zusammenhang mit der anstehenden Heizungserneuerung: Für Deutschland wird in den kommenden fünf Jahren der Austausch bzw. die Modernisierung von über vier Millionen alten Heizungsanlagen erwartet. Legt man etwa fünf m^2 Kollektorfläche pro Erneuerungsmaßnahme zugrunde, so würde dies eine jährliche Zuwachsrate von etwa einer Million m^2 allein bei Ein- und Zweifamilienhäusern bedeuten.[14]
Flächenabschätzungen weisen ein großes Potenzial für den Einsatz von Solartechnik aus. Eine Untersuchung ausgewählter Altersklassen von Wohnungsbauten in Bayern ergab, dass gerade im Bereich der Fassaden eigentlich reichlich solar nutzbare Flächen vorhanden sind. Demgegenüber zeigten sich bei Einzeluntersuchungen mitunter starke Einschränkungen, die durch Auflagen des Denkmalschutzes noch verschärft werden können.[15] Daher erscheint gerade im Gebäudebestand eine Fokussierung auf Fassaden nicht sinnvoll. Vielfach eröffnen dagegen die Dächer nicht nur durch Exposition und Neigung, sondern auch durch die Möglichkeit eines zusammenhängenden und großflächigen Einbaus eine gleichermaßen architektonisch stimmige und energetisch sinnvolle Lösung.

Solartechnik und Denkmalschutz

Im Zuge der verstärkten Nutzung regenerativer Energien für den Betrieb von Gebäuden ist auch die Denkmalpflege zunehmend mit dem Wunsch nach Solartechnik im Bereich von Baudenkmälern oder Gesamtanlagen – wie Straßenzügen, Plätzen und Quartieren – konfrontiert. Ob und wie Denkmalschutz und Solartechnik vereinbar sind, ist ein äußerst sensibles Thema, sind doch gerade hinsichtlich der Erhaltung von Baudenkmälern besonders strikte Auflagen an die Gestaltung sowie teils hohe Anforderungen an Eingriffe in die Bausubstanz geknüpft.

Für die Denkmalpflege ist das Hauptkriterium bei der Beurteilung von Maßnahmen zur baulichen Integration solartechnischer Systeme die Einsehbarkeit. Das bedeutet, dass in den meisten Fällen Einbauten in die Fassade und zum Teil auch in das Steildach als problematisch erachtet werden, wenn man diese von erhöhten Standpunkten oder aus dem Straßenraum unmittelbar einsehen kann. Ist eine Anbringung im Bereich von Fassade und Dach eingeschränkt bzw. ausgeschlossen, so bleibt indes noch die Untersuchung von alternativen gebäudenahen Standorten wie z.B. Balkon, Garage, Carport, Pergola, Gewächshaus. Darüber hinaus haben beim Baudenkmal naturgemäß Fragen der Materialität und der Konstruktion eine große Bedeutung, da es sich immer in irgendeiner Form um Eingriffe in die vorhandene Bausubstanz handelt – mit möglichen Folgeschäden.

Neben baurechtlichen Fragen muss unter Umständen auch das Urheberrecht des betreffenden Architekten, das vererbt wird und generell für jedes Bauwerk gelten kann, berücksichtigt werden. Dies kann im jeweiligen Fall weitere Auflagen zur Folge haben. Die Integration von solartechnischen Systemen in Dach und/oder Fassade von Baudenkmälern erfordert stets eine Einzelfallbetrachtung; im Rahmen eines konstruktiven Dialogs gibt es indes in aller Regel eine Lösung. Letztlich betreffen die angesprochenen Probleme auch nur einen kleinen Teil des Gebäudebestandes, aber aufgrund der hohen architektonischen Qualität stehen solche Bauten meist im Blickpunkt einer breiten Öffentlichkeit und haben eine weitreichende Signalwirkung.

Der Einsatz von Solartechnik führt stets zu einem neuen gestalterischen Erscheinungsbild der Gebäudehülle, und diese Veränderung muss in jedem Fall gezielt geplant werden. Zwar fallen über 90 % der Bausubstanz nicht in den Bereich denkmalpflegerischer Belange, doch erfordern auch diese Gebäude individuelle, auf die örtlichen Gegebenheiten abgestimmte Lösungen, damit das Ergebnis sowohl energetisch als auch architektonisch überzeugt.

Solar-Akteure

Eine 2002 durchgeführte Studie[16] zum Solarwärme-Markt in Deutschland ergab, dass 71 % der Hausbesitzer die Solarenergie positiv beurteilen. Jeder fünfte Befragte äußerte großes bis sehr großes Interesse an einer solarthermischen Anlage.[17] Die Deutsche Energie-Agentur (dena) stellt im Zusammenhang mit ihrer neuen Solarkampagne heraus, dass Handwerker eine »zentrale Rolle bei der Umsetzung der solarthermischen Initiative« spielen. Mittlerweile führen Handwerksmeister sogenannte Solar-Checks durch oder sind als ehrenamtliche »Solar-Scouts« in Wohngebieten unterwegs und überprüfen, inwieweit die dortigen Häuser für die Installation von Kollektoren oder PV-Modulen geeignet sind. Bei Hausbesitzern bestimmen in der Regel die Handwerker mit ihrer Verkaufsstrategie und ihrem Verhandlungsgeschick in hohem Maße über den Kauf und damit den Einbau einer Solaranlage, auch deswegen, weil bauliche Vorhaben in diesem Sektor meist genehmigungsfrei durchzuführen sind. Dies verdeutlicht, wer die Entscheidungsträger im Einfamilienhausbau sind, denn Haustechniker und Architekten – wahrscheinlich exakt in dieser Reihenfolge – werden erst bei größeren Solaranlagen mit einbezogen.[18]

In diesem Zusammenhang überrascht nun ein Aspekt in der Einstellung der Bauherren zur Solarenergie. Während die verbreitete, grundsätzlich positive Beurteilung wenig erstaunt, lässt doch deren Begründung aufhorchen: So stehen nicht etwa Klima- und Umweltschutz im Vordergrund des Interesses, sondern der Wunsch nach neuer, nach innovativer Technik, der oftmals sogar das Kostenargument »überlagert«. Somit hätte die Solaranlage den Charakter eines Statussymbols erreicht: Man findet es »schick«, Kollektoren auf dem Dach oder an der Fassade zu platzieren;[19] wie diese dort angebracht werden, scheint allerdings von nachgeordnetem Wert. Dies charakterisiert die gegenwärtige Situation, denn ein Hauptproblem des solaren Bauens in der Alltagsarchitektur ist, dass Solartechnik häufig in einem äußerst »schlichten Kleid« auftritt.[20]

Angesichts des enormen Potenzials an Dach- und Fassadenflächen dürfte dies zur Folge haben, dass insbesondere bei den Ein- und Zweifamilienhäusern eine große Chance – im Sinne einer baukulturellen Nachhaltigkeit – nicht genutzt wird.[21] Bei der Integration solartechnischer Systeme in die Gebäudehülle müssen sowohl baukonstruktive und bauphysikalische als auch gestalterische Aspekte berücksichtigt und daraus eine optimale Gesamtlösung entwickelt werden. Dies ist in erster Linie die Aufgabe eines Architekten – unter Beteiligung von Fachplanern, also Herstellern und Handwerkern, Ingenieuren sowie Denkmalpflegern.

Fazit

Kollektoren und PV-Module sind wichtige Elemente des solaren Bauens und werden in Zukunft selbstverständliche Bestandteile innovativer Gebäudehüllen wie auch Bausteine einer energetischen Sanierung sein. Die aktive Nutzung der Solarenergie kann schon heute einen wirksamen Beitrag zu einer nachhaltigen Energieversorgung leisten, bleibt jedoch im Hinblick auf die Wirtschaftlichkeit und einen hohen solaren Deckungsgrad an die ausreichende Nutzung passiver Grundstrategien gebunden. Die Solartechnik muss dabei in ein Gesamtkonzept integriert sein, das die räumliche Organisation, die formale Ausbildung eines Gebäudes wie auch die Stoff- und Primärenergieströme beim Neubau ebenso wie im Bestand berücksichtigt.

Die am Markt erhältlichen Systeme stehen längst, wie zahlreiche Design-Preise zeigen, gleichermaßen für Effizienz wie für Eleganz. Auch sehen Bauherren und Architekten sie mittlerweile als innovative Produkte an, ihnen wird partiell der Rang eines Symbols für technologischen Fortschritt beigemessen. Trotz alledem scheint die Solartechnik noch ein Imageproblem zu haben, weil Gebrauchstauglichkeit und verfeinertes Produktdesign als zugkräftige Argumente zur Durchsetzung am Markt allein nicht ausreichen. Ohne »emotionale Zusatznutzen wie Freiheit, Flexibilität und Prestige«[22]

3.9 Sanierte Stockwerksfabrik, Berlin-Oberschöneweide (2000), Frank Augustin

3.10 Stockwerksfabrik, Berlin-Oberschöneweide. Klimakonzept Tonnendach: Sonnenschutz, Lüftung und Speichermasse

3.11

scheint eine breitere Akzeptanz in der Bevölkerung zu fehlen. Solartechnische Systeme haben spezifischen Anforderungen zu genügen und verlangen insbesondere bei komplexen Bauaufgaben und anspruchsvollen raumklimatischen Konzepten neuartige Lösungen. In diesem Kontext gewinnt das Bauen mit Systemen wieder an Aktualität, wenn die unterschiedlichen Schutz- und Steuerungsfunktionen der Hülle – von der Wärmedämmung über die Tageslichtlenkung bis zur Energiegewinnung – in vorgefertigte und recyclingfähige Bauteile integriert werden. Inwieweit Fassaden und Dächer damit »intelligenter« werden, sei dahingestellt, aber die technische Aufwertung als Klimamodulator und polyvalente Membran ermöglicht es der Gebäudehülle, immer flexibler auf die wechselnden Witterungsbedingungen zu reagieren.
Bemerkenswert ist, dass es zunehmend größere Bauprojekte sind, die sich durch eine interessante und augenfällige Behandlung des Themas auszeichnen. Allerdings darf es trotz der gewonnenen Attraktivität und des erweiterten semantischen Gehalts der Solartechnik nicht nur bei Symbolbauwerken respektive spektakulären Bürobauten bleiben. Nun gilt es, für die energetische Modernisierung des Gebäudebestandes ebenfalls markante Lösungen zu entwickeln, um die Potenziale der Solartechnik in einem ungleich schwierigeren Arbeitsfeld auszuloten. Hier liegt eine veritable Chance für eine gleichermaßen energetische wie baukulturelle Aufwertung der Massen- und Kleinsiedlungen sowie der Gewerbe-Agglomerationen – die sich indes nicht im Fassadendekor erschöpfen darf. Angesichts der Fülle an Aufgaben muss das Ziel ein möglichst hohes Maß an solider architektonischer Qualität in der gebauten Umwelt sein.
Solarthermie wie Photovoltaik eröffnen mittlerweile eine Vielzahl von Anwendungsmöglichkeiten und bieten qualitativ hochwertige Produkte. Mit den indirekten Solarsystemen erfährt das technische Repertoire des Bauens eine enorme Erweiterung, die es nun in architektonische Konzepte umzusetzen gilt. Vergegenwärtigt man sich die Suche nach Qualitätsmaßstäben und kompetenten Entscheidungsträgern, so sind in erster Linie Architekten gefragt, zwischen technisch perfektionierten Systemen und einer mediokren Alltagswirklichkeit richtungsweisende Beispiele zu schaffen, die quasi als Multiplikatoren in Sachen Solartechnik wirken.

3.11 Ateliergebäude, Dresden-Hellerau (2003), Haller/Morgenstern/Quincke. In der Dachfläche wechseln sich Photovoltaikmodule mit transparenten Elementen ab.
3.12 Reihenhausanlage, Fassadenintegrierte Flachkollektoren, Batschuns, Vorarlberg (1997), Walter Unterrainer.

Anmerkungen:

1 Rau, Johannes: Die große Ratlosigkeit. Was ist Baukultur? In: Süddeutsche Zeitung vom 5./6. April 2003, S. 14
2 Meyers Großes Taschenlexikon in 24 Bänden, Band 10, Mannheim/Wien/Zürich 1987, S. 264f.
3 Dies darf jedoch nicht dazu führen, mittels der Technik dysfunktionale Verhaltensmuster zu kompensieren, ja gänzlich auszugleichen. Herzog, Thomas: Wohltemperierte Bunker. Über ökologisches Bauen und intelligente Gebäude. In: Deutsches Architektenblatt 5/1998, S. 592–594
4 Aicher, Otl: die welt als entwurf, Berlin 1991, S. 141 und S. 150f.
5 In Deutschland bewegte sich die Summe der Globalstrahlung im Jahr 2002 zwischen 913 kWh/m²a in Hamburg und 1183 kWh/m²a in München. In: Sonnenenergie, Mai 2003, S. 64
6 Krippner, Roland: Die Gebäudehülle als Wärmeerzeuger und Stromgenerator. In: Schittich, Christian (Hg.): Gebäudehüllen, Basel/Boston/ Berlin 2001, S. 51–55
7 Berner, Joachim: Sommersonne für den Winter. Langzeit-Wärmespeicher haben ihre Tauglichkeit bewiesen. In: Sonnenenergie, November 2001, S. 16–19
8 Eicker, Ursula: Entwicklungstendenzen solarthermischer Kühlverfahren. In: Bauphysik 5/2002, S. 300–303
9 Haselhuhn, Ralf: Dickes Ende für die dünnen Zellen? In: Sonnenenergie, März 2003, S. 26–29; ders.: Warten auf den Marktdurchbruch. Schlanke Zellen, große Erträge. In: Sonnenenergie, Mai 2003, S. 35–37
10 Dass bei einer Architektenumfrage zum Thema in Österreich 92 % der befragten Planer nun vor allem das Fehlen optisch ansprechender Abdeckleisten für den Fassadenbereich bemängelten, offenbart indes eine starke Reduktion von Qualitätsansprüchen. Knackfuß, Günter: Das gewisse Etwas. Vom Schutzdach zum Nutzdach: Integration von Sonnenkollektoren. In: Solares Bauen, Sonderheft der Zeitschrift Sonnenenergie, Oktober 2002, S. 40
11 Krippner, Roland: Architektonische Aspekte solarer Energietechnik. Studien zur baulichen Integration und architektonischen Einbindung solartechnischer Systeme in die Gebäudehülle. In: Neuntes Symposium Thermische Solarenergie (Tagungsband), Regensburg 1999, S. 237
12 Auer, Falk: 25 Jahre »Sonnenenergie«. Ein Rückblick auf die ersten drei Ausgaben des DGS-Mitteilungsblatts. In: Sonnenenergie, Januar 2001, S. 16
13 Moewes, Günther: Solar, defensiv oder beides? In: Detail, Heft 3/1997, S. 292–296
14 Kohler, Stephan: Start der »Initiative Solarwärme plus«. »Ohne Reue stundenlang duschen« (Interview). In: Sonnenenergie, Mai 2003, S. 24
15 Krippner, Roland; Plankemann, Dagmar: Zwischen Typologie und Denkmalschutz. Arbeiten zum Photovoltaikeinsatz im Gebäudebestand. In: 17. Symposium Photovoltaische Solarenergie (Tagungsband), Regensburg 2002, S. 197–202
16 Sunrise 2002: »Die europäischen Märkte für Solarthermie und Photovoltaik»; Marktstudie. www.deutsche-energie-agentur.de
17 Stryi-Hipp, Gerhard: Gute Vorzeichen. In: Sonnenenergie, Mai 2003
18 Hackstock, Roger: Austria aktuell. Was tut sich Neues in Österreich? In: Sonnenenergie, Mai 2003, S. 10
19 Kohler, Stephan: Start der »Initiative Solarwärme plus«. Ohne Reue stundenlang duschen (Interview). In: Sonnenenergie, Mai 2003, S. 23f.
20 Bauwelt, Heft 33/1999, S. 1818
21 Bereits Anfang der 1980er-Jahre konstatierte Helmut Gebhard »das Fehlen einer architektonischen Qualität in der gebauten Umwelt« und beklagte, dass »vor allem der sprunghaft gestiegenen Zahl neuer Baumaterialien und Bauteile, also den ausgeweiteten Wahlmöglichkeiten mit den Gefahren unverträglicher Kombinationen für technische Konstruktion und Gestalt, [...] keine fachliche Entscheidungskompetenz« gegenüberstehe. Helmut Gebhard: Architekturdiskussion und Alltagsarchitektur. In: Willkür oder neuer Konsens? Zur Situation des Bauens. Sechs Vorträge. München 1984, S. 84
22 Hübner, Gundula: Wir brauchen ein Image für die Solarenergie (Interview). In: Sonnenenergie, Januar 2002, S. 69

3.12

Solare Systeme in der Gebäudetechnik

Michael Kuehn, Dirk Mattner

Seitdem der Mensch die Erde bewohnt, beeinflusst er das Klima. Zunächst war es die Waldrodung, dann kam in zunehmendem Maße das Wachstum der Siedlungen und Städte mit einhergehender Versiegelung der Erdoberfläche hinzu. Bei gleichzeitigem Abbau natürlicher Ressourcen führte das Bevölkerungswachstum zu einer enormen Steigerung des Energieverbrauchs. Über Auswirkungen und Folgen gibt es eine Reihe von Theorien; darauf soll hier nicht eingegangen werden. Tatsache ist aber, dass vor allem die Menschen in den Industrienationen heute in kurzsichtiger und überheblicher Weise ihre eigenen Lebensgrundlagen und diejenigen der anderen Völker und Lebewesen zerstören. Der Anteil von CO_2 und anderen Spurengasen, wie Fluorchlorkohlenwasserstoff (FCKW) in der Erdatmosphäre nimmt zwangsläufig zu. Dieser ständig steigende Kohlendioxidausstoß und die anthropogene Umgestaltung der stofflichen Zusammensetzung der Erdatmosphäre verändern neben den chemischen vor allem auch die physikalischen Eigenschaften des Klimasystems. Hierbei bilden fossile Energieträger zur Strom- und Wärmeerzeugung leider die Hauptquelle für die Luftschadstoff-Emission mit ihrem negativen Einfluss auf die Umwelt und auf unsere Gesundheit und Lebensqualität. Dieser katastrophalen Entwicklung steht die Weltpolitik bei vollem Bewusstsein der Auswirkungen völlig hilflos gegenüber. Dies wird am Vollzug bzw. den Hintergründen des Nicht-Vollzugs des Kioto-Protokolls[1] besonders deutlich. Dennoch, im begrenzten Rahmen können wir Einfluss nehmen. Der Mensch schützt sich durch Gebäude vor Umwelteinflüssen, um die Umwelt gleichzeitig zu schonen, sollte er dazu die natürlichen Ressourcen nutzen. Dieser Alternative zu folgen, bedeutet solar zu bauen.
Der vorliegende Beitrag soll als Leitfaden für konzeptionelle Überlegungen zur Integration solarer Systeme in der Gebäudetechnik dienen. Dazu werden solare Systembausteine dargestellt und erläutert, die sich ergänzen und/oder kombinieren lassen. Praxisbeispiele zeigen Maßnahmen, die Komfort und Wirtschaftlichkeit sowie Möglichkeiten der Gestaltung mit entsprechender Technik sinnvoll kombinieren. Die Einsparung von Energie bei gleichzeitig verbesserten Wirkungsgraden technischer Systeme kann zum Vorteil für Bauherren, beauftragte Planer und ausführende Firmen werden. Architekten und Ingenieure haben in hohem Maße die Möglichkeit entsprechend zu beraten und Einfluss auf die Planung und Umsetzung der Gebäudetechnik zu nehmen. In diesem Sinne können sie anteilige Verantwortung für den Erhalt der Umwelt, für unser Wohlbefinden und damit für unsere Gesundheit übernehmen.

Solares Bauen

Wir leben in Breitengraden, in denen der Heizwärmebedarf eine große Rolle spielt. Etwa 30 % des jährlichen Endenergieverbrauchs werden allein hierfür benötigt. Noch vor 50 Jahren verfügten Gebäude nur über einen geringen Wärmeschutz. Fenster und Fassaden waren undicht und hohe Lüftungswärmeverluste die Folge. Aufgrund der großen Verbesserungen in diesem Bereich verbunden mit der Ausführung der Fassaden mit Wärmedurchgangskoeffizienten von weniger als 1,2 W/m²K hat sich der Verbrauch pro Flächeneinheit heute um mehr als 80 % reduziert.
Damit haben sich jedoch auch einige Probleme verlagert. Gerade im Verwaltungsbau führen die über elektrischen Strom und Personen eingebrachten internen Wärmelasten besonders in den Sommermonaten zu erhöhten Raumtemperaturen. Diese internen Lasten müssen wiederum durch mechanische Lüftungsanlagen reduziert werden, um Behaglichkeit und damit angenehme Arbeitsbedingungen innerhalb des Gebäudes zu gewährleisten. Der Energiebedarf steigt wieder deutlich an. Elektrische Energie wird nicht nur zur Luftumwälzung, sondern auch zur Erzeugung von Kaltwasser zu Kühlzwecken benötigt.
Hier müssen konzeptionelle Überlegungen zu solarem Bauen ansetzen. Mit geringem Energieeinsatz unter Verwendung natürlicher Ressourcen sollte im Gebäude – unter Berücksichtigung der Umweltfaktoren – Winter wie Sommer ein möglichst hoher Komfort geschaffen werden. Die dazu erforderlichen technischen Systeme sollten wirkungsvoll, wirtschaftlich und ästhetisch zugleich sein.

Nutzungspotenzial

In Bezug auf die Ansprüche der Umwelt lassen sich »Umwelt-Bausteine« konzipieren, die die klimatisch und energetisch relevanten Einflüsse berücksichtigen können. Um die gegebenen Möglichkeiten zur Energiereduktion jedoch soweit wie möglich auszunutzen, sollten verschiedene technische Systeme zusammenwirken. Zu den interessanten Bausteinen zählen aktuell:
- Wärmerückgewinnung im Wohnungsbau
- Baukernaktivierung
- Saisonale Energiespeicher
- Sorptionstechnik

4.1 Swiss Re Konzernzentrale in London (2003), Foster and Partners

4. 2

- Geothermische Heizung/Kühlung
- Kraft-Wärme-Kopplung
- Intelligente Steuerungen und Regelungen

Die folgenden technischen Lösungen zeigen Möglichkeiten, wie, unter Einbeziehung der natürlichen Ressourcen, ein behagliches und menschenfreundliches Umfeld im Gebäude ermöglicht werden kann.

Wärmerückgewinnung im Wohnungsbau
Der Bedarf an Heizenergie im Wohnungsbau wird im Wesentlichen durch die klimatischen Außenbedingungen, die Nutzung und die Gebäudeform beeinflusst. Der hohe Energieverbrauch entsteht durch Verluste in Form von Wärmetransmission und Lüftungswärmeverlusten über Öffnungen – Türen und Fenster. Während die U-Werte der Fenster in den vergangenen Jahren von ca. 3 W/m²K auf unter 1,2 W/m²K reduziert werden konnten, hängen die Lüftungswärmeverluste von der Häufigkeit des Lüftens und damit vom Verhalten der Nutzer ab. Der Lüftungswärmebedarf hat gewöhnlich einen Anteil von mehr als 60 %. Selbst bei kurzzeitigem Öffnen der Fenster erfolgt eine unkontrollierte natürliche Lüftung. Dies führt in Konsequenz dazu, die für Verwaltungs- und Gewerbebauten entwickelten mechanischen Lüftungsanlagen auch im Wohnungsbau anzuwenden. Auf diese Weise ist es möglich, bei gleichbleibender Raumluftqualität die Wärmeverluste erheblich zu reduzieren. Um für gleich bleibende Raumluftqualität zu sorgen, kann dann auch bei geschlossenen Fenstern die notwendige Außenluftmenge eingebracht werden – aus hygienischen Gründen je Person 40–60 m³/h. Diese Werte zu unterschreiten, bedeutet unzureichendes Lüften. Es besteht dann die Gefahr, dass durch Feuchtigkeit im Raum Schimmelpilze oder Beeinträchtigungen durch Allergieauslöser wie Zierpflanzen, Hausstaubmilben und Haustieren entstehen.
Der Heizwärmebedarf eines Niedrigenergiehauses mit hohem baulichen Wärmeschutz und aktiven Solarkomponenten kann heute unter Berücksichtigung der EnEV ca. 50 kWh m²a betragen. Dies entspricht einem Äquivalent von ca. 5 l/m² und Jahr Heizöl. Die dabei entstehenden Wärmeverluste teilen sich auf in Transmissionsverluste mit ca. 20 kWh/m²a und Lüftungswärmeverluste mit ca. 30 kWh/m²a. Wird der Luftwechsel ausschließlich über eine mechanische Lüftungsanlage erzeugt und bleiben die Fenster bei niedrigen Außentemperaturen geschlossen, so lässt sich der Heizwärmeverbrauch nochmals um 50% auf ca. 25 kWh/m²a (Passivhausstandard) reduzieren. Eine Solaranlagen kann dann in Kombination mit den passiven Maßnahmen ausreichen, um angenehme Raumtemperaturen zu erzeugen.
Erreicht wird dieser niedrige Energieverbrauch jedoch nur, wenn die mechanische Lüftungsanlage mit einem Wärmetauscher ausgestattet ist. Außenluft und Fortluft aus dem Wohnraum werden über den Plattenwärmetauscher geführt. Dabei stehen die beiden Luftströme nicht in direktem Kontakt, sondern werden über Kreuz- oder im Gegenstrom aneinander entlanggeführt. Die Wärme aus der Fortluft wird im Wärmetauscher über sehr dünne Wandungen an die einströmende Außenluft übertragen. Der mögliche Wirkungsgrad der Übertragung beträgt je nach Gerät ca. 50–75 %. Ein Luftkanalnetz verteilt die so erwärmte Außenluft in die Räume. Ein zweites Rohrsystem zieht die Luft aus dem Raum wieder ab. Für die mechanische Be- und Entlüftung sind damit zwei Ventilatoren nötig.

Das Architekturbüro Johannes Kaufmann hat in Dornbirn, Vorarlberg Passivhäuser errichtet, in die eine solche Wohnungslüftung integriert wurde (s.S. 72ff.). Die Wohnanlage besteht aus neun Einheiten mit je 86 m² Nutzfläche. Mit der hier angewendeten Passivbauweise wird gegenüber herkömmlichen Wohnhäusern eine Energieeinsparung von ca. 80 % ermöglicht. Die Beheizung geschieht mit Hilfe einer kontrollierten mechanischen Be- und Entlüftung. Die Restwärmeerzeugung erfolgt hier durch Verbrennung von Holzabfällen, so genannter Holzpellets. Damit wurde beispielhaft und kostengünstig ein innovativer Energiestandard realisiert.

Baukernaktivierung
Bei der Baukernaktivierung handelt es sich um ein innovatives System thermischer Aktivierung von Betondecken zum Heizen und Kühlen. Die Temperierung der Bauteile erfolgt über Fußboden- und Deckenflächen, in denen wasserdurchströmte Rohrschlangen verlegt sind. Die Temperaturen des Trägermediums liegen dabei nahe der Raumtemperatur. Zum Heizen werden bis ca. 28 °C und zum Kühlen bis ca. 18 °C benötigt.
Die so genannte thermoaktive Decke unterscheidet sich von allen gängigen Heiz- und Kühlsystemen durch größere Speicherfähigkeit. Damit entsteht auch eine größere Trägheit, schnelle Lastwechsel sind nicht möglich, auf neue Randbedingungen kann das System nur zeitverzögert nach einigen Stunden reagieren. Dies ist nicht unbedingt von Nachteil. Die natürlichen Temperaturschwankungen werden auf diese Weise abgemindert, die resultierenden Raumtemperaturen reflektieren die äußeren Veränderungen. Im Sommer nehmen Betonböden und -decken die überschüssigen Wärmemengen aus solarer Einstrahlung und inneren Lasten auf. Die Begrenzung der maximalen Raumtemperatur für die mit raumlufttechnischen Anlagen ausgestatteten Gebäude (in Deutschland nach DIN 1946 Teil 2) kann mit einer thermoaktiven Decke in der Regel nur eingehalten werden, wenn die äußeren Einflüsse durch einen wirkungsvollen außenliegenden Sonnenschutz minimiert sind. Das System ist dann in der Lage, die Raumtemperatur deutlich unter der Außenlufttemperatur zu halten und damit behagliche Verhältnisse zu gewährleisten. Im Winterbetrieb ist unter Einhaltung der Behaglichkeitskriterien die Heizleistung der thermoaktiven Decke ausreichend, den Transmissionswärmebedarf von Gebäuden nach EnEV zu decken (Glasanteil max. 70 %).

Folgende Aspekte müssen bei der Baukernaktivierung (dem Einsatz von thermoaktiven Decken) beachtet werden:
- Raumtemperaturen bis ca. 27 °C sind möglich, wobei zu berücksichtigen ist, dass die empfundenen Temperaturen aufgrund der Strahlungskälte darunter liegen.
- Schnelle Eingriffe in den Temperaturverlauf sind nicht möglich.
- Ein oberer Grenzwerte der Raumtemperatur kann ohne zusätzliche Maßnahmen nicht exakt eingehalten werden.
- Der Einfluss äußerer Störfaktoren auf das thermische Anforderungsprofil muss durch einen optimierten sommerlichen und winterlichen Wärmeschutz verringert werden.

4.3

4.2 Wohnzeile und Bürogebäude, Rosenheim (2000), Hirner & Riehl, Peter Kunze
4.3 Verwaltungsgebäude in Creuzburg (2001), Seelinger und Vogels, Betonteilkühlung

4.4

- Bei einer unterstützenden Lüftungsanlage sind zusätzliche Heizkörper nicht notwendig.
- Bei Räumen mit Fensterlüftung ist für den Heizbetrieb eine detaillierte Untersuchung erforderlich.
- Die Größe der Glasflächen, U-Werte und Speichermasse müssen aufeinander abgestimmt werden.
- Abgehängte Decken, Hohl- und Doppelböden sind zu vermeiden.
- Eine Energieabrechnung ist nur über Flächenanteile möglich.

Vorteile des Systems sind:
- Geringe Investition,
- der Primärenergieeinsatz ist deutlich niedriger als bei konventionellen Systemen,
- Wärme- und Kälteleistung (Lastspitzen) reduzieren sich durch die Speicherfähigkeit der Betonmassen,
- vorhandene Kälteversorgungssysteme können im Nachtladebetrieb eingebunden werden,
- durch die großen Differenzen zwischen den Systemtemperaturen bestehen Nutzungsmöglichkeit von Umweltenergie:
  Im Kühlfall, z.B. Grundwassernutzung, nachts kann kühle Außenluft über Rückkühlwerke genutzt werden.
  Im Heizfall, ist z.B. der Einsatz von Solarkollektoren mit Wärmepumpe möglich.

Grenzen der Behaglichkeit und Komfort:
- Maximale Raumtemperaturen von 26–27 °C sind im Sommer nur mit effektivem Sonnenschutz zu erreichen,
- eine individuelle Einzelraumregelung in der Heizperiode ist nicht möglich.

Die Grenzen der Bau- bzw. Betonkernaktivierung liegen in der Leistung, vor allem aber in der trägen Reaktionszeit auf eine sich plötzlich verändernde Nachfrage an Heiz- bzw. Kühlleistung. Hoher Heizbedarf entsteht beispielsweise im Winter, wenn die Fenster im Büro zum Lüften geöffnet werden müssen. Denn ohne Außenluftanteil sinkt die Raumluftqualität durch Schadstoffanreicherung infolge Ausdünstungen etc., was zu Krankheitsbildern führen kann (Sick Building Syndrome). Eine intensive Fensterlüftung ist jedoch nur für ca. 50 % der Arbeitszeit mit zufrieden stellenden Ergebnissen möglich. Bei gekippten Fenstern und Außentemperaturen unter 7 °C fällt die kalte Luft in den Raum und kühlt den Boden je nach Lüftungsdauer auf unter 18 °C ab. Dadurch entstehen hohe und unangenehme Luftgeschwindigkeiten am Fußboden von über 0,25 m/s (Zugerscheinungen). Besonders in Fensternähe ist dies lästig und schränkt die Behaglichkeit stark ein, wobei sich die Situation mit zunehmenden Abstand von der Fassade verbessert. Stoßlüftungen können das Problem ebenso wenig lösen wie ergänzende Maßnahmen mit Unterflurkonvektoren, die zudem gegenüber der Baukernaktivierung einen Systemwechsel darstellen würden (deutlich höhere Vorlauftemperaturen).

In Verbindung mit der Betonkernaktivierung bietet sich alternativ folgendes Konzept an: Die einströmende Außenluft wird direkt am Fenster durch Beimischung warmer Raumluft auf mindestens 10 °C erwärmt. So wird der Kaltluftabfall verhindert und eine zugfreie Raumdurchspülung erreicht. Der Grundwärmebedarf der Büros wird über die Betonkernaktivierung abgefangen. Die Beimischung von erwärmter Raum-

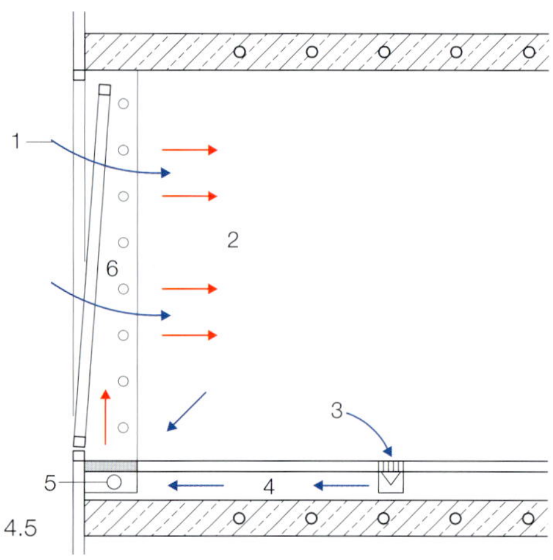

4.5

1 kalte Außenluft
2 temperierte Zuluft
3 Bodenluftdurchlass mit Luftfilter
4 Rückführung im Doppelboden
5 Miniventilator
6 luftführender Fassadenpfosten

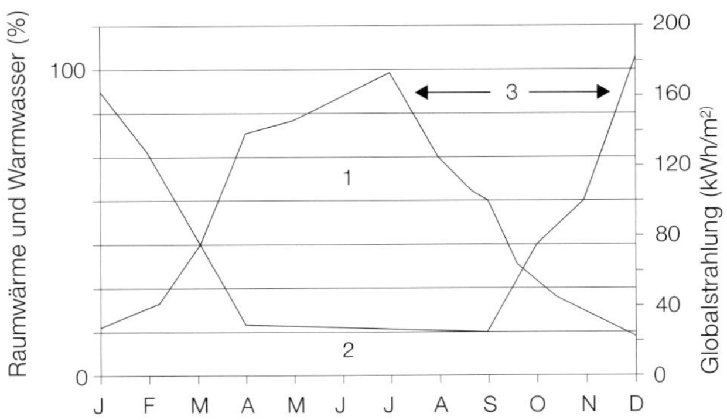

1 Angebot Solarstrahlung
2 Bedarf an Heizenergie
4.6 3 Jahreszeitliche Verschiebung

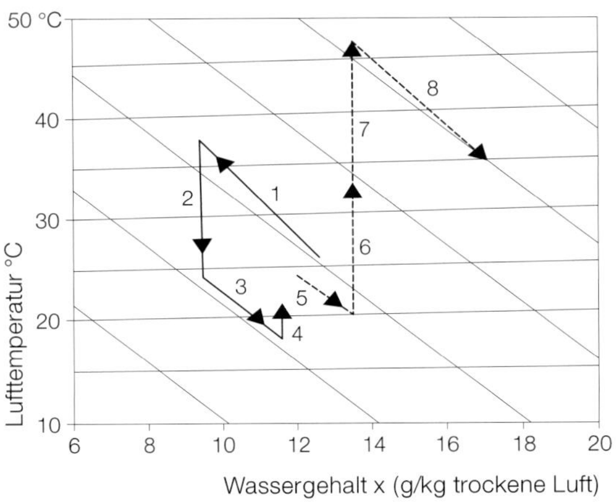

Zuluft —
Abluft ----

1 Außenlufttrocknung (Entfeuchtung)
2 Vorkühlung (Wärmerückgewinnung, WRG)
3 Kühlung (adiabat)
4 Erwärmung (Abwärme aus Zuluftventilator)
5 Raumzuluft
6 Erwärmung Abluft (WRG)
7 Nacherwärmung Abluft
4.7 8 Desorption

zu kalter Außenluft direkt am Fenster erfolgt über kleine Einlässe in den Fassadenpfosten (Abb. 4.5). Ein Mini-Ventilator im Hohlraumboden saugt dabei Raumluft über Öffnungen am Boden an, wobei Wärme an die Betondecke abgegeben wird, und fördert sie anschließend über ein im Doppelboden integriertes Heizprofil in die Pfosten. Die Lufttemperatur steigt. Über die kleinen Einlässe im Fassadenprofil wird die Luft gleichmäßig an den Raum abgegeben, mischt sich dabei direkt mit der einströmenden Außenluft und verhindert so den Kaltlufteintrag über die Fenster. Zu beachten sind hierbei die jeweiligen thermischen und hygienischen Anforderungen an raumlufttechnische Anlagen. In Deutschland ist dies die DIN 1946 sowie bei einer Luftführung im Doppelboden ohne Luftkanäle die VDI-Richtlinie 6022.
Das beschriebene Konzept bietet folgende Vorteile:

- ganzjährige Fensterlüftung ohne Zugerscheinungen,
- ausreichende Raumdurchspülung bis in die Innenzonen,
- angenehme Oberflächentemperatur im Fußbodenbereich.

Saisonale Energiespeicher/Langzeitspeicher
Neben passiven Versorgungskonzepten, bei denen ein Gebäude über gezielte Maßnahmen wie Fensterlüftung, wärmespeichernde Gebäudemassen, angepasste Heiz- und Wassertemperaturen auf Niedrigenergieniveau versorgt wird, lassen sich auch aktive solare Maßnahmen einbeziehen, wie zum Beispiel Kollektoranlagen, deren überschüssige Wärme im Sommer für die Nutzung im Winter gepeichert wird (Abb. 4.6).
Seit Beginn der 1990er-Jahre hat sich die Fläche installierter solarthermischer Kollektoranlagen rasant erhöht. Waren es 1990 noch ca. 450.000 m² Kollektorfläche, so gab es im Jahr 2000 bereits ca. 3 Mio. m² Kurzzeitspeicher, die Warmwasser mit Temperaturen unter 100 °C für den täglichen Bedarf bereitstellen. Sie spielen zur Zeit noch eine größere Rolle als Langzeitspeicher (s.S. 26ff.).
Zunehmend werden aber Nahwärmekonzepte entwickelt, die ganze Wohngebiete und kleine Wirtschafts- oder Gewerbeparks versorgen können. Ziel ist es, den solaren Deckungsbeitrag zu erhöhen und die jahreszeitliche Verschiebung zwischen solarem Angebot und Wärmebedarf besser auszunutzen. Dazu eignen sich künstlich errichtete Erdbecken, große Speichertanks oder Erdsonden (s.S. 30). Wegen der Größe der Speicher sind allerdings ausreichende Flächen erforderlich.

Sorptionstechnik
Zur Kühlung der Außenluft im Sommer bietet sich als Alternative zu konventionellen, strombetriebenen Kältemaschinen ein Klimatisierungsverfahren an, das auf dem Prinzip der Verdunstungskühlung basiert. Es nennt sich »Desiccant and Evaporative Cooling (DEC)« (Abb. 4.7).
Dazu werden Trocknungsmittel in einem Rotationswärmetauscher eingelagert, die der Luft Feuchtigkeit entziehen können. Kühlung und Entfeuchtung von einzubringender Außenluft im Sommer wird durch Wärmezufuhr an die Abluft gesteuert. Je trockener die Abluft, desto höher der Anteil an

4.4 Kühlrohrverlegung in der Bewehrung
4.5 Betonkernaktivierung und Fensterlüftung über luftführende Stütze, Lufterwärmung über Miniventilator
4.6 Jährliches Solarstrahlungsangebot und Gesamtwärmebedarf eines Reihenhauses in Niedrigenergiebauweise
4.7 h,x-Diagramm; Schema der Luftzustandsänderungen durch sorptive Entfeuchtung und adiabate Kühlung

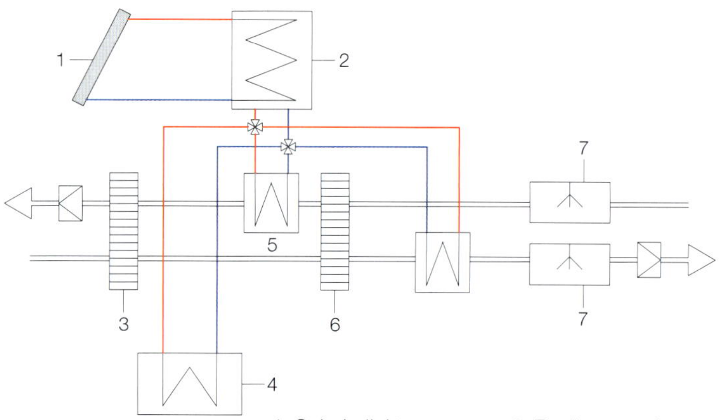

1 Solarkollektor
2 Wärmespeicher
3 Sorptionsgenerator
4 Fernwärme
5 Erwärmung der Abluft
6 Wärmeübertragung
7 Befeuchter

4.8

4.9

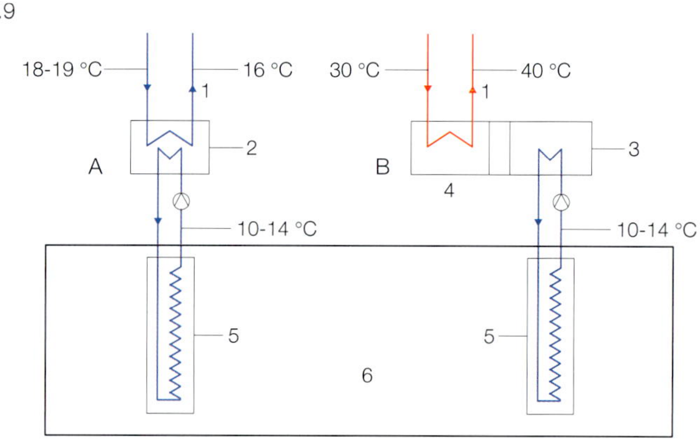

A Kühlen
B Heizen
1 zum Verbraucher
2 Wasser-Wärmetauscher
3 Wärmepumpe
4 Verflüssiger
5 Energiepfahl
6 Erdreich

Feuchtigkeit, der der Außenluft über den Tauscher entzogen werden kann. Wird die Abluft auf ein Temperaturniveau um 80 °C erwärmt, ist der entzogene Anteil an Feuchtigkeit besonders groß. An trüben Tagen im Sommer wird die dafür erforderliche Wärme idealer Weise durch Fernwärme bereitgestellt. An wolkenfreien Tagen mit hoher solarer Einstrahlung eignen sich Hochleistungskollektoren zur Wärmeerzeugung (Abb. 4.8). Nach Trocknung der Außenluft durch den Sorptionsgenerator und den nachgeschalteten Wärmerückgewinner erfolgt die Kühlung der Luft auf die gewünschte Zulufttemperatur mittels Verdunstungsbefeuchter. Es handelt sich also um ein Kälteerzeugungsverfahren auf der Basis von Lufttrocknung mit nachfolgender Verdunstungskühlung. Hierbei kann Wasser die bisherigen FCKW- bzw. FKW-haltigen Kältemittel in Kälteerzeugern ersetzen. Da bei diesen Systemen auch an sonnenarmen Tagen warme und feuchte Außenluft gekühlt bzw. im Winter die kalte Außenluft erwärmt werden muss, ist eine konventionelle Heizung obligatorisch. Der Anreiz, auf die elektrisch betriebene Kältemaschine zu verzichten, liegt in der Einsparung bzw. Reduktion von elektrischer Energie, die hier durch Fern- und Solarwärme ersetzt werden kann. Um Außenluft im Sommer zu kühlen, werden im Durchschnitt ca. 700–800 Vollbetriebsstunden angesetzt. Der Wärmebedarf soll zum Großteil durch Solarwärme mit Temperaturen von 80 °C im Vorlauf gedeckt werden, der Rest über Fernwärme. Sie ist insbesondere im Sommer als Abfallwärme aus den Kraftwerken Produkt rationeller Energienutzung.
Der Vorteil von DEC-Anlagen gegenüber Anlagen mit konventioneller Kälteerzeugung liegt in der geringeren elektrischen Anschlussleistung, da die Kältemaschine entfällt, sowie dem daraus resultierenden niedrigen Strom- und geringen jährlichen Wasserverbrauch, da auch die Rückkühlung der Kältemaschinen entfällt.

Geothermische Heizung/Kühlung

Der vermehrte Einsatz von Heiz-/Kühldecken, von Betonkerntemperierung und die gleichzeitige Verbesserung des Wärmedämmstandards bringt den Verfahren zur Nutzung der Geothermie[2] auf Niedertemperaturniveau weiteren Auftrieb. Im Vergleich zu fast allen anderen regenerativen Energien ist sie abgesehen von oberflächennahen Bereichen nicht auf eingestrahlte Sonnenenergie zurückzuführen. Das Thema der oberflächennahen Geothermie ist im Kapitel Wärmepumpen dargestellt. Der Großteil der geothermischen Anlagen bezieht seine Wärme aus den oberflächennahen Erdschichten in einem Bereich von 0–40 m Tiefe. Als Wärme- und Kältequelle für erdgekoppelte Heizungs- und Klimatisierungssysteme lässt sich in Deutschland ein Bereich bis 99 m Tiefe im Rahmen eines vereinfachten Genehmigungsverfahrens ausnutzen. Die ganzjährig nahezu konstante Erd- bzw. Grundwassertemperatur bietet optimale Voraussetzungen für die Energiegewinnung oder Kühlung von Gebäuden über unterschiedliche Systeme. Besonders günstig im Hinblick auf den Bau von Büro- und Verwaltungsgebäuden ist die Kombination aus so genannten Energiepfählen, umschaltbarer Wärmepumpe sowie Flächenheiz- und Kühlsystemen wie etwa den Heiz-/Kühldecken und der Betonkernaktivierung (Abb. 4.9). Durch die niedrigen Betriebstemperaturen solcher Systeme ergeben sich bei entsprechender Abstimmung der drei Einzelmaßnahmen sowie günstigen geologischen Gegebenheiten ideale Voraussetzung für einen energie- und kostensparenden Betrieb. Die Zusammenführung von Heizungsanlagen- und Wärmeschutz-

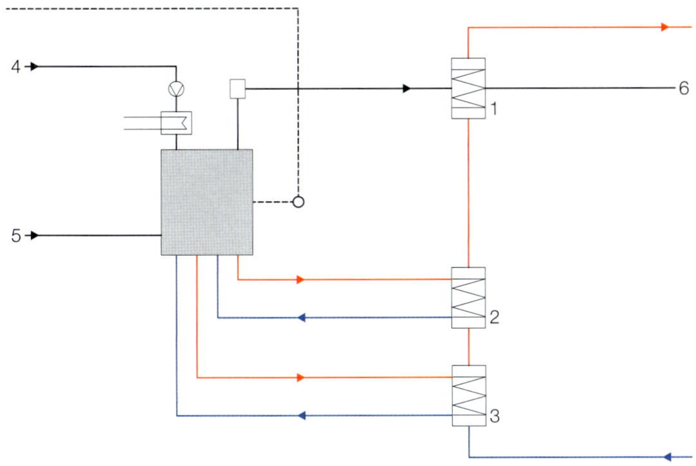

4.10

verordnungen in einer Energieeinsparverordnung (EnEV) hat in Deutschland die Rahmenbedingungen für integrierte Lösungen dieser Art weiter verbessert.

Kraft-Wärme-Kopplung
Die konventionelle Erzeugung von Strom in Kondensationskraftwerken und von Wärme in Heizkesseln ist aufwändig, da der größte Teil der eingesetzten Energie bei der Stromerzeugung als Abwärme verloren geht. Beim Blockheizkraftwerk (BHKW) dagegen wird die eingesetzte Primärenergie bis zu 34 % in Strom und zu ca. 53 % in nutzbare Wärme umgewandelt (Abb. 4.10). Damit ergibt sich ein Gesamtwirkungsgrad von 90 %. Der Gesamtwirkungsgrad bei separater Wärme- und Stromerzeugung liegt unter 60 %. Bei Einsatz eines BHKWs ist damit eine Energie- und Emissionseinsparung in der Größenordnung von 30 % möglich.
Aufgrund höherer Investitions- und Betriebskosten sollten für einen wirtschaftlichen Einsatz des BHKWs einige Randbedingungen beachtet werden. Da Stromeinspeisung ins Netz bisher deutlich niedriger vergütet wird als der Verbraucher für den Bezug zu bezahlen hat, ist ein möglichst vollständiger Eigenverbrauch anzustreben. Dies gilt in noch stärkerem Maß für die Wärme. Daher erfolgt die wirtschaftliche Auslegung nur für einen Grundleistungsbedarf, der verbleibende Rest wird konventionell bereitgestellt. Abhängig vom Wärmebedarf lässt sich die BHKW-Laufzeit und sein empfohlener Leistungsanteil an der Gesamtleistung abschätzen:

- Einsatz nur für Heizwärme:
  empfohlener BHKW-Leistungsanteil 10–15 %,
  Laufzeit ab 4.500 h/a
- Einsatz für Heizwärme und Warmwasserbereitung:
  empfohlener BHKW-Leistungsanteil 10–15 %,
  Laufzeit ab 5.500 h/a

Zur wirtschaftlichen Beurteilung des BHKW-Einsatzes müssen die entstehenden Kosten mit der finanziellen Entlastung durch die Energieeinsparkosten verglichen werden. Unter Berücksichtigung der Investitions-, Wartungs- und Brennstoffkosten sind BHKW und Heizkesselanlagen gegenüberzustellen. Bei kleineren Anlagen (ca. 100 kW_{el}) ergeben sich Gesamtkosten für BHKW und Kessel, die etwa doppelt so hoch sind wie für eine herkömmliche Heizkesselanlage. BHKWs erfordern zudem hohe Wartungs- und Instandhaltungskosten. Um Ausfallzeiten zu vermeiden, sollte immer ein zusätzliches Modul eingeplant werden, das bei Wartungsarbeiten als Ersatzanlage laufen kann. Unter Berücksichtigung der Stromersparnis und der nationalen Ökosteuergutschrift[3] in Deutschland lässt sich beispielsweise ein wirtschaftlicher Einsatz bei einem Strompreis von mehr als 6 Cent/kWh jedoch durchaus erreichen. Aufgrund der umfangreichen Randeinflüsse muss im Einzelfall die Wirtschaftlichkeit des BHKW-Einsatzes nachgewiesen werden.

Intelligente Steuerungen und Regelungen
Energie sparen bzw. solar bauen bedeutet auch effiziente Anlagen und intelligente Regelsysteme einzusetzen, die die jeweiligen Möglichkeiten, zum Beispiel die Nachtkühlung, auch praktisch umsetzen. Auf diese Weise kann ein Energieeinsparpotenzial beispielsweise bei raumlufttechnischen Anla-

4.8 Schema Sorptionstechnik (DEC-Anlage)
4.9 Baukerntemperierung über Energiepfähle im Erdreich
4.10 Funktionsschema BHKW (Erdgasbetrieb)

gen (RLT) schon 15–30% betragen. Der Einsatz intelligenter, auf die jeweiligen Bedingungen reagierender Systeme sorgt außerdem für einen geordneten und zugleich energiesparenden Betrieb der Anlagen. Die Systeme der Gebäudeautomation gliedern sich in drei Bereiche: Managementebene, Automationsebene, Feldebene. Die so genannten Bussysteme[4] tragen wesentlich zur intelligenten Regelung bei. Ganzheitliche Konzepte zum Messen, Steuern, Regeln und Leiten der technischen Gebäudeausrüstung innerhalb einer Liegenschaft sind mit ihrer Hilfe durchführbar. Damit wird die Kommunikation aller automatisierten, digital erfassbaren Komponenten wie Kessel, Pumpen, Kältemaschinen, Wasseraufbereitung, Raumautomation (Einzelraumregelung), Lichtsteuerung, Sonnenschutz, den Primäranlagen der HLK-Technik möglich – sowohl untereinander als auch mit dem jeweiligen Betreiber.
Dazu ist es erforderlich alle automatisierten, kommunikationsfähigen Anlagenkomponenten eines Herstellers aufwandsarm, also kostengünstig, mit dem System eines anderen Herstellers zu verbinden. Hierbei gewinnen Kommunikationsprotokolle für Bussysteme und Netzwerke der Gebäudeautomation zunehmend Bedeutung. Für die definierten Ebenen (Managementebene, Automationsebene und Feldebene) haben sich offene, fabrikatsunabhängige Kommunikationsprotokolle durchgesetzt. Neben diesen findet sich auf dem Markt noch eine Vielfalt spezifischer, firmenabhängiger Bussysteme. Mit Hilfe einer Kosten-Nutzen-Analyse kann sich die Entscheidung für einen firmenspezifischen Systembus als durchaus wirtschaftlich erweisen. Voraussetzung für die richtige Wahl ist stets eine projektbezogene, innovative Planung, die auch den späteren Einsatz von Neuentwicklungen, welche über den derzeitigen Stand der Anlagentechnik hinausgehen, berücksichtigt.

4.11

Komfort und Wirtschaftlichkeit
Alle Versorgungssysteme, die in Büro- und Verwaltungsgebäuden eingesetzt werden, dienen dazu, Behaglichkeit und Wohlbefinden für die Nutzer zu schaffen, um maximale Leistungsfähigkeit am Arbeitsplatz zu gewährleisten. Dazu müssen sowohl physiologische als auch hygienische Rahmenbedingungen erfüllt werden. Im Wesentlichen spielen Luftqualität, Temperatur und Luftgeschwindigkeit im Raum eine entscheidende Rolle. Aber auch die individuelle Verfassung beeinflusst das Empfinden und damit das Gefühl für thermische Behaglichkeit (Abb. 4.12).
Für den Menschen angenehme Raumtemperaturen orientieren sich an dessen Körpertemperatur von 36,6 °C und sind dann gegeben, wenn eine ausgeglichene Bilanz aus Wärmeverlusten, Eigenwärmeerzeugung und Umgebungstemperatur vohanden ist. Das physische Wohlbefinden wird durch die Verdunstung über die Haut beeinflusst. Dementsprechend spielen die umgebende Luftfeuchtigkeit und die vorhandene Luftbewegung eine große Rolle. Während der Mensch im Freien, unterstützt durch die Bekleidung, eine mäßige bis starke Luftbewegung durchaus angenehm findet, ist er in geschlossenen Räumen absolut empfindlich gegen jede Art von Zug. Das gilt insbesondere für im Büro sitzend tätige Personen. Für Büroräume gelten darum maximale Strömungsgeschwindigkeiten von 0,15–0,2 m/s, um Zugerscheinungen zu vermeiden[5]. Zur Abschätzung der Luftbewegung in der freien Umgebung dient die Windstärkeskala nach Beaufort[6]. Demnach herrscht bis zu 0,2 m/s Windstille. Bei Windstärke 1 (0,3–1,5 m/s) ist der Wind nur durch den Zug von Rauch erkennbar, bei Stärke 2 (1,6–3,3 m/s) bewegen sich Blätter.

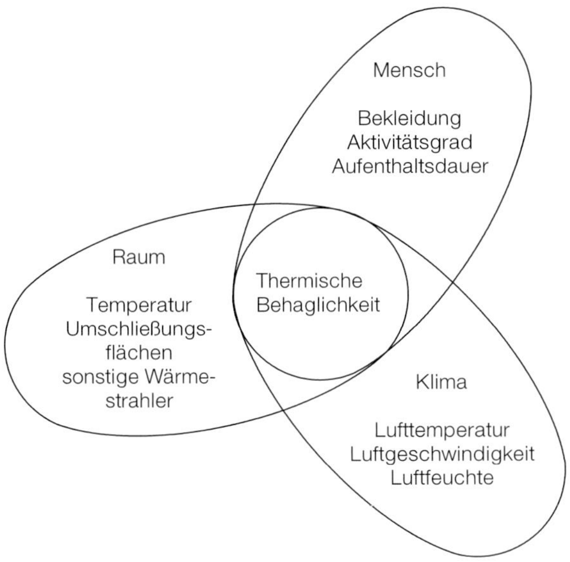

4.12

Im Innenraum führt bewegte, vorwiegend aus einer Richtung strömende Luft, die kühler ist als die Raumluft, zu Zugluft[7]. Bei hohen Außentemperaturen von ca. 32 °C dürfen im Raum noch operative (gefühlte) Temperaturen von 26–27 °C herrschen. Diese Temperaturen haben natürlich einen direkten Einfluss auf die Leistungsfähigkeit des Menschen, die zwischen 20 und 25 °C am größten ist und mit steigenden Temperaturen sinkt. Bei über 35 °C (50 % relative Luftfeuchte) erreicht sie einen Wert von durchschnittlich 80 %. Neben der Raumlufttemperatur ist die Umgebungstemperatur ein besonders wichtiges und wenig beachtetes Kriterium für die Behaglichkeit. Das Mittel aus Raumluft- und Oberflächentemperatur ist dabei maßgebend. Mit Hilfe von Heizflächen lassen sich im Winter die Wandtemperaturen anheben. Vorteile bringen beheizte Fassaden, die den Kaltluftabfall bremsen und damit die Zugerscheinungen an hohen Fassaden reduzieren. Bereits das Anbringen einer zusätzlichen Scheibe kann eine Verbesserung bewirken. Neueste Entwicklungen im Bereich der Isolierverglasungen berücksichtigen dieses Phänomen. In der Kombination mit niedrigen Wärmedurchgangskoeffizienten des Glases fallen so auch an kalten Wintertagen die Oberflächentemperaturen nicht unter 18 °C. Dabei gibt es unterschiedliche Anordnungsmöglichkeiten der Bedampfungsschicht, der so genannten Low-E-Schicht (s.S. 56ff.).
Zu den weiteren Komfortbedingungen gehört auch die Raumluftqualität. Raumlufttechnische Anlagen sollen ein physiologisch günstiges Raumklima bei hygienisch einwandfreier Luftqualität schaffen. Damit sie dieser Aufgabe gerecht werden können, müssen während Planung, Errichtung und Betrieb des Gebäudes eine Reihe von Maßnahmen ergriffen werden. Für jeden Büroarbeitsplatz genügen in Deutschland in der Regel 30–40 m^3/h Außenluft. Das entspricht einem zweifachen Raumluftwechsel. Sofern Rauchen zugelassen ist, muss die Außenluftrate auf 60 m^3/h erhöht werden. Um jedoch auch andere Belastungsstoffe wie z.B. Ausdünstungen und Geruchsstoffe – Menschen, Materialien, Teppiche – angemessen abzuführen, sollten je Person bis zu 80 m^3/h Außenluft vorgesehen werden[7]. Bei Gebäuden mit natürlicher Belüftung (Fensterlüftung) kann der Luftwechsel nicht exakt bestimmt werden. Er hängt vom Winddruck und den Außentemperaturen ab. Die Art der Fensteröffnung, ihre Ausführung als Dreh- oder Kippfenster, als Schiebefenster vertikal mit sich synchron oben und unten öffnenden horizontalen Öffnungen oder als Schiebefenster horizontal mit vertikalen Öffnungsschlitzen, hat eine weitere wichtige Bedeutung für die Praxis. Die unterschiedlichen Konzepte und Anordnungen (Einfach- oder Querlüftung) führen zu sehr unterschiedlichen Luftwechselraten und empfundenen Raumluftkomfort.

Wirtschaftlichkeit
Die Forderungen nach flexiblen und innovativen Organisationsformen sowie nach Einsparung von Betriebskosten unterstützten Planungskonzepte, die ganzheitlich ausgerichtet sind. Neben dem verständlichen Anspruch an den Komfort tritt die Frage nach der Wirtschaftlichkeit immer stärker in den Vordergrund. Die Finanzierung von Neubauten und die zu erwartende Höhe der laufenden Betriebskosten sind letztlich entscheidend. Obgleich die Aufgaben zur Gebäudetechnik

4.11 »Westhafen-Tower« in Frankfurt/Main (2002),
Schneider + Schumacher, vorgefertigtes Fassadensystem, Luft-Wasser-Kühldecken, Flusswasserkühlung
4.12 Schema Behaglichkeitskriterien

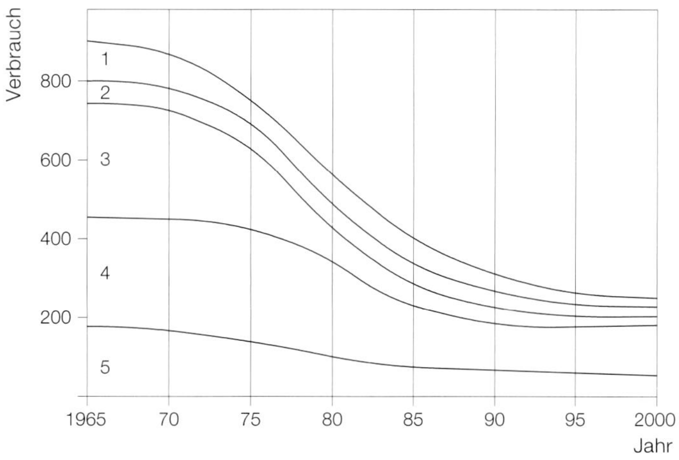

Verbrauch in kWh/m²a:
1–3 Klimaanlage (1 Ventilatoren, 2 Kältezufuhr, 3 Wärmezufuhr)
4 Fassade
5 Beleuchtung

4.13

in den letzten Jahren vielschichtiger geworden und nur noch interdisziplinär zu lösen sind, beträgt der Anteil für ihre Planung am Gesamtbudget nur ca. 5 %. Die Herstellkosten liegen bei 25 %, auf den späteren Betrieb entfallen 70 %. Diese Zahlen sollen bewusst machen, worauf Bauherren und/oder Investoren achten und worin sie investieren sollten.
In der Vergangenheit waren Bauten oft gedankenlos mit Technik gefüllt, Fassaden schlecht gedämmt, ohne oder mit ineffizienten Sonnenschutzsystemen ausgestattet. Dementsprechend hoch lag und liegt noch heute der Energieverbrauch. Schlechte Wirkungsgrade und überdimensionierte wärmeerzeugende Anlagen unterstützten die Verschwendung. Der jährliche Energiebedarf von ca. 900 kWh/m² Mitte der 1960er-Jahre konnte zu Beginn der 1990er-Jahre auf 400 kWh/m² reduziert werden (Abb. 4.13). Gegenwärtig gilt in Deutschland ein Verwaltungsbau mit einer Energiekennzahl von ca. 150–170 kWh/m² bezogen auf den Primärenergiebedarf als Niedrigenergiegebäude.
Noch heute werden jedoch gerade Altbauten über ihre veralteten Haustechnikanlagen versorgt. D.h. der Energieverbrauch steigt weiter, da zum einen die Gebäudehaut im Laufe der Jahre durch Witterungseinflüsse beeinträchtigt wurde und zum anderen die Anlagen trotz Wartung keinen akzeptablen Wirkungsgrad mehr erreichen können. Die Lebensdauer eines Gebäudes, insbesondere die der Konstruktion, ist gegenüber der technischen Ausrüstung um das Zwei- bis Dreifache länger.
Wandlungen in der Kommunikationstechnologie tragen zunehmend zur weiteren Verkürzung der Lebenszyklen technischer Gebäudeausstattung bei. Die Entwicklung der PCs und Informationstechnologie führte und führt nicht nur zu unabwendbaren Veränderungen an der Oberfläche der Gebäudenutzung. Nutzungsänderungen und neue Techniksysteme bedingen notwendige Anpassungen. Der Änderungszyklus im Bereich der Gebäudetechnik wird, wenn auch nicht automatisch oder zwangsläufig, so doch mit jeder Erneuerung Wirkungsgrad und Funktionalität der elektronischen Datenverarbeitung und Informationstechnologie steigen, so dass auch der energetische Wirkungsgrad bei der Gebäudetechnologie und -technik wächst. Je nach Gebäudetyp und -höhe des Leistungsbedarfs sind in Anbetracht dessen unterschiedliche Potenziale des solaren Bauens nutzbar. Das Thema führte bisher zu vielen Diskussionen, aber erst in jüngster Zeit zu neuen Versorgungskonzepten. Gerade im Vergleich mit alten Systemen lassen sich die Vorteile neuer Entwicklungen verdeutlichen. Beispielhaft sollen deshalb technische Lösungen anhand von drei Sanierungsprojekten skizziert werden, bei denen der Komfort gesteigert und der Energiebedarf – und damit auch der CO_2-Ausstoß – reduziert werden konnte.

Die Beispiele:
- BMW-Hauptverwaltung in München
- Ehemaliges Abgeordneten-Hochhaus »Langer Eugen« in Bonn
- Ehemaliges Reichstagsgebäude in Berlin

Die Bauten sind über die Grenzen Deutschlands bekannt und gelten als Symbole zeitloser Architektur. Während die Autoren die projektierte technische Sanierung der beiden Hochhäuser in Form von mehrjährigen Projektstudien bearbeiteten, wurde die Sanierung des Reichstagsgebäudes als vorbildliches Beispiel nachhaltigen solaren Bauens geplant und durchgeführt. Im Folgenden werden die wesentlichen

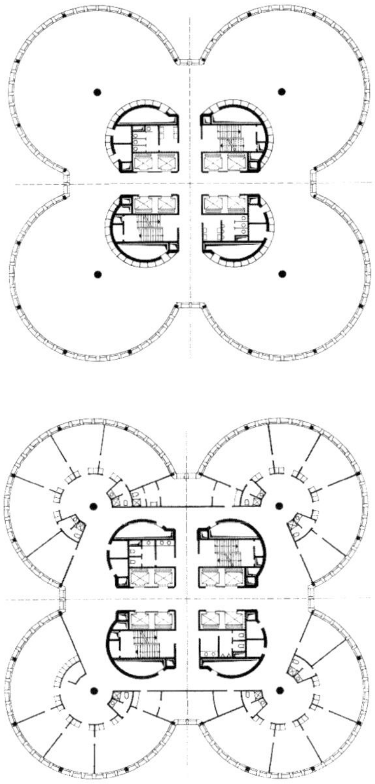

4.14

4.15

Aspekte aufgezeigt, die bei den angeführten Projekten die Verbesserung der Komfortbedingungen sowie die Reduzierung des Energiebedarfs bewirken.

BMW-Hauptverwaltung in München

Die BMW-Hauptverwaltung entstand zwischen 1968 und 1972. Architekt war Karl Schwanzer aus Wien. Die Form und die einmalige Proportion des Hochhauses wurde zum Symbol, gleichzeitig schaffte sie städtebaulich eine Verbindung zum Gelände für die Olympischen Spiele, die im Jahr der Fertigstellung 1972 in München stattfanden.

Die besondere Grundrissform gewährleistete eine variable und flexibel gestaltbare Büroorganisation. Für jeden Arbeitsplatz wurden damals 10,25 m^2 zur Verfügung gestellt, damit ergab sich für das Gebäude eine Nutzfläche von 73 % gegenüber einem Verkehrsflächenanteil von 27 %. Die Einteilung der Nutzfläche in vier Abschnitte um den Gebäudekern führte zu Arbeitsbereichen mit nahezu gleichen Tageslichtanteilen (Abb. 4.14).

Am BMW-Hochhaus wurde erstmals in Europa eine Fassadenkonstruktion eingesetzt, bei der Brüstung, Brüstungslaibung und Sturzverkleidung aus einem einzigen Element bestanden. Besonders auffällig ist die Form der Fassade. Jedes Element besteht aus einer trapezförmigen, ca. 2 m^2 großen Sonnenschutzverglasung, die um ca. 9° nach außen geneigt ist (Abb. 4.15, 4.17). Damit wird der Schall nicht direkt über die Fassade in den Raum reflektiert, sondern über die Decke umgelenkt. Ein weiterer Vorteil, der jedoch nicht bewusst geplant war, ist der durch die Neigung verringerte Sonneneinfallswinkel. Die Sonne steht gegenüber ihrem tatsächlichen Stand immer um 9° höher. Die von ihr beschienenen Glasflächen – und damit die äußeren Kühllasten – sind reduziert. Diese Elementfassade wird auch als Alcast-Fassade bezeichnet (Alcast = Alu-Guss).[8]

Die Bürobereiche im Hochhaus wurden über so genannte Zweikanal-Hochdruck-Klimaanlagen versorgt. Ein damals gängiges und zu der Zeit technisch hervorragendes Konzept. Die RLT-Geräte waren in den Technikbereichen im Untergeschoss sowie im 15. und 23. Obergeschoss angeordnet. Im Gebäudekern wurde die Luft vertikal in die einzelnen Geschosse geführt. Die horizontale Verteilung in die Bürobereiche erfolgt über Luftkanäle unterhalb der Geschossdecke. Die Trennung der Brandabschnitte gewährleisteten Brandschutzklappen am Schacht. Entsprechend den Sollwertvorgaben für Raumtemperaturen wurde Kalt- und Warmluft in Mischboxen gemischt und mit konstantem Volumenstrom den Raumzonen zugeführt. Die Luft gelangte im Mischluftsystem über Luftdurchlässe und die abgehängte Decke von oben in die Räume, auch die Abluft wurde über Durchlässe abgesaugt. Um die Wärmelast in den Büros abzuführen, waren große Luftmengen erforderlich. Im äußeren Bereich des Zylinders betrug der Luftwechsel LW = 7 h^{-1}, im inneren Bereich LW = 10 h^{-1}. Das bedeutet, dass im Mittel auf jeden Quadratmeter ca. 24 m^3/h Luft eingebracht werden mussten (Abb. 4.16).

Nach mehr als 25 Jahren Betriebszeit hatten sich die Rahmenbedingungen verändert. Schreibmaschinen wurden durch PCs ersetzt, die Anzahl der Arbeitsplätze vergrößerte sich, so dass der Anteil der abzuführenden Wärme im

4.13 Entwicklung des Energieverbrauchs in Deutschland
4.14 BMW-Hochhaus, München (1972), Karl Schwanzer, Raumaufteilung der Regelgeschosse
4.15 BMW-Hochhaus, München, Montage der Elementfassade

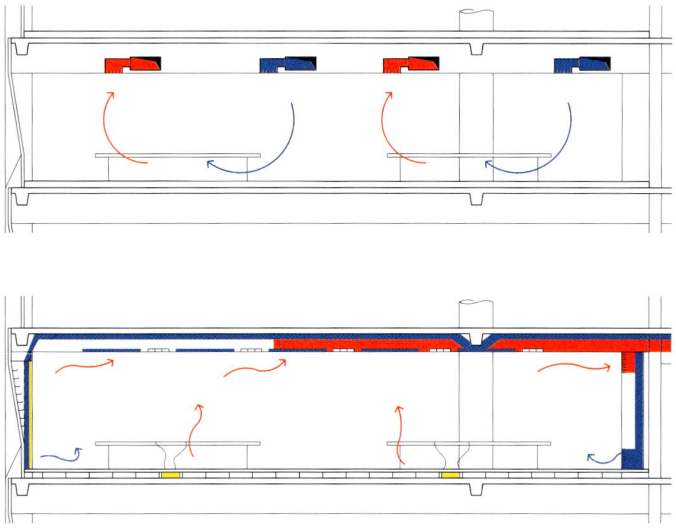

A

B

4.16

4.17

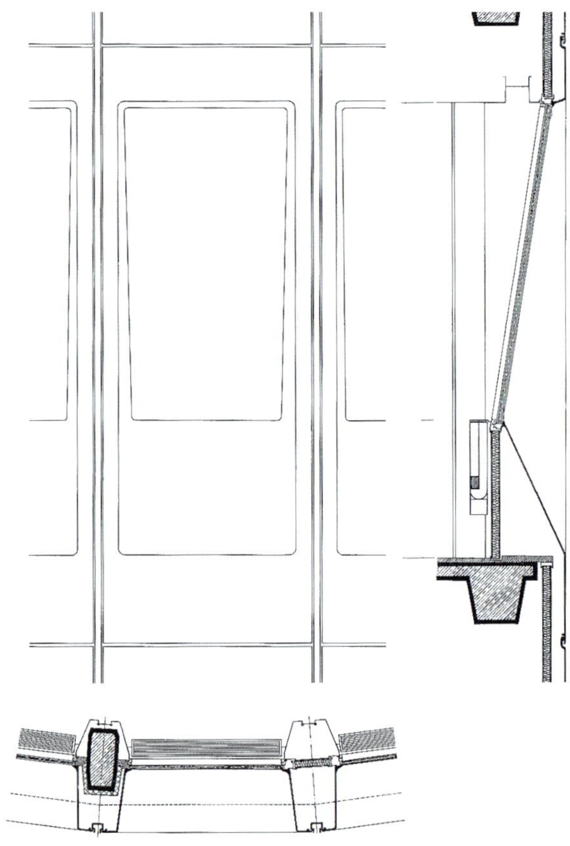

Sommer gestiegen ist. Auch an der Fassade traten Probleme auf: Das verwendete Dichtungsmaterial war porös. In Verbindung mit der Detailausbildung traten Kälte- bzw. Wärmebrücken auf, die Fassade wurde undicht.
Das Unternehmen nahm diese sichtbaren Abnutzungen und Baufehler zum Anlass 1997 eine Sanierung des Hochhauses in Erwägung zu ziehen. Ein Wettbewerb wurde ausgeschrieben und in einem ersten Schritt eine analysierende Studie zur Sanierung des Verwaltungsgebäudes in Auftrag gegeben.
Die Untersuchungsergebnisse führten zu dem Vorschlag, die Erneuerung der Fassade in Verbindung mit einer völlig neuen Konzeption der Klimatisierung – unter Berücksichtigung heutiger Anforderungen an die Arbeitsplatzsituation und Kommunikationstechnologie – durchzuführen.
Statt einer ausschließlichen Nur-Luft-Klimatisierung wurde die Versorgung mit frischer Außenluft – mechanisch und natürlich – kombiniert mit einem wassergekühlten System einer Kühldecke vorgeschlagen. Statt einer Außenluftrate von ursprünglich 24 m^3/hm^2 reduziert sich der zu transportierende und aufzubereitende Volumenstrom durch das vorgeschlagene Quellluftsystems, – das zugfrei für eine flexible und wirtschaftliche Be- und Entlüftung sorgt, – auf nur 6 m^3/hm^2. Die mit Hilfe der Kühldecke mögliche Temperierung über Strahlung sorgt für ein behagliches Raumklima.
Im bestehenden Mischlüftungssystem wurde die Luft turbulent und mit relativ hoher Geschwindigkeit geräuschvoll in den Raum eingeführt. Es entstanden Raumluftwalzen, die die zu lüftenden Räume durchspülten. Die vertikal gerichteten Luftstrahlen erreichten nahezu alle Nutzungsbereiche. Bei der vorgeschlagenen Verdrängungslüftung wird auf einer großen Fläche die aufbereitete Außenluft geräuschlos mit geringer Geschwindigkeit in den Raum eingebracht. Sie quillt aufgrund ihrer gering tieferen Temperatur in den zu lüftenden Bereich und bildet ein Art Luftsee über dem Boden. An warmen Körpern – Personen und PCs – steigt die Luft der Thermik folgend auf, führt frische undurchmischte Luft direkt zu und bewirkt eine vollständige Durchspülung des Raumes. Geräuschlos und ohne Zugerscheinungen nimmt sie dabei Wärme auf und wird im oberen Raumbereich wieder abgesaugt (Abb. 4.16). Innere und äußere Lasten werden über Wärmerückgewinnungssysteme bis zu 70 % zur Aufwärmung der Außenluft im Winter bzw. zur Abkühlung im Sommer genutzt. Ein weiterer Vorteil des Systems ist die geringe erforderliche Installationshöhe im Deckenbereich.

Die vorgeschlagenen technischen Maßnahmen führen nicht nur zu einer radikalen Reduzierung des Energiebedarfs, auch die Betriebskosten für Wartung und Instandhaltung sind um mehr als die Hälfte reduziert:
- Erneuerung der Wärmedämmung der Fassade,
- Verbesserung des Sonnenschutzes von bisher g = 44 % auf ca. g = 12 % durch 30°-Lamellen zur Tageslichtlenkung,
- Reduzierung der erforderlichen Luftmenge um 75 %,
- Anhebung der Zulufttemperatur im Sommer über das Quellluftsystem von bisher 17 °C auf 20 °C,
- durch Austausch von Anlagen und Geräten Erhöhung des Energierückgewinnungsgrads auf ca. 70 %.

Ehemaliges Abgeordneten-Hochhaus »Langer Eugen« in Bonn
Seit mehr als 30 Jahren ist das ehemalige Bonner Abgeordneten-Hochhaus des Deutschen Bundestages in Betrieb. Der innovative Entwurf und die Planung zu dem zwischen 1966 und 1969 errichteten Wahrzeichen stammen von Egon Eier-

4.18

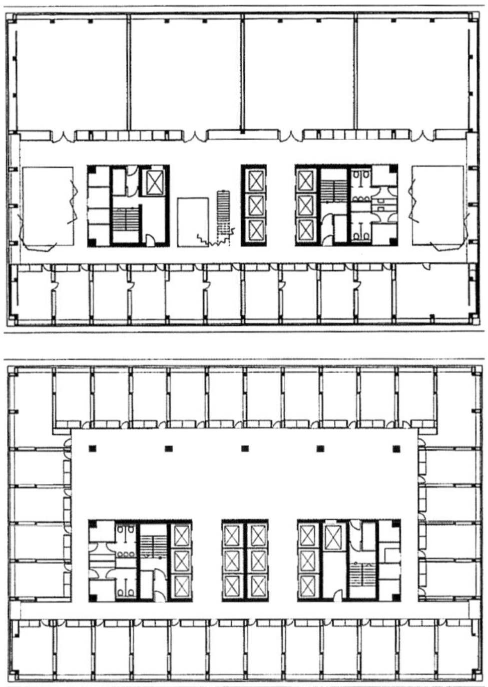

4.19

mann. Heute wird das Haus von Institutionen der UN genutzt (Abb. 4.19). Das Gebäude ist in fünf Zonen unterteilt: Eingang, Abgeordnetenbüros, Sitzungssäle, Restaurant mit Café und Küche sowie Technikgeschosse. Es besteht aus einem Verkehrs- und Versorgungskern in Ortbeton, der tragenden Stahlskelettkonstruktion und den Fertigbetondeckenplatten. Das Stützenraster in den beiden unteren Geschossen beträgt 7,50 x 7,50 m und 3,75 x 3,75 m in den darüber liegenden (Abb. 4.18). Der Sonnenschutz ist starr ausgebildet. Er besteht aus glasfaserverstärkten Polyesterlamellen, die mit den vertikalen Verstrebungen (Vierkantprofilen) der Fassade verschraubt sind. Der Abstand der Lamellen zur Gebäudekante beträgt ca. 1,2 m (Abb. 4.21, 4.22). Vorteil des Aufbaus ist die passive Nutzung der Sonnenstrahlung. Durch den Überstand verändert sich der Einfallswinkel entsprechend der Jahreszeit, während im Sommer für die Büros ein wirksamer Sonnenschutz durch die Fassade gewährleistet ist. Ohne den Sichtbezug nach außen einzuschränken, führt die flach stehende Wintersonne zu Wärmeeinträgen.
Die Luftversorgung der Büros erfolgt über auf der Brüstungsinnenseite montierte Induktionsgeräte. In der Zentralanlage im Technikgeschoss wird Außenluft aufbereitet und in den Stützen der Stahlträger zu den Induktionsgeräten geleitet. Jede zweite Stütze führt Luft und Kalt- bzw. Warmwasser. Die Induktionsgeräte saugen die verbrauchte Luft über dem Fußboden der Büros an und geben die Frischluft nach oben in den Raum ab (Abb. 4.20). Das führt je Wärmebelastung zu wechselnden und hohen Luftgeschwindigkeiten (Zugluft) und lauten Strömungsgeräuschen. Bei den innen liegenden Bereichen strömt die Abluft aus den Büros in Gänge und Vorräume. Dieses System erfüllt die heutigen Brandschutzbestimmungen nicht mehr. Ziel der Studie zur Sanierungsmaßnahme war es, das Gebäude unter Beibehaltung der äußeren Form als Bürohaus den heutigen Bedürfnissen anzupassen. Das vorgeschlagene klimatechnische Sanierungskonzept setzt auf neu entwickelte Induktionstechnik. Dazu sollten die alten Geräte gegen neue Quellluft-Induktionsgeräte ausgetauscht werden. Hierbei wird die Strömungsrichtung der Luft umgekehrt. Angesaugt oberhalb des Fensters, wird die Frischluft horizontal mit geringer Geschwindigkeit dem Raum zugeführt. Ein wassergekühltes System (Kühlkonvektor/-decke) deckt den weiteren Kühlbedarf, wobei die Leistungen ausschließlich für den Büroraum dimensioniert wurden. Eine separate Lüftungszentrale versorgt alle innen liegenden Bereiche. Durch deren geringere Luftleistung können die Kanäle kleiner dimensioniert und damit die lichte Raumhöhe um ca. 20 cm vergrößert werden.Vorteile der vorgeschlagenen Quellluft-Anlage liegen vor allem in:

- dem gewährleisteten kontinuierlichen Luftaustausch,
- der Reduktion von Zugerscheinungen,
- dem geringeren Energieverbrauch (Abb. 4.20),

4.16 BMW-Hochhaus, München, bestehendes Mischlüftungssystem (A), vorgeschlagenes Quelluftsystem/System der Verdrängungsströmung mit Kühlsegel (B)
4.17 BMW-Hochhaus, München, Schnitt durch die Fassade. Sie wird mit Hilfe eines Gelenkes auf der Betonplatte gehalten, seitlich sorgen U-Profile für ausreichende Stabilität.
4.18 Abgeordneten-Hochhaus, Bonn (1969), Egon Eiermann Grundriss der Regelgeschosse mit Büros und Sitzungssälen
4.19 Abgeordneten-Hochhaus »Langer Eugen«, Bonn, Fassade, Erscheinungbild von 1969

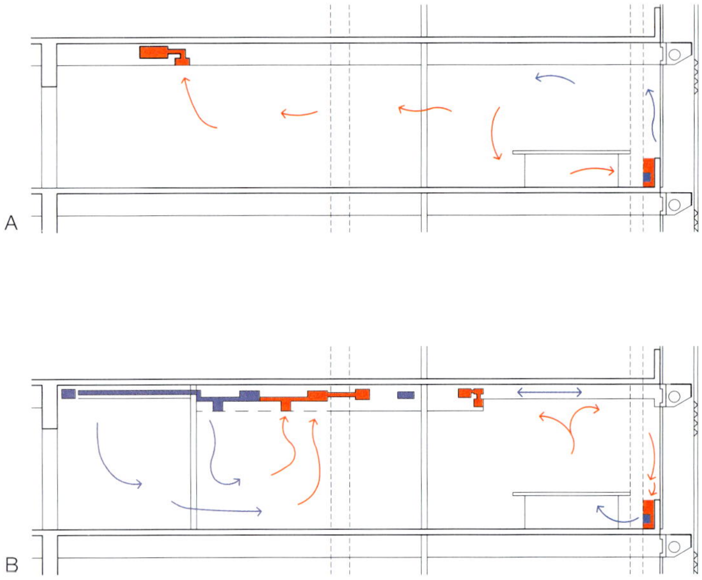

4.20

4.21

4.22

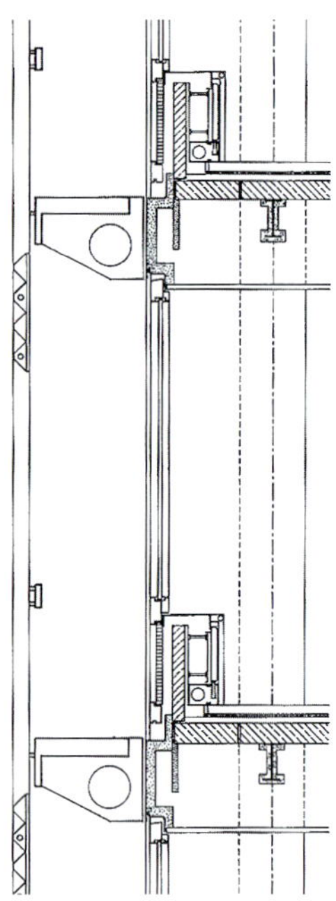

Ehemaliges Reichstagsgebäude in Berlin

Mit dem Umbau des Reichstags zum Sitz des Deutschen Bundestags (1996–1997)sollte neben der baulichen Veränderung des Raumprogramms auch die parlamentarische Nutzung ihren Ausdruck finden. Bemerkenswert war, dass die Bauherren gleichzeitig ein ökologisches Signal setzen wollten und dies zu einem wesentlichen Kriterium für die Wahl des ersten Preises machten. Diese Anforderungen erfüllte der realisierte Siegerentwurf hervorragend. Er öffnete das Haus nicht nur permanent für die Öffentlichkeit – die Lösung ist einzigartig auf der Welt –, sondern schlug gleichzeitig ein zukunftsweisendes ökologisches Konzept vor, das in dieser Form ebenso einzigartig war.

Ausgangsbasis der Planung war ein Bauwerk, das nach dem Zweiten Weltkrieg vor allem im Inneren grundlegende bauliche Veränderungen erfahren hatte und mit einer aus den 60er-Jahren stammenden Gebäudetechnik ausgestattet war. Allerdings war der Reichstag – vor mehr als hundert Jahren von dem Architekten Paul Wallot und dem Ingenieur David Grove geplant und realisiert (1884–1894) – in seinem ursprünglichen Zustand eine technische Sensation. Das entwickelte Konzept entsprach im Wesentlichen heutigen Standards. Der Sitz des Deutschen Bundestags sollte nicht nur einen wirtschaftlichen Betrieb mit geringstmöglichem Energieeinsatz sicherstellen, sondern darüber hinaus als »Arbeitsparlament mit ökologischer Signalwirkung« ein Zeichen setzen (s.S. 148ff.). Da die Bausubstanz weitgehend erhalten blieb, konnte das von Grove entwickelte Technikkonzept aufgegriffen werden. Ziel des Ingenieurs war es, die Trägheit der Baumasse zu nutzen, um gleichmäßige Raumlufttemperaturen unabhängig von Belegung, Außenluftbedingungen und sonstigen Einflüssen zu schaffen. Sitzungssäle, Lese- und Erfrischungsräume wurden mit Frischluft versorgt. Zahlreiche Lufteinlässe unterhalb der Sitze und Abluftöffnungen in der Decke belüfteten den Plenarsaal. Grove nutzte das heute gängige System der Quelllüftung. Alle wichtigen Konzeptüberlegungen und Dimensionierungen wurden – ohne Computersimulation – an 1:1 Versuchsaufbauten überprüft.

Die Luftführung erfolgte über riesige Schächte und Luftsammelräume, um geringe Förderleistungen zu erhalten, denn, anfänglich noch mit Dampfantrieb geplant, förderten am Ende der zehnjährigen Bauphase elektrisch betriebene Bläser die Luft durch die einzelnen Konditionierungsstufen. Die großen Schächte waren notwendig, um den Druckverlust möglichst niedrig zu halten, da die damals bereits verfügbaren Axial-Ventilatoren[9] nur geringe Leistung erbrachten. Durch die niedrigen Luftgeschwindigkeiten wurden gleichzeitig störende Geräusche vermieden. In die Zuluftkanäle eingebaute Heizrohre konnten die Luft relativ genau auf die gewünschte Temperatur erwärmen. Eine Wasserzerstäubung sorgte durch adiabatische Kühlung[10] für die fast vollständige Sättigung der Luft (8–8,5 g Wasser/kg Luft). Mit ihrer weiteren Erwärmung stellte sich die gewünschte relative Feuchtigkeit von selbst ein. Mit aus heutiger Sicht einfachen Mitteln erreichte Grove insbesondere im Plenarsaal ein behagliches, konstantes Innenraumklima: Die Luft wurde in einem Mischungsgang durch unterschiedlich beheizte Kammern auf eine Temperatur von 20 °C erwärmt. Hundert Jahre später diente dieses Konzept als Grundlage für eine der modernsten Gebäudetechniken, die mit geringstmöglichem Energieeinsatz zu einem wirtschaftlichen Betrieb des Hauses führte. Die Anforderungen des Deutschen Bundestags an die Planer des »neuen« Reichstagsgebäudes, den

4.23

Verbrauch fossiler Brennstoffe und die CO_2-Emissionen zu minimieren, führte im Wesentlichen zum Einsatz folgender Maßnahmen:

- Natürliche Lüftung
- Tageslichtnutzung
- Solarenergienutzung
- Pflanzenöl als nachwachsender Brennstoff
- Kraft-Wärme-Kälte-Kopplung
- Saisonale Energiespeicher

Energieerzeugung und -verteilung
Die Verwaltung des Deutschen Bundestags unterstützte ergänzende Maßnahmen, die das Energiekonzept Reichstag auf alle Gebäude des Parlamentsviertels im Spreebogen erweitert und einem Gesamtkonzept unterwirft – der Technikverbund Parlamentsbauten. Weitere, sich ergänzende Systembausteine, die alle dem Prinzip der Kraft-Wärme-Kopplung folgen, wurden in den übrigen Gebäuden angeordnet und miteinander verschaltet. Richtgröße ist die vom Verbraucher geforderte Strommenge. Zum Heizen und/oder Kühlen wird die beim Verbrennungs-prozess entstehende Abwärme verwendet. Überschussener-gie geht in den Energieverbund, bestehend aus dem Reichstag, dem Paul-Löbe-, dem Jakob-Kaiser- und dem Marie-Elisabeth-Lüders-Haus. Der Verbund ermöglicht eine gleichmäßigere, optimierte und damit wirtschaftliche Auslas-tung sowie eine Balance des Gesamtsystems. Als Brennstoff für die BHKWs wird Pflanzenöl in Form von Pflanzenölmethyl-esther, bekannt als Biodiesel, eingesetzt. Mit dessen Verwendung vermindern sich die CO_2-Emissionen gegenüber fossilen Brennstoffen um mehr als 50 %.
Der technische Verbund der Parlamentsbauten basiert als wirtschaftlicher Beitrag zur Minimierung des Schadstoffausstoßes, insbesondere von CO_2, auf übergreifender Energieerzeugung und -verteilung – mit einem hohen Anteil an regenerativen Energien (Abb. 4.24).

Saisonale Energiespeicher
Benötigt der Reichstag oder eines der anderen Gebäude nur Strom, so wird die Prozesswärme aus dem BHKW-Betrieb in Form von warmem Wasser in eine wasserführende Schicht, einen so genannten Aquifer-Speicher[11] eingeleitet. Im Winter steht die Wärmeenergie dann wieder zur Versorgung auf Niedertemperaturniveau bereit (65–30 °C, s.S. 150f.). Um Wasser mit einer mittleren Temperatur von ca. 50 °C speichern zu können und dabei den oberflächennahen Energiehaushalt ökologisch nicht zu beeinflussen, werden die salzwasserführenden Schichten (Aquifer) in ca. 400 m Tiefe genutzt. Der Speicher ist genehmigungsrechtlich unbedenklich, da eine ca. 60 m starke Sperre, eine Rupeltonschicht, für eine natürliche geologische Trennung sorgt. Mit der aus dem Speicher zurückgewonnenen Temperatur des warmen Wassers ist es gleichzeitig möglich, Lufterwärmungsregister und Fußbodenheizungen direkt oder indirekt, oder über eine Wärmepumpe zu betreiben. Zur Gebäude- und Luftkühlung im Sommer wird parallel aus einem zweiten, flacheren Aquifer-Speicher Grund-

4.20 Abgeordneten-Hochhaus »Langer Eugen«, Bonn, bestehendes Lüftungssystem mit Induktionsgeräten (A), vorgeschlagenes Luftsystem mit Quellluft-Induktionsgeräten (B)
4.21 Abgeordneten-Hochhaus »Langer Eugen«, Bonn, Fassade mit starren Sonnenschutzlamellen,
4.22 schematischer Fassadenschnitt
4.23 Reichstagsgebäude, Berlin (1994), Umbau: Foster und Partners

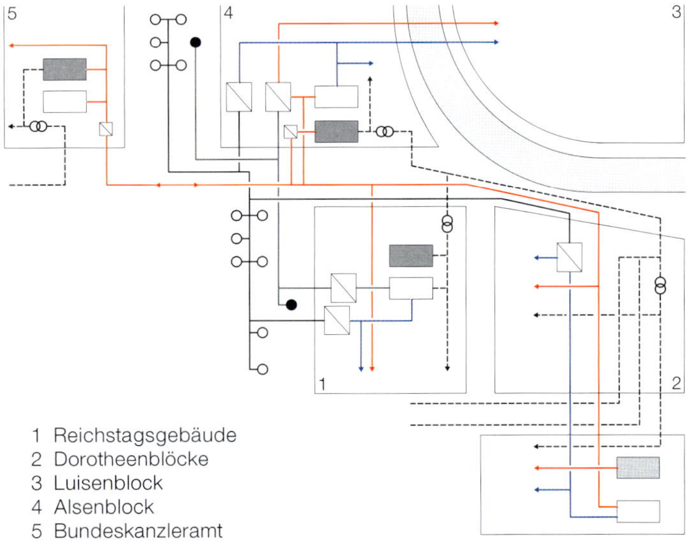

1 Reichstagsgebäude
2 Dorotheenblöcke
3 Luisenblock
4 Alsenblock
5 Bundeskanzleramt

○ Bohrung Kältespeicher
● Bohrung Wärmespeicher
--→ zum Hausverteiler Wärme/Kälte/Strom
ꝏ Trafo

Wärmeübergabestation
Absorptionskältemachine/ Wärmepumpe (ABS)
Blockheizkraftwerk (BHKW)

4.24

wasser aus 30–60 m Tiefe gefördert. Ähnlich dem Prinzip des Wärmespeichers wird das erwärmte Wasser an einer anderen entfernten Stelle zurückgefördert.

Natürliche Lüftung
Zur Belüftung des Plenarsaals werden die bestehenden historischen Luftschächte genutzt. Die Außenluft wird auf der Westseite des Gebäudes oberhalb des Portikus angesaugt und über große, druckverlustarme Wärmetauscher erwärmt oder gekühlt. Langsam drehende Ventilatoren fördern die Luft großflächig in einen Druckboden unterhalb des Plenums. Von dort gelangt die frische, konditionierte Luft als Quellluft in den Saal. Warme, verbrauchte Luft wird über Öffnungen im Tageslichtkonus in einen Kamin gesaugt und ins Freie geleitet, Energie wird über Wärmetauscher zurückgewonnen (s.S. 156ff.). Durch den Einsatz von motorisch und/oder manuell öffenbaren Fenstern und durch eine zweite äußere Verglasungsebene ist es bei schwacher Belegung oder Unterbrechungen möglich, eine Vielzahl der Räume über einen Großteil des Jahres natürlich zu belüften (s.S. 152f.).

Tageslicht
Im Gegensatz zum Entwurf von Paul Wallot und David Grove – die ursprüngliche Reichstagskuppel hatte einen rein symbolischen Charakter – ist die Tageslichtnutzung wesentlicher Bestandteil des heutigen Energiekonzepts und sichtbares Merkmal der Kuppel. Ein Konus mit 360 Spiegeln in der gläsernen Kuppel lenkt diffuses Tageslicht in den Plenarsaal und reduziert den Stromverbrauch für künstliche Beleuchtung. Nachts lässt er die Kuppel erstrahlen (s.S. 158f.).

Sonnenenergie
Eine Variante – ein Baustein – der Sonnenenergienutzung ist der Einsatz von Pflanzenöl. Mit der Nutzung dieses natürlichen und nachwachsenden Rohstoffes reduzieren sich die CO_2-Emissionen deutlich. Ziel der Anlagentechnik beim Reichstag war zunächst, die Eigenversorgung unter wirtschaftlichen und energetisch sinnvollen Aspekten sicherzustellen. Neben der Wirtschaftlichkeit spielt allerdings auch der Symbolcharakter dieses auf reduzierten Energieverbrauch ausgelegten Hauses eine Rolle. Daher wurde zusätzlich eine Photovoltaikanlage als weiterer solarer Baustein auf dem Dach des Gebäudes realisiert, die eine nahezu emissionsfreie solare Stromerzeugung ermöglicht.

Aspekte der Energieeinsparung
Das Gebäude wird im Stand-by-Betrieb gefahren (große Speichermasse und kurzfristige Belegungen). Fußbodenheizungen decken den Hauptanteil des Wärmebedarfs im Winter auf Niedertemperaturniveau und halten das Gebäude unter kontinuierlicher Wärmezufuhr weitgehend im Beharrungszustand. Dies verhindert eine Abkühlung der Wandinnentemperaturen. Vorteil dieser Betriebsweise ist die Reduzierung der Heizlastspitzen um ca. 30 %. Während Grove den sich über die Zeit ständig ändernden Wärmebedarf des Reichstags nicht genau bestimmen konnte, ist heute die Berechnung stündlicher Heizleistungen über dynamische Gebäudesimulationsprogramme möglich. Im Sommer führen Kühldecken mit geringem Energieaufwand kontinuierlich die Wärme des Gebäudes ab. Nur bei sehr schnell ansteigenden inneren Lasten durch Personenbelegung (Spitzenlast) schaltet sich eine mechanische Lüftung hinzu. Diese Systemwahl reduziert den Strombedarf der Ventilatoren deutlich, da sich ihr Einsatz auf einen sehr kurzen Zeitraum beschränkt. Der unterschiedlich hohe Bedarf

an Wärme, Kälte und Strom im Energieverbund bewirkt darüber hinaus eine hohe Auslastung der BHKWs. Bei Überschreitung der Leitungsgrenze wird Spitzenlast- und Reservestrom durch das Energieversorgungsunternehmen BEWAG bereitgestellt. Eine doppelte und räumlich unabhängige 10-kV-Versorgung sichert die Stromversorgung des Verbunds (Abb. 4.24). Die Leitungen (auch für Wärme/Kälte und die Speicher) verlaufen in den unterirdischen Tunnelverbindungen der Gebäude. Dieses komplexe Erzeugungs- und Versorgungssystem erfordert ein übergreifendes Energiemanagement, dass mit Hilfe von Prognoseverfahren dafür sorgt, dass die Energie optimal bereitgestellt wird.

Wirtschaftliches Bauen – standardisiertes Bauen

Um den Energieverbrauch eines Gebäudes bereits in der Planungs- und Bauphase zu reduzieren und den Komfort auch bei knappen wirtschaftlichen Ressourcen sicherzustellen, sind entsprechende Arbeitsmethoden und Werkzeuge erforderlich. Hierzu zählen Simulationsrechnungen und nummerische Rechenverfahren, mit denen u.a.Temperaturver-hältnisse und Raumqualitäten ermittelt werden können. Aus ökonomischer wie auch aus ökologischer Sicht sollte auch die Qualität der Installation der technischen Anlagen und die bauphysikalische Qualität des Gebäudes frühzeitig überprüft und aufeinander abgestimmt werden. Während die Fertigungsprozesse in der Industrie, z.B. der Automobilindustrie, stetig optimiert werden, erscheinen im Vergleich dazu Bauprozesse bisher eher vernachlässigt. Vor diesem Hintergrund wird momentan unter dem Leitgedanken »Systems Engineering« eine methodische Vorgehensweise zur Abwicklung komplexer Bauvorhaben entwickelt, die es ermöglicht, auch in der Architektur die von Projekt zu Projekt wechselnden technischen Anforderung gewerbeübergreifend zu standardisieren.

Solare, komplett gefertigte Bausteine werden damit zu schlüssigen Baumodule. Dies führt bei gleichen Baukosten zu einer deutlich verbesserten Ausführungsqualität sowie kürzeren Montagezeiten und schafft zusätzlich eine solide Basis für das Facility Management (Kostenanteil für 30 Jahre Gebäudenutzung ca. 75 %). Um Planungs- und Bauprozesse zu optimieren ist es darum erforderlich, dass Architekten und Ingenieure umdenken, sie müssen lernen systemisch und nicht nur systematisch zu denken. Gefragt sind Maßsysteme, Datenbanken, industrielle Vorfertigung sowie intelligente Regelungen und Steuerungen und darüber hinaus eine vollständige Datenverwaltung per EDV. Mit neuem Denken, Planen und Bauen wird die stets erwartete und selten erreichte handwerkliche Qualität auf Industrieniveau angehoben. Umfassende Bauprozesse werden durch vorausschauende Planungsabläufe steuerbar und damit wirtschaftlich – eine Grundlage des Solaren bzw. nachhaltigen Bauens.

Anmerkungen:

1 Das Protokoll von Kioto (Verabschiedung 1997) – das Rahmenübereinkommen der Vereinten Nationen über Klimaveränderungen – umfasst die vertragliche Verpflichtung der unterzeichnenden Staaten, ihre Emissionen schrittweise zu reduzieren, um der globalen Klimaerwärmung entgegenzuwirken. www.unfccc.int/resource/docs/convkp/kpeng.html

2 in Deutschland nach VDI-Richtlinie 4640.

3 Am 1. April 2002 ist das Gesetz für die Erhaltung, die Modernisierung und den Ausbau der Kraft-Wärme-Kopplung (Kraft-Wärme-Kopplungsgesetz) in Kraft getreten. Danach erhalten Betreiber begünstigter KWK-Anlagen bis zum Jahr 2010 Zuschlagszahlungen von voraussichtlich insgesamt € 4,448 Milliarden. Besonders begünstigt werden Betreiber von neu errichteten kleinen KWK-Anlagen bis 50 KW und von Brennstoffzellen-Anlagen. www.bmwi.de

4 Der Bus stellt eine gemeinsame Verbindung zwischen mehreren kommunizierenden Teilnehmern – z.B. gebäudetechnische Geräte, Melder oder Computer – dar. Die Verbindungen sind Grundlage der Gebäudeautomation. Jeder Teilnehmer, der auf den Bus zugreifen möchte, prüft, ob auf dem Bus Daten transportiert werden. Die Vorschriften für den Datentransport werden als Protokoll bezeichnet.

5 Für Büroräume gelten darum maximale Strömungsgeschwindigkeiten von 0,15 – 0,2 m/s, um Zugerscheinungen zu vermeiden (DIN 1946).

6 Der englische Admiral Sir Francis Beaufort (1774–1857) entwickelte 1806 die nach ihm benannte Beaufort-Skala. Anhand der Auswirkungen des Windes kann mittels der gegebenen Definitionen die Windstärke geschätzt werden. Sie reicht von Stärke 0 (Windstille) bis Stärke 12.

7 Der Bereich behaglicher Raumlufttemperaturen ist in Deutschland in der DIN 1946 festgeschrieben.

8 Aufbau Alcast-Fassade:
Element: Sonnenschutzverglasung trapezförmig, ca. 2 m^2
Typ: Auresin 66/44 mit Luftzwischenraum
Aufbau: 8 mm +12 mm SZR + 6 mm,
keine thermische Trennung zum Rahmen
innen liegender Sonnenschutz: vertikale Lamellen
Wärmedurchgangskoeffizient U = 1,8 W/m^2K,
Energiedurchlasskoeffizient: 44 %

9 Axial-Ventilatoren fördern die Luft in Richtung der Propellerachse. Dabei entstehen hohe Volumenströme,der Stromverbrauch ist gering. Diese Technik ist besonders für kurze Förderstrecken mit geringen Gegendrücken geeignet.

10 Adiabatische Kühlung (→ Verdunstungskühlung).

11 Aquifer-Speicher sind unterirdische, natürliche, als Saisonspeicher dienende Großspeicher, die wassergefüllte poröse Erdschichten nutzen.

12 Die Sorptionstechnik (sorptionsgestütze Klimatisierung, SGK) beschreibt die Kombination von Lufttrocknung, Verdunstungskühlung und Wärmerückgewinnung (→ Sorptionstechnik).

4.24 Reichstagsgebäude, Berlin, Technikverbund Parlamentsbauten, Schema Energieversorgungskonzept

4.25 Verwaltungsgebäude, München (2001), von Seidlein, Elementfassade, natürliche Lüftung, Steuerung über Bus-Technik, Bauteilkühlung

4.25

Lufthansa
Economy Class
Lufthansa
Economy Class
Lufthansa
Economy Class
Lufthansa
Economy Class
Lufthansa
Economy Class

Tageslichtnutzung

Helmut F. O. Müller und Heide G. Schuster

Die Aufgabenstellung

Vom einfachen Witterungsschutz zur multifunktionalen Haut eines Gebäudes
»Überhaupt bey allen Gebäuden ist dafür zu sorgen, dass sie hell seyen [...].«[1]
Die ersten Fenster waren weniger zur Nutzung des Tageslichtes gedacht als vielmehr zur Belüftung von Räumen. Das Haus als solches sollte Schutz vor extremen Wetterbedingungen und Sicherheit bieten. Im Laufe der Geschichte verfolgte man bei der Gebäudeplanung notwendigerweise einen ganzheitlichen Ansatz: Man wusste um die Charakteristik und Wirkungsweise von Tageslicht, weil kein anderes Medium eine ausreichende Beleuchtung sichern konnte. Erst mit der Erfindung und dem Einsatz des elektrischen Lichtes zu Beginn des letzten Jahrhunderts verschwand das Wissen um das Tageslicht aus den Köpfen der Architekten und Planer. Dadurch und durch die Teilung der Planung in Entwurf, Bauphysik, technische Gebäudeausrüstung und Tragwerk verlor sich die ganzheitliche Betrachtung von Raum und Licht, und eine physikalische Sichtweise der technischen Lösungen gewann die Oberhand. Kunstlicht galt als deutlicher Fortschritt, konnte man doch auf diese Weise fensterlose Räume und sehr große Raumtiefen realisieren. Die industrielle Revolution machte es aber auch möglich, mit Hilfe von Glas und Eisen größere Öffnungen in der Gebäudehülle zu verwirklichen. Tragende geschlossene Mauern fielen weg; ganze Dächer konnten mit Glas überdeckt werden. Die Entwicklung des Curtain Wall ermöglichte eine von der Tragkonstruktion unabhängige Glas-Stahl-Fassade, und die Erfindung der Klimaanlage konnte die aus großen Glasanteilen hervorgehende Überhitzung von Gebäuden kompensieren. Der Innenraum war auf diese Weise völlig unabhängig vom Klima und von den Wetterbedingungen zu kühlen und zu beleuchten. Die fehlende Notwendigkeit, mit Tageslicht zu planen – und das über mehrere Generationen von Architekten hinweg –, führte schließlich zum Fehlen von Ausbildung und Wissen in diesem Bereich.
Heute haben wir technologische Möglichkeiten an der Hand, die viele Probleme früherer Glasfassaden minimieren können. Dennoch gewinnt das Interesse an der Nutzung des Tageslichtes mehr Raum – zum einen, um Kosten für Beleuchtung und Kühlung zu senken, zum anderen, um den Komfort der Nutzer zu erhöhen. Im Allgemeinen wird der Einfluss von Tageslicht auf den Menschen und die Bedeutung der Tageslichtqualität unterschätzt. Denn die ausreichende Lux-Zahl allein lässt kaum eine Aussage über die physiologische und psychologische Wirkung des Umfeldes zu. Um Tageslicht zuverlässig vorausplanen zu können, hat die Forschung Berechnungs- und Messmethoden entwickelt. Je mehr neue Gläser und andere Materialien auf den Markt kommen, desto wichtiger werden Simulationswerkzeuge, die bei der Planung komplexer Systeme helfen können.

Architektonische Raumgestaltung durch Licht
»More and more, so it seems to me, light is the beautifier of the building.«[2]
Bedeutende Architekten haben sich in ihrem Werk immer auch mit dem Licht und seiner Wirkung im Innenraum beschäftigt. Licht bildet die Voraussetzung für Architektur, denn ohne Licht kann Architektur nicht wahrgenommen werden. Es ist lebendig, vielfältig und ändert sich beinahe sekündlich. Wer Tageslicht intelligent einsetzt, kann eine ungeheure Intensität der Raumwirkung erreichen und beim Betrachter Emotionen wecken. Licht kann durch den Architekten in Farbe und Intensität manipuliert werden, direkt oder indirekt genutzt oder auch in seinem natürlichen Zustand belassen werden. Öffnungen können den Übergang vom Innen- zum Außenraum verschwimmen lassen oder bewusst das »Bild« des Außenraumes in einen Rahmen setzen.
Zu unterscheiden ist grundsätzlich zwischen der Effektbeleuchtung, die eine gewisse Wirkung – zum Beispiel in Kirchen einen mystischen Raumeindruck – erzeugen soll, und der unabdingbaren Nutzbeleuchtung von Gebäuden, beispielsweise von Büros. Für letztere gilt die Grundregel: Je mehr Tageslicht eingesetzt wird, desto wohler fühlt sich im Allgemeinen der Nutzer.
Der Wandel der Zeit brachte die schon erwähnte Veränderung der Architektur mit sich. Galt es früher, sich den klimatischen Bedingungen einer Region anzupassen, so ermöglichen heute Kunstlicht und Heizung bzw. Kühlung ein vom Klima weitgehend unabhängiges Bauen – global anstatt regional geprägt. Die Sprache der Architektur ist heute weltweit sehr ähnlich, unabhängig davon, wo sich das Gebäude befindet. Der Energieverbrauch jedoch hängt – gerade in der Raumbeleuchtung – stark vom vorhandenen Klima, den kulturellen Gegebenheiten und der Bauform ab. Ein deutscher Ingenieur hat vor kurzem eine sehr einprägsame Feststellung getroffen: »Die beste und wirksamste Form des Energiesparens ist Denken.«[3]

5.1 Flughafen München Terminal 2 (2003), Koch + Partner, Check-In-Halle, direkte und indirekte Tageslichtnutzung.

5.2

Visuelle Wahrnehmung und Sehaufgaben

Die Hellempfindlichkeit des menschlichen Auges reicht von 380–760 Nanometern (nm) und ist der Solarstrahlung optimal angepasst: Die größte Sensibilität liegt im Bereich der maximalen Strahlungsintensität bei 550 nm (gelb) und fällt von dort zum kürzer- und längerwelligen Bereich des Spektrums ab. Die Netzhaut des Auges hat verschiedene Arten von Rezeptoren: etwa 5–6 Millionen Zapfen, mit deren Hilfe bei Tageslicht Farben wahrgenommen werden, und über 100 Millionen Stäbchen, die helligkeitsempfindlich sind und im Bereich geringer Lichteinwirkungen reagieren (Nachtsehen). Eine dritte Art von Rezeptoren für das zirkadiane Verhalten des Menschen (d.h. für die biologische innere Uhr) wurde erst in den letzten Jahren entdeckt.

Die von der Wellenlänge abhängige Hellempfindlichkeit des Auges ist der Bezugspunkt für die photometrischen Kenngrößen, welche für Messungen und Berechnungen in der Lichtplanung verwendet werden (offizielle SI-Einheiten[4]):

- Lichtstrom (Φ): gesamte von einer Lichtquelle abgestrahlte Lichtleistung, gemessen in Lumen (lm).
- Lichtstärke (I): Lichtstrom in Raumwinkel von 1 Steradiant (lm/sr), gemessen in Candela (cd).
- Beleuchtungsstärke (E): Lichtstrom/Flächeneinheit (lm/m²), gemessen in Lux (lx).
- Leuchtdichte (L): von einer Lichtquelle oder einer beleuchteten Fläche hervorgerufener Helligkeitseindruck, gemessen als Lichtstärke pro Flächeneinheit (cd/m²).

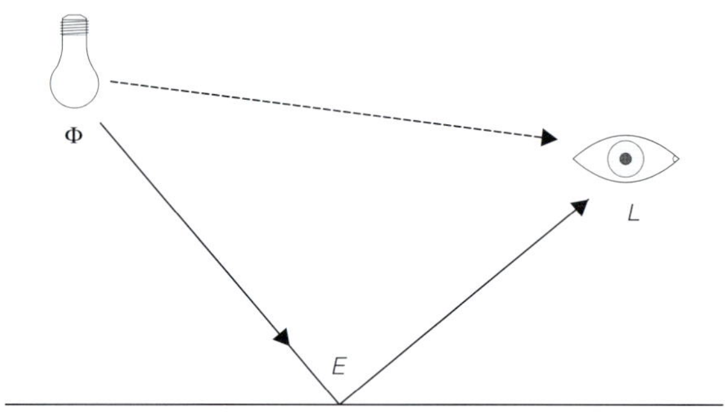

5.3

Die Bandbreite der vom Auge wahrnehmbaren Helligkeit, d.h. die Leuchtdichte, erstreckt sich über einen erstaunlich großen Bereich: in Nachtsituationen mit Stäbchensehen von 10^{-6}–10^{0} cd/m² und in Tagessituationen mit Zapfensehen von 10^{0}–10^{4} cd/m². Die Adaption des Auges erfolgt über die Einstellung der Pupille und über biochemische Vorgänge in der Netzhaut. Das erfordert Zeit, insbesondere die Anpassung von hohen auf sehr niedrige Leuchtdichten, wie man z. B. von der Blendung beim nächtlichen Autofahren weiß (bis zu 30 Minuten bei Adaption von heller an dunkle Umgebung, umgekehrt ca. 3 Minuten). Weniger deutlich wahrnehmbar, aber ebenfalls störend sind große Kontraste der Leuchtdichte im Gesichtsfeld, weil das Auge versucht, sich gleichzeitig an die hellen und die dunklen Flächen anzupassen. Insbesondere wenn sie über einen längeren Zeitraum am Arbeitsplatz auftritt, wirkt eine solche Kontrastblendung ermüdend und störend. Außerdem rufen sehr hohe Leuchtdichten, wie sie von direktem Sonnenlicht auf reflektierenden Oberflächen bewirkt werden, störende Blendeffekte hervor, die an Arbeitsplätzen zu vermeiden sind.[5]

Neben der Blendungsvermeidung sind weitere Anforderungen bei der Beleuchtung von Räumen durch Tageslicht einzuhalten; so sind Aussicht, Helligkeit, Farbneutralität und Detailauflösung zu berücksichtigen. Für einen behaglichen Arbeitsplatz stellt der visuelle Außenkontakt durch Fenster eine Grundvoraussetzung dar; seine Bedeutung für die Raumqualität ist durch Nutzerbefragungen vielfach nachgewiesen worden.[6]

Die Helligkeit ist sowohl für die Wahrnehmung des Innenraumes als auch für die mühelose und fehlerfreie Durchführung bestimmter Sehaufgaben ausschlaggebend. Vorgegebene Nennbeleuchtungsstärken[7] für bestimmte Raumnutzungen sind als Mindestwerte zu verstehen (z.B. 500–1000 lx für Büroräume); höhere Werte führen zu besseren Sehleistungen.[8] Dasselbe gilt für den unteren Grenz-

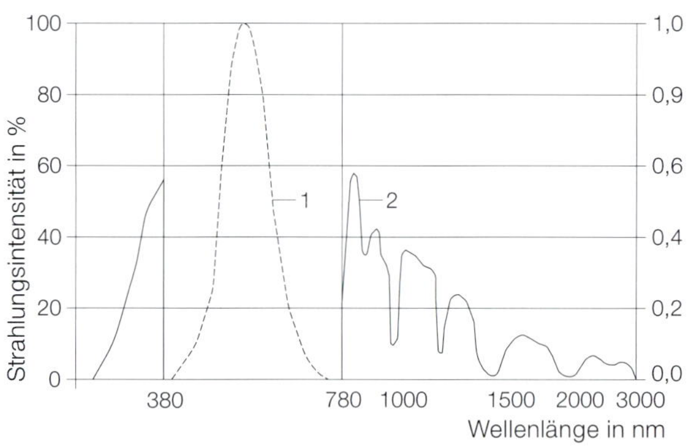

1 sichtbarer Bereich des Lichts/Augenempfindlichkeit
2 Globalstrahlung

5.4

wert des Tageslichtquotienten (Verhältnis der horizontalen Beleuchtungsstärke im Innenraum zur horizontalen Beleuchtungsstärke im Außenraum bei bedecktem Himmel) nach DIN 5034: Der Wert von 0,9 % für einseitig beleuchtete Wohnräume ist das absolute Minimum, eine gute Tageslichtbeleuchtung erfordert aber deutlich höhere Werte von 5 % und mehr in Abhängigkeit von der Raumnutzung. Letzteres ergibt z.B. bei einer mittleren Außenbeleuchtungsstärke von 10 000 lx bei bedecktem Himmel im Raum eine Beleuchtungsstärke von mindestens 500 lx. Die Begrenzung der Helligkeitsforderungen für die Raumbeleuchtung auf horizontale Beleuchtungsstärken (in einer Arbeitsebene von 85 cm Höhe) ist jedoch oft unzureichend, denn gerade die vertikale Beleuchtungsstärke ist von Bedeutung für die biologische Wirkung des Lichtes und für bestimmte Sehaufgaben, z.B. für die Betrachtung von Exponaten in Museen. Für den visuellen Raumeindruck, der vom Nutzer wahrgenommen wird, ist allerdings nicht die Beleuchtungsstärke, sondern die Leuchtdichte ausschlaggebend.
Die spektrale Zusammensetzung des Tageslichtes sollte durch das Glas oder den Sonnenschutz des Fensters nicht verändert werden, weil sie die Voraussetzung für eine korrekte Farbwiedergabe im Raum ist (Farbneutralität). Die Detailwahrnehmung ist für viele Sehaufgaben von außerordentlicher Wichtigkeit; Unterschiede bestehen zwischen Büroarbeit, feinmechanischen Tätigkeiten und Textilbearbeitung. Mit zunehmender Helligkeit steigt das Auflösungsvermögen, wobei ein Mindestkontrast, z.B. durch Schatten, notwendig ist. Zusammenfassend kann festgestellt werden, dass die Effizienz der Sehleistung mit der Beleuchtungsstärke steigt.

5.5

Physiologische und psychologische Wirkung des Lichtes
»Beleuchtung ist nicht nur eine exakte Wissenschaft, sondern auch eine Kunst, die Dinge und Menschen betrifft.«[9]
Das natürliche Licht mit Schattenwurf, Schwankungen und Farbwiedergabe bildet für den Menschen den Maßstab für die Beurteilung von Lichtqualität und hängt unter anderem mit dem kulturellen Hintergrund, dem Klima und der Lage eines Ortes zusammen. Persönliche Erfahrungen tragen ebenfalls zur Bewertung bei. Der Mensch wird durch die jeweils vorherrschenden Lichtbedingungen beeinflusst.
Sein Biorhythmus basiert auf dem natürlichen Wechsel von Tag und Nacht, der Dauer und Intensität der Sonneneinstrahlung sowie der spektralen Zusammensetzung des Lichtes. Berücksichtigt man dabei, dass der Mensch ursprünglich nicht in geschlossenen Räumen gelebt hat, so ist leicht nachzuvollziehen, dass ein Arbeiten ausschließlich unter Kunstlichtbedingungen zu Krankheiten führen kann. In unseren Breiten ist die Gefahr groß, insbesondere im Winter nicht genügend Tageslicht aufnehmen zu können. Die bekannte Winterdepression kann eine Folge sein.
Nach heutigen Erkenntnissen wird zur Synchronisation der inneren Uhr eine Vertikalbeleuchtungsstärke von 2500 lx und mehr auf dem Auge über mehrere Stunden am Tag benötigt.[10,11] Die geforderten Mindestbeleuchtungsstärken in Büroräumen sind jedoch nur auf die Sehleistung, nicht auf das zirkadiane, also den Biorhythmus beeinflussende System

5.2 Lichtwirkung durch Staub in einem asiatischen Tempel.
5.3 Die photometrischen Kenngrößen: Lichtstrom (Φ), Beleuchtungsstärke (E) und Leuchtdichte (L)
5.4 Abhängigkeit der Hellempfindlichkeit des Auges von der Wellenlänge
5.5 Kirche St. Thomas von Aquin, Berlin (1999), Höger Hare Architekten.

5.6 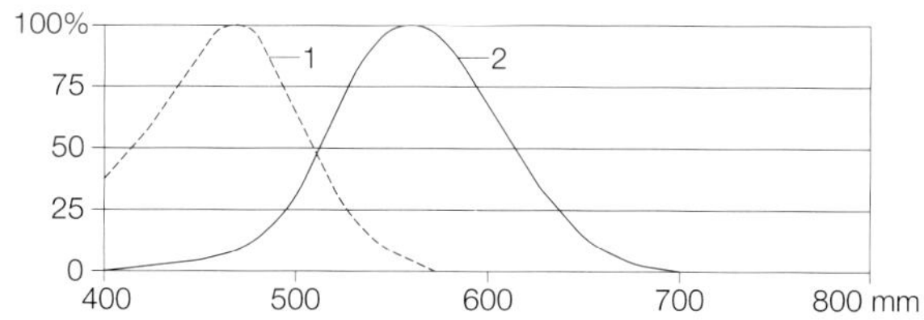

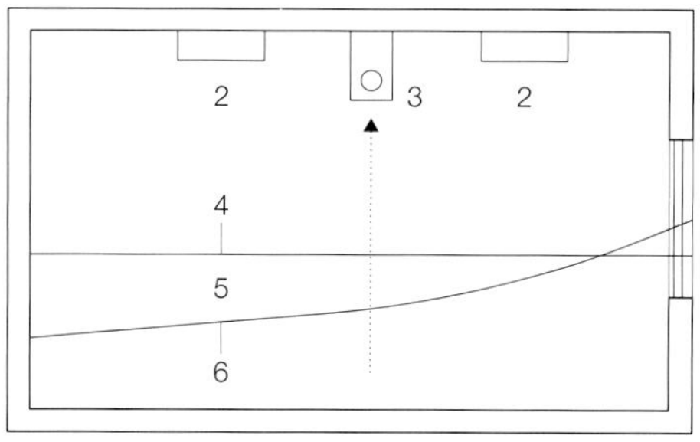

5.7
1 Tageslicht außen
2 Leuchte
3 Lichtsensor
4 Beleuchtungsstärke (Sollwert)
5 Kunstlichtanteil
6 Tageslichtanteil

ausgelegt und liegen mit 500 lx am Arbeitsplatz (horizontal gemessen) in dieser Hinsicht deutlich zu niedrig.[12] Die für den Biorhythmus notwendigen Lichtmengen in Gebäuden durch Kunstlicht zu erzeugen würde ein Vielfaches der Energie, die heute im Schnitt verbraucht wird, nötig machen und entsprechend höhere Wärmelasten erzeugen. Zudem leidet die Lichtqualität durch den Einsatz von Kunstlicht erheblich, denn dieses gibt nur Teile des Spektrums wieder und verfälscht die Farben im Innenraum. Durch eine Farbtemperatur im kurzwelligeren Bereich werden die Hormonproduktion und der jahreszeitliche Verlauf der menschlichen Stimmungen positiv beeinflusst. Das Tageslicht hat bei gleicher Beleuchtungsstärke mehr als doppelt so viel Einfluss auf das zirkadiane System wie eine Glühlampe.[13] Es ist die einzige verfügbare und zudem kostenlose Quelle, durch die sich ein höheres und effektiveres Beleuchtungsniveau erzeugen lässt. Eine positive psychologische Wirkung von Licht wird erzielt, wenn ein Raum hell und offen erscheint. Hier besteht eine enge Wechselbeziehung mit den raumbegrenzenden Oberflächen. So hat ein schwarz gehaltener Raum im Gegensatz zu einem Raum mit hellen Oberflächen bei gleicher Beleuchtungsstärke eine andere Wirkung auf den Menschen. In den Richtlinien für die Planung von Gebäuden ist die Aussage zu finden, dass Fenster einen ungehinderten Ausblick ermöglichen sollen. Dies ist wichtig, da die Informationen, die der Nutzer im Innenraum durch ein Fenster z.B. über Jahreszeit und Wetter erhält, für sein Wohlbefinden notwendig sind.
Mit Tageslicht kann eine Umgebung geschaffen werden, deren Helligkeit bei Kunstlicht bereits als störend empfunden werden würde. D.h., die Konstanz der Sehleistung, die durch Kunstlicht theoretisch erzeugt werden kann, wird aufgewogen durch die höhere Leistungsbereitschaft bei Tageslichtnutzung. Die psychologische Blendung ist die subjektive Störung, die bei gleichen objektiven Werten (Kontrast und Leuchtdichte) bei Tages- und Kunstlicht unterschiedlich ausfällt. Die Ursache für die unterschiedliche Bewertung ist wissenschaftlich noch nicht vollständig geklärt.[14]
Seit neuestem experimentiert man mit der Veränderbarkeit von Kunstlicht am Arbeitsplatz. Aber auch in diesem Fall ist das Tageslicht dem Kunstlicht vorzuziehen, weil es unvorhersehbare Änderungen erfährt und damit interessanter für den Menschen ist.

Abstimmung von Tages- und Kunstlicht
Tageslicht unterscheidet sich unter vielen Gesichtspunkten qualitativ und quantitativ deutlich von Kunstlicht, so z.B. in der spektralen Zusammensetzung und der Helligkeit sowie durch die Veränderung im Tagesverlauf. Darum ist es auch nicht möglich, Tageslicht durch Kunstlicht zu ersetzen. Die Menschen benötigen Tageslicht, weil es zwei grundlegende Bedürfnisse erfüllt: gute Arbeitsplatz- und Raumbeleuchtung sowie biologische Stimulation des psychischen und physischen Wohlbefindens. Es wird angenommen, dass Arbeiten bei Tageslicht weniger Stress und Unbehaglichkeit hervorruft als langfristiges Arbeiten bei Kunstlicht und sich Letzteres sogar nachteilig auf die Gesundheit auswirkt.[15] Darum wird in Räumen, die dem Aufenthalt von Menschen dienen, tagsüber eine weitestgehende Beleuchtung durch Tageslicht angestrebt und Kunstlicht möglichst nur zu Zeiten eingesetzt, in denen kein Tageslicht verfügbar ist.
Weiterhin sprechen ökonomische und ökologische Gesichtspunkte für eine Minimierung des Kunstlichteinsatzes. Während Tageslicht als Solarenergie frei verfügbar ist, verbraucht

Kunstlicht elektrischen Strom und trägt damit nicht unerheblich zu den Betriebskosten von Gebäuden und zur Umweltbelastung bei. Sonnenlicht ist nicht nur kostenlos, sondern hinsichtlich der Lichtausbeute mit etwa 110 lm/W deutlich effizienter als künstliche Quellen (z.B. Glühlampe 12 lm/W, Leuchtstofflampe 80 lm/W). Entsprechend trägt Kunstlicht, dessen hohe Verlustenergie als Wärme abgestrahlt wird, auch ganz erheblich zu den sommerlichen Raumtemperaturen bzw. Kühllasten bei.
Voraussetzung für die Einsparung von Beleuchtungsenergie ist eine automatische Steuerung des Kunstlichtes in Abhängigkeit vom Tageslicht. Eine Quantifizierung des erforderlichen Kunstlichteinsatzes zusätzlich zum Tageslicht wird durch die Berechnung der Tageslichtautonomie (Prozent der jährlichen Arbeitsstunden mit Tageslichtbeleuchtung) oder der Nutzbelichtung möglich (durch Tageslicht bereitgestellter Anteil der jährlichen Belichtung).[16] Der von Aydinli[17] eingeführte Begriff der Belichtung (Beleuchtungsstärke x Zeit) berücksichtigt nicht nur das tageslichtabhängige Ein- und Ausschalten der künstlichen Beleuchtung, sondern auch eine Quantifizierung der Tageslichtnutzung bei gedimmtem Zustand des Kunstlichtes. Für die Berechnung des jährlichen Stromverbrauchs bzw. der Energiekosten für die künstliche Beleuchtung gibt es unterschiedliche Verfahren. Ein standardisiertes Nachweisverfahren wird durch die Umsetzung der EU-Richtlinie »Gesamtenergieeffizienz von Gebäuden« durch den Deutschen Normenausschuss erwartet. Messungen in Fallstudien der IEA[18] zeigen deutliche Unterschiede des Energieverbrauchs für die künstliche Beleuchtung in Abhängigkeit von der Tageslichtnutzung.

Grundlagen der Tageslichtplanung

Tageslichtangebot bei bedecktem und klarem Himmel
Tageslichtverfügbarkeit, Sonnenstand und Sonnenstunden hängen stark von der Lage des jeweiligen Ortes ab. Aus diesem Grund ist eine Klimaanalyse bei der Gebäudeplanung und insbesondere bei der Tageslichtplanung unabdingbar. Das Tageslichtangebot im Außenbereich ist um ein Vielfaches höher als im Inneren eines Gebäudes. So leistet ein bedeckter Himmel im Mittel ca. 10000 lx, die man im Innenraum zur Beleuchtung einsetzen kann. Im Sommer bei klarem Himmel werden sogar bis zu 100000 lx erreicht. Unterschieden wird zwischen direkter und diffuser Einstrahlung; Letztere ist weitgehend richtungslos und wird durch die Streuung der Sonnenstrahlung in der Atmosphäre erzeugt. Die direkte Strahlung hingegen ist richtungsabhängig von Höhenwinkel und Azimut. In Deutschland treffen im Jahresmittel 37 %[19] der direkten Strahlung auf eine vertikale Südfassade auf, während sich dieser Wert für Ost- und Westfassaden ungefähr halbiert. Die direkte Strahlung ist abhängig vom Bewölkungsgrad und wechselt je nach Wetter oft erheblich. Die Planung der Tageslichtnutzung geht vom gleichmäßig bedeckten Himmel aus (z.B. Tageslichtquotient). In der Realität jedoch variiert die Leuchtdichte mit dem Höhenwinkel der Sonne und der Orientierung des Gebäudes. So ist sie beim steilsten Höhenwinkel am größten, was für eine Lenkung des Zenitlichtes in den Raum spricht.

5.8

5.6 Einfluss des Tageslichts auf den Biorhythmus (1) und Augenempfindlichkeit (2).
5.7 Tageslichtabhängige Regelung der künstlichen Beleuchtung
5.8 Innerstädtisches Gebiet in Shenzen, China (2001)

5.9

Entwurfsparameter: Dem Licht Raum geben …
»Architektur ist das weise und korrekte Spiel der Körper im Licht.«[20]

Städtebau
Neben den klimatischen Verhältnissen spielt die Lage eines Gebäudes in seiner Umgebung eine übergeordnete Rolle. Fremdverschattung durch Nachbargebäude oder Bäume sowie die Orientierung haben eine erhebliche Wirkung auf den Tageslichteinfall im Innenraum. Diese Parameter müssen bereits in den ersten Skizzen eines Entwurfs berücksichtigt werden, denn sie beeinflussen den späteren Energieverbrauch eines Gebäudes am meisten. Ein negatives Beispiel ist ein innerstädtisches Gebiet im chinesischen Shenzhen (Abb. 5.8). Hier wurden Wohnblöcke mit so wenig Abstand zueinander realisiert, dass in den Innenräumen nur noch ein Minimum an Luft, jedoch kein Licht mehr ankommt.
Ein wichtiges Problem, welches erst mit den hohen Glas- und Metallanteilen an den Fassaden entstanden ist, stellt die Reflexion auf denselben dar, die möglicherweise sogar in nordorientierten Räumen zu starker Reflexblendung führen kann. Dies gilt es bei der Entwurfsplanung ebenfalls zu berücksichtigen.

Baukörper
Die Ausbildung des Baukörpers gibt die Orientierung von Räumen und die Raumtiefen vor, die später für die Gestaltung der Gebäudehülle sowie des notwendigen Kunstlichteinsatzes eine wichtige Rolle spielen. Einflussgrößen bilden die Raumtiefe und -höhe, geplante Höfe, Atrien oder Lichtschächte sowie eine Terrassierung oder Rücksprünge von Hochhäusern, die einen Tageslichteinfall bis zum Grund ermöglichen sollen.

Gebäudehülle
Die Hülle eines Gebäudes schafft den Übergang vom Innen- zum Außenraum und umgekehrt. Je nach Entwurf können Lochfassaden oder auch Ganzglasfassaden realisiert werden. Die Gebäudehülle bildet eine Membran, welche die Qualität der Innenraumbeleuchtung in Abstimmung mit der Nutzung regelt und für den Austausch von Licht, Luft und Wärme sorgt. In gleichem Maße bietet sie Schutz gegen die Witterung, beeinflusst den Ausdruck eines Gebäudes, sichert die Privatsphäre und dient manchmal sogar als Werbefläche.

Innenraum
Der Raum wird erst durch Licht wahrgenommen. Entscheidende Planungsparameter sind die Beschaffenheit der raumbegrenzenden Oberflächen, die Lage des Arbeitsplatzes zum Fenster und die Stellung des Mobiliars. Grundsätzlich sind helle Oberflächen wegen ihrer besseren Reflexionseigenschaften dunklen und matte Oberflächen glänzenden vorzuziehen.

Sonnen- und Blendschutz
»Ein Glashaus ohne Sonnenschutz ist wie ein Porsche ohne Bremse.«[21]
Ein wirksamer Sonnenschutz verhindert die Überhitzung im Innenraum eines Gebäudes und passt sich an unterschiedliche Wetter- und Lichtbedingungen an. Ziel ist sowohl die Verminderung des Energieverbrauchs für Kühlung und Beleuchtung – der in Bürogebäuden einen großen Teil des Gesamtenergieverbrauchs ausmacht – als auch die Ermög-

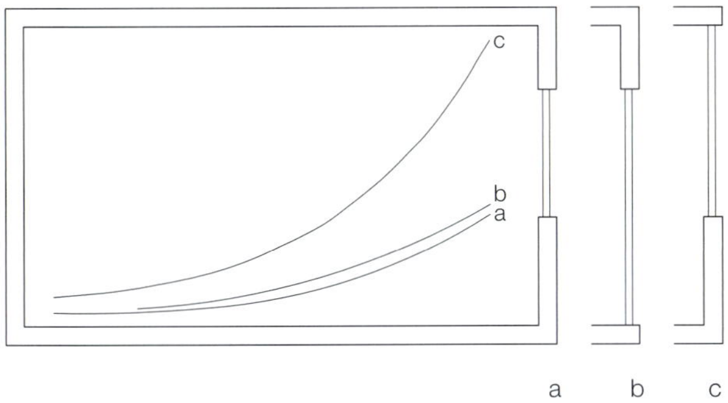

5.10

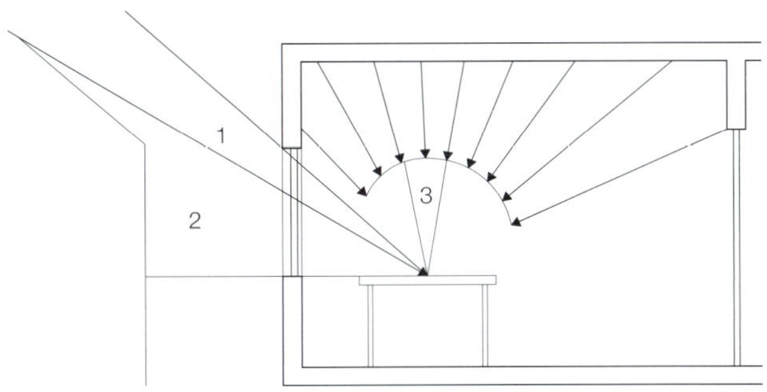

D = Dh + Dv + Dr
1 = Himmelslichtanteil (Dh)
2 = Verbauungs-Reflexionsanteil (Dv)
3 = Raum-Reflexionsanteil (Dr)
5.11

5.12

lichung blendfreien Arbeitens. Grundsätzlich sind nach Süden ausgerichtete Fassaden am einfachsten zu verschatten, da der Sonnenstand hoch ist und so eine gute Lichtlenkung ermöglicht. Ost- und Westfassaden hingegen haben eine stärkere Solareinstrahlung durch tiefere Sonnenstände zu verkraften. Sonnenschutz und Lichtlenkung sind hier schwieriger zu realisieren. Mögliche Lösungen bieten vertikale Elemente statt der üblichen horizontal ausgerichteten, um flache Sonneneinstrahlung besser reflektieren zu können. Dementsprechend gibt der Sonnenschutz einem Gebäude je nach Himmelsrichtung eine unterschiedliche Fassade. Er kann unauffällig im Scheibenzwischenraum verschwinden oder als expressives Gestaltungselement dienen.

Um einen beweglichen Sonnenschutz so effizient wie möglich zu gestalten, wird ein solches System häufig mit einer automatischen Steuerung versehen, die auf die entsprechenden Gegebenheiten des Ortes und die aktuell einfallende Sonneneinstrahlung ausgerichtet und meist an die zentrale Leittechnik des Gebäudes angekoppelt ist. Dies hat den entscheidenden Vorteil, dass Überhitzung im Innenraum durch Bedienungsfehler oder Abwesenheit des Nutzers weitgehend ausgeschlossen werden kann und gleichzeitig das Zusammenwirken von Heizung, Kühlung, Lüftung, Sonnen- und Blendschutz sowie Beleuchtung zentral zu erfassen und optimal aufeinander abzustimmen ist. Der Nachteil liegt auf Seiten des Nutzers, der in seiner freien Entscheidung eingeschränkt ist und einen häufig fahrenden Sonnenschutz unter Umständen als störend empfindet. Eine gute Lösung ist, zusätzlich zur automatischen Steuerung eine manuelle Eingriffsmöglichkeit zu schaffen, die es dem Nutzer erlaubt, die Lichtverhältnisse individuell zu regeln. Vergisst man diese Möglichkeit, so sind oft Manipulationen oder gar das Ausschalten der Steuerung die Folge.

Berechnungsgrundlagen: Licht zeichnen – Licht rechnen – Licht simulieren

»Shadows have always been the brush work of the traditional architect.«[22]

Die Architekturdarstellung arbeitet von jeher mit Licht und Schatten, um z.B. Fassaden plastischer erscheinen zu lassen. Die darstellende Geometrie bildet die Grundlage für das Zeichnen von Schatten, die sich auf diese Weise je nach Tageszeit und Lage des Gebäudes genau perspektivisch berechnen lassen.

Für die Planung der Tageslichtnutzung gibt es maßgebende Richtlinien.[23] In Deutschland beziehen sich die Vorgaben der DIN für Fenstergrößen hauptsächlich auf die Sichtverbindung zur Außenwelt, weniger auf die Tageslichtqualität im Innenraum. Das Maß ist der Tageslichtquotient, d.h. das Verhältnis der Innen- zur Außenbeleuchtungsstärke bei bedecktem Himmel (der arithmetische Mittelwert in 85 cm Höhe). Er macht jedoch keine Aussage über die Qualität der Raumbeleuchtung durch Tageslicht, sondern dient lediglich der schnellen Überprüfung von Mindestöffnungsgrößen. So gleichen sich die Werte von Räumen an einer Nord- und Südfassade bei der Anwendung des Tageslichtquotienten,

5.9 Badehalle, Bad Elster (1999), Behnisch und Partner. Die siebbedruckten, drehbaren Glaslamellen sorgen für Sonnen- und Blendschutz.
5.10 Vergleich der Innenbeleuchtungsstärke in Abhängigkeit von der Position des Fensters in der Fassade.
5.11 Himmelslichtanteil; äußerer und innerer Reflexionsanteil
5.12 Stadtbibliothek, Landau (1998), Lamott Architekten. Vor der Glasfassade dienen feststehende Holzlamellen dem Sonnenschutz.

während sich die Lichtverhältnisse in der Realität deutlich unterscheiden. Weitere wichtige Planungsparameter bilden z.B. die Innenbeleuchtungsstärke bei geöffnetem bzw. geschlossenem Sonnen- und Blendschutz sowie die Verteilung des Lichtes im Raum bei direkter Sonneneinstrahlung und die daraus resultierenden Leuchtdichten, die einen entscheidenden Einfluss auf eine mögliche Blendung haben. Faktoren sind in diesem Fall außerdem die direkte Einstrahlung durch den sichtbaren Teil des Himmels, die Außenreflexion auf gegenüberliegenden Gebäuden und dem Boden sowie die reflektierenden Flächen im Raum.
In der heutigen Zeit ist das Darstellen fotorealistischer Szenen in der Architektur dank fortgeschrittener CAD-Technik kein Problem mehr. Meist werden solche Visualisierungen für Wettbewerbe oder Präsentationen mit einem guten Gefühl für die Darstellung ausgearbeitet und erfüllen so ihren Zweck. Kompliziert wird es jedoch, wenn Szenen in »das rechte Licht« gesetzt, d.h. lichttechnisch korrekt dargestellt werden sollen. Auf dem Markt ist heute vielfältige Software zur Tageslichtsimulation erhältlich. Zum einen gibt es einfache Programme, die meist sowohl Kunstlicht als auch Tageslicht berechnen können[24] und Aussagen über den bedeckten Himmel mit dem Tageslichtquotienten und die daraus resultierenden Beleuchtungsstärke- und Leuchtdichteverteilungen im Raum machen. Sie dienen hauptsächlich der Überprüfung von Mindestfenstergrößen und Mindesthelligkeitsniveaus bei Tageslicht und Kunstlicht, sagen aber nur wenig über die Qualität des Lichtes aus. Sie sind einfach zu bedienen und können vor allem im Entwurfsprozess schnell grundsätzliche Ergebnisse zur Größe und Lage von Öffnungen liefern.
Zum anderen gibt es Programme, die den sonnigen Himmel mit einbeziehen und somit fotorealistische und physikalisch korrekte Berechnungen liefern können. Diese Programme importieren CAD-Daten und verwenden sie für die Simulation. Sie stellen neben Beleuchtungsstärke- und Leuchtdichteverhältnissen auch Materialien korrekt dar, die in ihren Merkmalen individuell verändert werden können. Bei der Berechnung von streuenden, brechenden oder lenkenden Eigenschaften ist jedoch häufig der Einstieg in eine zusätzliche, speziell auf den Anwendungsfall zugeschnittene Programmierung erforderlich. Aufgrund ihrer Komplexität erfordert diese Kategorie von Software einen hohen Grad an Einarbeitung und kann nur mit entsprechendem Expertenwissen sicher interpretiert werden.

5.13

Entwurfsprinzipien für die Tageslichtplanung

Dachfenster
Die Raumbeleuchtung von oben – über Öffnungen im Dach – ist wesentlich effizienter als von der Seite – über Öffnungen in den Wänden –, weil die gesamte Himmelshalbkugel als Lichtquelle zur Verfügung steht, bei Seitenfenstern nur eine halbe; damit erzielen sie nur etwa ein Fünftel der Beleuchtungsstärke, die mit Dachfenstern gleicher Größe zu erreichen ist. Ein zweiter Grund für das schlechtere Abschneiden von Seitenfenstern ist die Helligkeitsverteilung des bedeckten Himmels, die vom Zenit zum Horizont auf etwa ein Drittel abnimmt. Ein weiterer wesentlicher Vorteil von Dachfenstern ist die problemlose Beleuchtung beliebig tiefer Geschossflächen. Mit nur 20 % Dachfensteranteil der Grundfläche können komfortable Tageslichtquotienten von ca. 5 % erreicht werden.
In Verbindung mit der Tageslichtnutzung müssen auch die thermischen Solargewinne gesehen werden. Darum spielt die

5.14

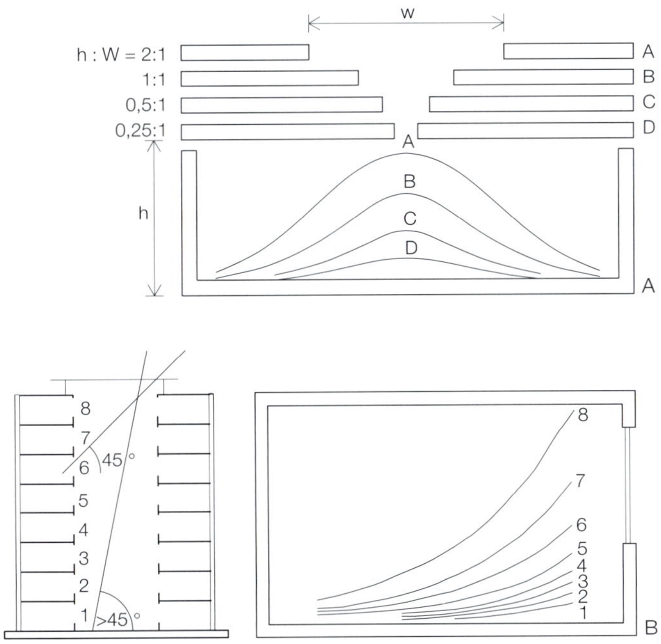

5.15

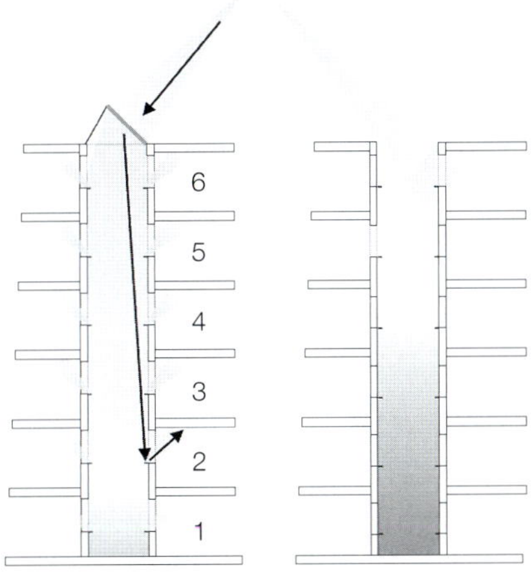

5.16

Neigung von Dachfenstern zur Sonne eine entscheidende Rolle für die sowohl lichttechnisch als auch thermisch optimierte Solarnutzung. Im Heizfall sind passive Solargewinne erwünscht, im Kühlfall, welcher für Arbeitsstätten von ausschlaggebender Bedeutung ist, sind sie unerwünscht. Darum werden dort Lösungen bevorzugt, welche nur diffuses Licht für die Raumbeleuchtung durchlassen und direktes Sonnenlicht ausblenden. Bei Hallendächern wird das häufig durch transparente Nordsheds erreicht, die mit 60° Neigung kein direktes Licht mehr eindringen lassen, allerdings auch wieder ein ungünstigeres Beleuchtungsergebnis zeigen als horizontale Fenster. Zudem führen Sheddächer aufgrund der größeren Dachfläche oft zu einem deutlich höheren Heizenergieverbrauch als horizontale Dächer ohne Auffaltung. Dachfenster mit vertikalen Glasflächen sind lichttechnisch die denkbar ungünstigste Lösung.
Das horizontale Glasdach der Universität Bremen zeigt exemplarisch, dass Sonnenschutz und Tageslichtbeleuchtung auch durch besondere Funktionsgläser realisiert werden können (Abb. 5.13): Ein farbiger Siebdruck sorgt für Sonnen- und Blendschutz; eine gleichmäßige Ausleuchtung der Eingangshalle durch direktes Sonnenlicht am Tage oder nachts ersatzweise durch Kunstlicht (Strahler über dem Dach) erfolgt durch einzelne Glaselemente mit lichtlenkenden Hologrammen.

Lichthöfe und Atrien

Lichthöfe und Atrien sind architektonische Mittel, um Tageslicht in kompakte Baukörper mit tiefen Geschossen hineinzubringen, die von den Außenfassaden her nur unzureichend zu beleuchten wären. Wenn Arbeitsplätze an solche Lichthöfe und Atrien grenzen, müssen sie auch in der ungünstigsten Position alle Anforderungen der Tageslichtbeleuchtung erfüllen, d.h.: Mindest-Tageslichtquotient und vor allen Dingen Aussicht. Hans Jürgen Schmitz[25] hat im Rahmen einer Befragung festgestellt, dass die Sichtverbindung durch ein Atrium nach außen von signifikanter Bedeutung für die Akzeptanz der Nutzer ist. Dies bedeutet, dass Atrien mit Dauerarbeitsplätzen nicht vollständig umbaut sein sollten, also nicht nur mit einem Glasdach, sondern auch mit einer Glasfassade an den Außenraum grenzen sollten. Eine ausreichende Tageslichtbeleuchtung von Arbeitsplätzen auf der untersten Geschossebene ist dann gegeben, wenn der Lichteinfall über die Höhe des Atriums nicht steiler als etwa 45° ist, wie rechnerische Nachweise und Messungen gezeigt haben. Terrassierte Geschosse oder trichterförmige Höfe sind zusätzliche architektonische Hilfsmittel, um hohe Nutzungsdichten in Verbindung mit guten Tageslichtverhältnissen zu realisieren. Engere Atrien oder Höfe sind durchaus möglich, in den unteren Geschossen sollten keine Dauerarbeitsplätze liegen. Maßnahmen zur Lenkung des Sonnenlichtes in der Dachebene können auch schmale Höfe oder Schächte noch deutlich aufhellen, wenn die Sonne scheint.

5.13 Eingangshalle, Universität Bremen (2001), Jan Störmer Architekten. Lichtlenkende Hologramme sind im Dach integriert (vgl. Abb. 5.25).
5.14 Forschungs- und Entwicklungszentrum, Meiningen (2002), Kauffmann Theilig und Partner. Lichtlenksysteme leiten Tageslicht in die Büros.
5.15 Tageslichtangebot bei bedeckten Himmel: für verschiedene Dachöffnungen (A), für Räume, die an ein Atrium grenzen, in Abhängigkeit von der Geschossigkeit. Der Lichteinfallswinkel für das unterste Geschoss sollte 45° nicht unterschreiten (B).
5.16 Prinzip der Sonnenlichtumlenkung im Lichthof im Vergleich zu konventioneller Lösung ohne Lichtumlenkung

5.17

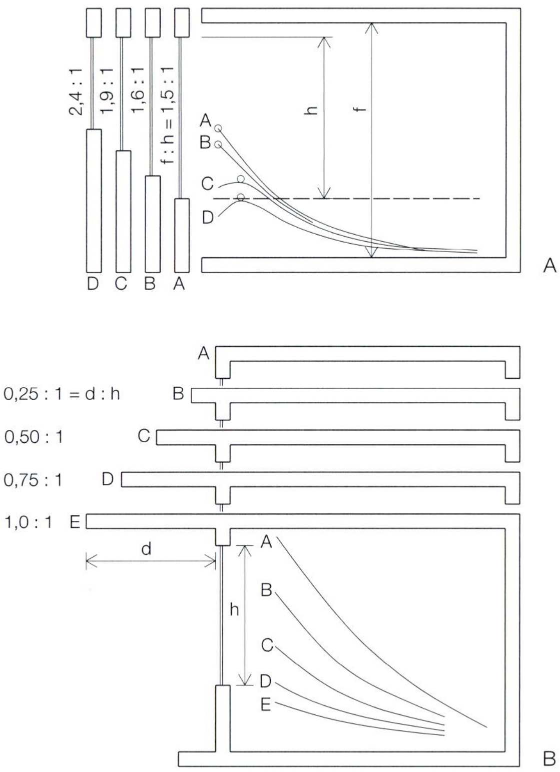

5.18

5.19

Schnitt
Grundriss

Seitenfenster
Die Anordnung, Größe und Teilung von Fenstern spielt bei der Planung eine große Rolle. So lassen deckenhohe Fenster beispielsweise das Tageslicht tiefer in den Raum einfallen, während eine verglaste Brüstung ohne nennenswerten Vorteil für den Innenraum bleibt. Für die ausreichende Beleuchtung darf die Raumtiefe bei Seitenbelichtung maximal das Zweieinhalbfache der Fensterhöhe betragen. Sind Innenräume mit einseitigen Öffnungen tiefer, so müssen Maßnahmen zur Lichtlenkung ergriffen werden. Dabei ist eine horizontale Teilung der Öffnungsflächen sinnvoll, um Bereiche sowohl für Aussicht und Sonnenschutz als auch für Tageslichteinfall und Lichtlenkung zu ermöglichen. Ein gutes Beispiel dafür ist der Büroneubau für Deloitte & Touche in Düsseldorf (Abb. 5.17). Grundsätzlich gilt: Je höher das Seitenfenster, desto besser die resultierende Tageslichtausbeute. Eine weitere Einflussgröße bilden z.B. verschattende Auskragungen, die neben der direkten Strahlung auch den Diffuslichtanteil bei bedecktem Himmel reduzieren – eine Wirkung, die in Deutschland im Gegensatz zu Ländern mit höherer Solareinstrahlung wenig erwünscht ist.
Bezogen auf den Innenraum eines Bürogebäudes ist ein Fassadensystem sinnvoll geplant, wenn es den diffusen Anteil des Lichtes in den Raum hineinlässt, den direkten Anteil jedoch ausblendet, um zu hohe Solarenergieeinträge zu vermeiden und vor allem blendfreies Arbeiten zu ermöglichen. Selbst in Räumen, die nach Norden orientiert sind, oder bei bedecktem Himmel tritt manchmal Reflexblendung auf Bildschirmen auf oder aber direkte Blendung beim Hinaussehen aus dem Fenster. In diesem Fall ist ein Blendschutz erforderlich, der unabhängig vom Sonnenschutz eingesetzt werden kann und im Idealfall den Ausblick nach wie vor ermöglicht.

Lichtlenk-, Blendschutz- und Sonnenschutzsysteme
Die Gestaltung von transparenten Bauteilen und Fenstern wird einerseits durch die Primärfunktion des Lichtdurchlasses und der Durchsicht bestimmt. Andererseits kommt ihnen eine nicht unbedeutende Kontrollfunktion bezüglich der stark variierenden Strahlungsintensitäten zu, bei der lichttechnische und thermische Gesichtspunkte relevant sind. Die Primärfunktion wird erfüllt durch Anordnung und Orientierung des Baukörpers, durch Bemessung und Positionierung der Fenster sowie durch Auswahl einer möglichst transparenten Verglasung für denkbar ungünstige Randbedingungen, d.h. für bedeckten Himmel.
Darüber hinaus kann die Raumbeleuchtung noch in Maßen durch lichtlenkende Systeme verbessert werden.[26] Diese erlauben die Ausleuchtung sehr tiefer Räume über Seitenfenster oder sehr hoher und enger Räume über Dachfenster. Die häufig für Seitenfenster praktizierte Umlenkung von Diffuslicht aus dem hellen Zenitbereich des bedeckten Himmels hat sich als aufwändig und wenig effizient erwiesen, weil das Lichtangebot mäßig ist. Für nordorientierte Räume gibt es hierzu allerdings keine Alternative. Wirkungsvoller ist die Umlenkung direkter Sonnenstrahlung, insbesondere in Verbindung mit Sonnenschutzmaßnahmen, z.B. durch starre, horizontale Lamellen im oberen Fensterbereich, auch als Lichtschwerter oder Lightshelves bezeichnet. Bei niedrigen Sonnenständen besteht allerdings Blendgefahr, sofern kein beweglicher Sonnenschutz im Oberlicht vorgesehen wird. Ein gelungenes Beispiel für

5.20

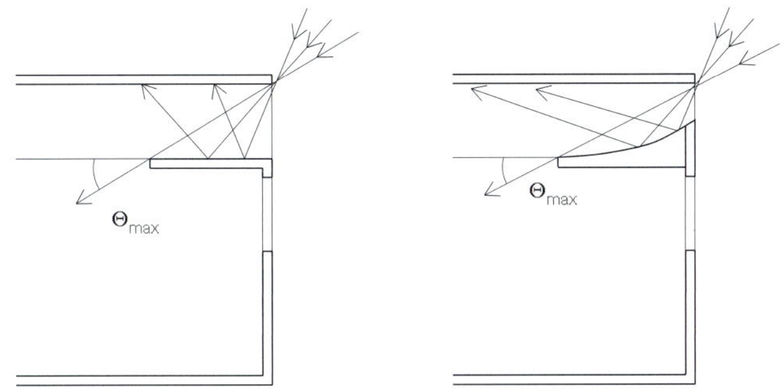

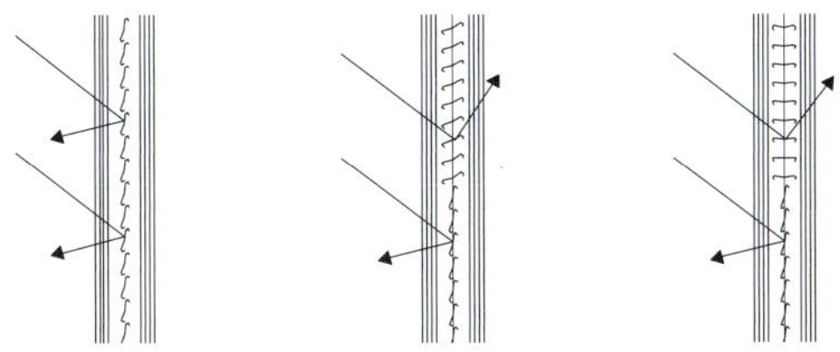

5.21

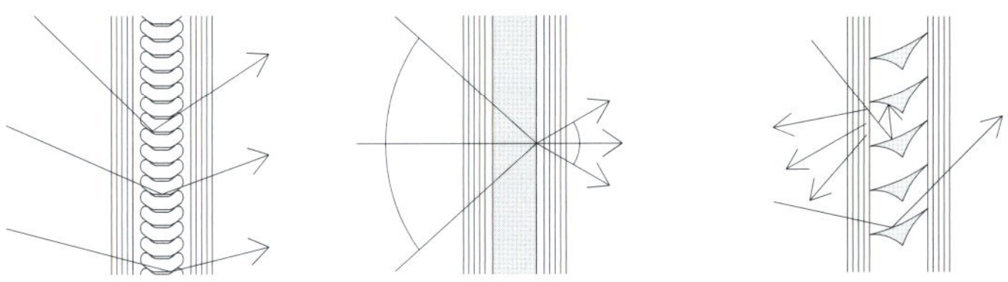

5.22

5.23

die Integration von Lichtlenk- und Lüftungsfunktionen in die Fassade ist das Abgeordnetenhaus in London (Abb. 5.20). Die außen und innen starr angebrachten Horizontal-Lamellen dienen u.a. der Umlenkung von Diffuslicht, der Verteilung des Kunstlichtes und dem Sonnenschutz. Bewegliche Lichtlenklamellen im oberen Fensterbereich können direktes Sonnenlicht gezielt in die Raumtiefe reflektieren. Seit einigen Jahren sind so genannte Lichtlenkgläser auf dem Markt, die im oberen Fensterbereich angeordnet werden und eine blendfreie Verteilung des Sonnenlichtes in die Raumtiefe ohne bewegliche Nachführung ermöglichen. Es erfolgt eine vertikale und horizontale Umlenkung direkter Strahlung, sodass unabhängig vom Sonnenstand eine gleichmäßige und blendfreie Beleuchtung bis zu 10 m Raumtiefe möglich wird.
Ein Schutz gegen Blendung, d.h. gegen direkten Sonnenlichteinfall im Aufenthaltsbereich oder hohe Leuchtdichten im Fensterbereich, sollte veränderbar und durch den Nutzer selbst bedienbar sein. Entsprechende Vorrichtungen wie Rollos oder Jalousien müssen nicht identisch mit dem thermischen Sonnenschutz sein, sondern können auch separat und raumseitig des Fensters angeordnet werden. Dadurch wird zusätzlich eine passive Solarheizung während der kalten Jahreszeit möglich. Der thermische Sonnenschutz sollte die Tageslichtbeleuchtung und die Aussicht nach Möglichkeit nicht beeinträchtigen, was gar nicht so einfach ist, wenn man Standard-Jalousien und -Rollos betrachtet. Häufig muss Kunstlicht eingeschaltet werden, wenn der Sonnenschutz geschlossen ist. Die große Anzahl unterschiedlicher Lösungen lässt sich vereinfachend nach folgenden Kriterien einteilen:

Veränderbarkeit:
- konstant wirksam (z.B. Sonnenschutzgläser)
- in Abhängigkeit vom Sonnenstand wirksam, starr (z.B. Dachüberstand, starre Lamelle)
- vom Nutzer veränderbar (bewegliche Vorrichtungen wie Rollos, Jalousien, Markisen, horizontale und vertikale Lamellen, schaltbare Gläser[27])

Reduktion der Strahlungstransmission:
- undifferenzierte Reduktion der Globalstrahlung (direkt und diffus, aus allen Richtungen)
- spektral selektive Reduktion des infraroten Bereichs der Sonnenstrahlung (nicht sichtbar)
- richtungsselektive Reduktion der direkten Sonnenstrahlung (Durchlass von Diffusstrahlung)

5.17 Bürogebäude, Düsseldorf (2003), Deilmann Koch und Partner. Lichtlenkende Gläser in der Fassade ermöglichen die Belichtung eines zweiten Arbeitsplatzes auch bei geschlossenem Sonnenschutz (vgl. Abb. 5.26).
5.18 Tageslichtangebot bei bedecktem Himmel: für seitenbelichteten Raum mit verschiedenen Brüstungshöhen (A), für seitenbelichteten Raum bei unterschiedlichen Dachüberständen (B).
5.19 Lichtverteilung mit lichtlenkenden Elementen in der Fassade und Reflexion an der Decke.
5.20 Sonnenschutz und Lichtlenkung durch Lichtschwerter, Funktionsschema für das Neue Parlamentsgebäude, Westminster, London. Planung: Michael Hopkins & Partners
5.21 Veränderbarer Sonnenschutz in Form einer Jalousie, deren Lamellenstellung bereichsweise für die Sonnenlichtumlenkung nutzbar ist.
5.22 Funktionsweise von Lichtlenkgläsern
5.23 Verwaltungsgebäude, Wiesbaden (2001), Herzog und Partner. Schaufelförmige Elemente lenken das direkte Sonnenlicht um.

5.24

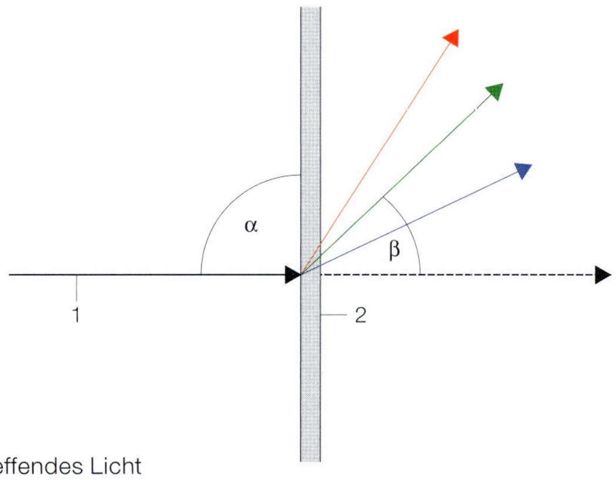

1 auftreffendes Licht unter Winkel λ
2 holographisches Gitter

5.25

Anordnung:
- außen vor der Verglasung
- innerhalb der Verglasung
- raumseitig der Verglasung

Veränderbare Lösungen sind für die Tageslichtbeleuchtung außerordentlich vorteilhaft. Konstante Reduzierung der Transmission sowie starre Verschattung in Abhängigkeit vom Sonnenstand wirken sich insbesondere bei bedecktem Himmel nachteilig auf die natürliche Raumbeleuchtung aus. Die Tageslichtbeleuchtung wird durch die unterschiedlichen Möglichkeiten zur Reduktion der Strahlungstransmission beeinflusst: Die undifferenzierte Reduzierung ohne Unterscheidung von Richtung, Spektralbereich und Intensität der Strahlung, wie z.B. bei normalen Sonnenschutzgläsern, vermindert entsprechend auch die Lichttransmission und dies besonders nachteilig an bedeckten Tagen.
Wesentlich günstiger sind spektral selektive Sonnenschutzgläser mit großer Licht- und kleiner Infrarottransmission (z.B. Gesamtenergiedurchlassgrad g/Lichttransmission t = 0,25/0,50, während g und t bei normalen Sonnenschutzgläsern etwa in der gleichen Größenordnung liegen). Transparente Sonnenschutzsysteme, die gezielt die direkte Sonnenstrahlung ausblenden, während Diffuslicht durchgelassen wird, sichern Tageslichtbeleuchtung, Aussicht und Blendschutz. Zwingend für diese Lösungen, die mit transparenten und richtungsselektiven Hologrammen im Glas arbeiten, ist eine einachsige Sonnennachführung.
Die Funktionsweise von Transmissionshologrammen für Lichtlenkzwecke, die als transparente oder durchsichtige Folie in Verbundglas integriert werden können, ist in Abb. 5.25 dargestellt. Die Umlenkung erfolgt nur für einen definierten Lichteinfallswinkel und ist verbunden mit einer spektralen Farbzerlegung, wie bei einem Prisma. Für Aufgaben der Raumbeleuchtung werden so genannte Weißlichthologramme verwendet, welche die Regenbogenfarben wieder zu Weiß mischen. Die Anordnung des Sonnenschutzes hat primär thermische Auswirkungen; raumseitig ist sie wesentlich ungünstiger als außen vor oder innerhalb der Verglasung. Allerdings kann die stärkere Verschmutzung außen angebrachter Vorrichtungen die lichttechnischen Funktionen negativ beeinflussen. Durch die Kombination der unterschiedlichen Prinzipien für Lichtlenkung, Blendschutz und Sonnenschutz ergeben sich vielfältige Möglichkeiten für die verschiedensten örtlichen Situationen und Architekturvorstellungen. (s.S. 142ff.)

Plädoyer für die Nutzung von Tageslicht

Die Autoren arbeiten an der Schnittstelle von Forschung und Entwicklung einerseits und ganz konkreter Umsetzung von Tageslichtkonzepten andererseits. In diesem Beitrag wurden von ihnen die wichtigsten, vor allem aber die in der aktuellen Diskussion befindlichen Themen rund um den Einsatz von Tageslicht angesprochen und dazu Beispiele aufgezeigt.
Die Nutzung der Solarstrahlung für die Beleuchtung ist eine lange vernachlässigte Fachdisziplin. Die vorhandenen Möglichkeiten bieten jedoch bei sachgerechter Planung einen hohen Gewinn für Gesundheit, Wohlbefinden und Leistungsfähigkeit der Menschen am Arbeitsplatz, aber auch für eine nachhaltige Wirtschaftlichkeit durch geringe Energiekosten. Neben der qualitativen Bedeutung der Tageslichtnutzung für Mensch und Architektur, die ausführlich dargestellt wurde, ist

also auch auf die ökologische und ökonomische Relevanz hinzuweisen: Tageslicht ist frei verfügbar, d.h. ohne Schadstoffe, umweltfreundlich und kostenlos zu haben. Tageslichtoptimierte Architektur kann die Betriebskosten von Nichtwohngebäuden deutlich senken, ohne dass nennenswerte Baukostensteigerungen auftreten. Vergleichsmessungen an ausgewählten Bürogebäuden haben gezeigt, dass durch tageslichtabhängige Regelung der Beleuchtungsanlage und optimierte Lichtlenk- bzw. Sonnenschutzsysteme Stromeinsparungen von 25 kWh/m²a oder etwa 2,5 €/m²a möglich sind.[28] Wesentlich größere Einsparungen lassen sich darstellen, wenn man eine Reduzierung des Krankenstandes oder eine Leistungssteigerung der Gebäudenutzer in Personalkosten umrechnet. Der Gewinn nur eines Arbeitstages schlägt nach den Erfahrungen der Autoren mit etwa 25 €/m²a zu Buche.
Je eher die gezielte Nutzung des Tageslichtes in den architektonischen Entwurf mit einbezogen wird, desto besser die Möglichkeiten, eine effiziente Lösung zu entwickeln und technische Maßnahmen – und damit Kosten und Energieverbrauch – auf ein Minimum zu reduzieren. Zunehmend wichtiger geworden aufgrund der Komplexität ist dabei die Zusammenarbeit von Architekten, Fach- und Lichtplanern einerseits und von Bauherren als den Nutzern und Geldgebern andererseits. Das bedingt jedoch, dass der Architekt, der nach wie vor als Generalist agiert und bei dem die Fäden der Fachplaner zusammenlaufen, sich auf allen Gebieten informieren und sich mit den wichtigsten Punkten auseinandersetzen muss, um eine optimale Abstimmung zu erreichen. Ein Aufwand, der sich lohnt, denn das Entwerfen mit Tageslicht hat Reize, die Kunstlicht nicht zu bieten vermag.

Anmerkungen/Literatur:

1 Vitruv. Baukunst, Bd. 2, Zürich/München 1987, 6.36
2 Frank Lloyd Wright. In: Baker, Nick; Stoemers, Koen: Daylight Design of Buildings, London 2002, S. 4
3 Jörg Probst von der Ingenieurgesellschaft Gertec am 4. Juni 2003 vor Studenten der Universität Dortmund
4 Systéme international d'unités
5 In Deutschland: Deutsches Institut für Normung e.V.: DIN 5034. Tageslicht in Innenräumen, Berlin 1985–1999
6 Schmitz, Hans Jürgen: Tageslicht im Atrium. Akzeptanz von Arbeitsplatzbedingungen in Büros an Atrien unter besonderer Berücksichtigung der Tageslichtverhältnisse (Dissertation), Marburg 2002, S. 129ff.
7 DIN 5035 Beleuchtung mit künstlichem Licht
8 Szokolay, Steven V.: Environmental Science Handbook, Lancaster/London/New York 1980, S. 90
9 Guide on Interior Lighting, CIE Publication, Paris 1986
10 Kramer, Heinrich; von Lom, Walter: Licht, Köln 2002
11 Cakir, Ahmet; Cakir, Gisela: Projekt Tageslicht, Berlin 2001, S. E 53
12 Rea, Mark S.: Licht – mehr als nur Sehen. Ph.D. Lighting Research Center, Rensselaer Polytechnic Institute, Troy, NY, USA 12180, S. 3f.
13 ebd., S. 7
14 Cakir, Ahmet; Cakir, Gisela: Projekt Tageslicht, Berlin 2001, S. E 44
15 International Energy Agency: Daylight in Buildings. A Source Book on Daylighting and Systems and Components. A Report of IEA SHC Task 21/ECBCS Annex 29, July 2000, S. 1–1ff.
16 Görres, Marcus: Entwicklung eines Berechnungsverfahrens zur Optimierung des Energieverbrauchs künstlicher Beleuchtung (Dissertation), Dortmund 2001, S. 25ff.
17 Aydinli, Sirri; Krochmann, J.: Solarstrahlung – Wärmegewinn und Kühlleistung. In: Technik am Bau, Heft 8/1984, S. 563–567
18 International Energy Agency: Daylight in Buildings. A Source Book on Daylighting and Systems and Components. A Report of IEA SHC Task 21/ECBCS Annex 29, July 2000, S. 1–1ff.
19 VDI 6011 – VDI-Richtlinien zur Tageslichtnutzung, Düsseldorf 2002, S. 12
20 Le Corbusier. In: Le Corbusier: »Vers une architecture«, 1923
21 Peter C. von Seidlein. In: Compagno, Andrea: Sonnenschutzmaßnahmen an Fassaden, Glas 2/2003, S. 42
22 Frank Lloyd Wright. In: Baker, Nick; Stoemers, Koen: Daylight Design of Buildings, London 2002, S. 4
23 In Deutschland DIN 5034 Tageslicht in Innenräumen
24 Anbieter entsprechender Software finden sich auf folgenden Internetseiten: www.relux.biz; http://floyd.lbl.gov/radiance/framew.html; www.siview.de; www.al-ware.com; www.ibp.fhg.de/wt/adeline
25 Schmitz, Hans Jürgen: Tageslicht im Atrium. Akzeptanz von Arbeitsplatzbedingungen in Büros an Atrien unter besonderer Berücksichtigung der Tageslichtverhältnisse (Dissertation), Marburg 2002, S. 129ff.
26 Müller, Helmut F.O.: Dynamische Raumbeleuchtung. In: Danner, D.; Dassler, F. H.; Krause, J. R. (Hg.): Die klima-aktive Fassade, Leinfelden-Echterdingen 1999, S. 40ff.
27 Schaltbare Gläser können ihren Transmissionsgrad verändern, elektrochrome Gläser z.B. durch das Anlegen einer Spannung.
28 International Energy Agency: Daylight in Buildings. A Source Book on Daylighting and Systems and Components. A Report of IEA SHC Task 21/ECBCS Annex 29, July 2000, S. 5–11ff.
29 Brainard G.C. »Photoreception for regulation of melatonin and the circadian system in humans«, Fifth International LRO lighting research symposium, Orlando 2002

5.24 SUVA-Gebäude, Basel (1993), Herzog & de Meuron. Die äußere, bei der Sanierung hinzugefügte Glashülle ist in horizontale Bänder unterteilt, die jeweils unterschiedliche Funktionen übernehmen.
5.25 Funktionsprinzip von holographisch-optischen Elementen
5.26 Bürogebäude, Düsseldorf (2003), Deilmann, Koch und Partner. Lichtlenkglas im Oberlicht (vergl. auch Abb. 5.17).

5.26

Die Projekte

Seite	Projekt	Nutzfläche	passive Maßnahmen
72	Passivreihenhäuser in Dornbirn Johannes Kaufmann	820 m², 9 WE	günstiges A/V-Verhältnis; Südorientierung; dezentrale kontrollierte Wohnungslüftung/-heizung über Wärmetauscher
78	Wohnanlage in Kolding 3xNielsen	4885 m², 59 WE	günstiges A/V-Verhältnis; Südorientierung; Lüftung über Fassade; Wärmegewinnung über Solarwand; Wärmespeicherung in Wohnungstrennwänden
82	Passivreihenhäuser in Ulm Johannes Brucker	ca. 157 m²,18 WE	günstiges A/V-Verhältnis; kontrollierte Heizung/Lüftung über Wärme- und Erdwärmetauscher
88	Punkthäuser in Innsbruck Baumschlager & Eberle	21500 m², 298 WE	A/V-Verhältnis: 0,2; dezentrale kontrollierte Wohnungslüftung/-heizung über Wärmetauscher; Kleinstwärmepumpe
94	Kanzlei in Röthis Reinhard Drexel	250 m²	günstiges A/V-Verhältnis; Süd-Westorientierung; Sonnenschutzlamellen; kontrollierte Heizung/Lüftung über Erdkollektoren und Wärmetauscher; Kleinstwärmepumpe
98	Sporthalle in Wängi Fent Solare Architektur	4686 m²	hybrides Fassadensystem: aktive Wärmegewinnung und passive Wärmespeicherung; kontrollierte Lüftung über Wärmetauscher
102	Hauptschule in Klaus Dietrich und Untertrifaller	ca. 6844 m²	natürliche Belichtung über Fenster und Oberlichter; Sonnenschutz durch Jalousien; kontrollierte Heizung/Lüftung über Erdregister und Wärmetauscher
108	Konferenzgebäude in Osnabrück Herzog + Partner	ca. 3000 m²	Membrandach: Sonnenschutz/Verdunklung und Tageslichtlenkung über drehbare Lamellen in ETFE-Kissen; kontrollierte Heizung/Lüftung über Wärmetauscher und Grundwasserkühlung
112	Bürogebäude in Solihull Arup Associates	5800 m²	Sonnenschutz über feststehende Aluminiumlamellen an der Giebelseite; Jalousien Nord-West und bewegliche Holzläden Süd-Ost; Belichtung/Belüftung über Solarkamine; Bauteile als Speichermasse
118	Verwaltungsgebäude in Recanati MCA Mario Cucinella Architects	3088 m²	Sonnenschutzdach mit feststehenden Aluminiumlamellen; natürliche Lüftung und Belichtung über Fassade/Oberlichter/Atrium; Bauteile als Massivspeicher
124	Verwaltungsgebäude in Landquart Bearth & Deplazes	4541 m²	Gebäudeleitsystem: Heizung/Kühlung; Tages-/Kunstlichteinsatz; Sonnenschutz über außenliegende Markisen; Bauteile als Speichermasse
130	Verwaltungsgebäude in Würzburg Webler und Geissler	ca. 2541 m²	Gebäudeleitsystem: lichtlenkende Aluminiumlamellen in der Doppelfassade; zweischalige Fassade als Klimapuffer; Lüftung über Atrium/Fassade; Kühldecke
136	Solarfabrik in Braunschweig Banz + Riecks	8215 m²	A/V-Verhältnis: 0,36 natürliche Belichtung/Lüftung über Oberlichter kontrollierte Heizung/Lüftung über Wärmetauscher
142	Fortbildungsakademie in Herne Jourda Architectes Hegger Hegger Schleiff Architekten	13000 m²	mikroklimatische Hülle; Tageslichtlenkung über holographisch optische Elemente; bei Innenhäusern über Lichtschaufeln; kontrollierte Heizung/Lüftung über Wärmetauscher und Erdkanäle
148	Reichstagsgebäude in Berlin Foster and Partners	11000 m²	Kuppel: Tageslichtlenkung/Entlüftung Plenarsaal über Tageslichtkonus; kontrollierte Heizung/Lüftung mit Bauteilheizung/-kühlung; Aquiferspeicher; Wärmetauscher; DEC-Anlage

aktive Maßnahmen	Zusatzheizung	Heizenergiebedarf	Primärkonstruktion
Kollektoren für Warmwasser	Pellets-Zusatzheizung	Außenhaus: 19 kWh/m²a Innenhaus: 12 kWh/m²a	Holzfertigteile
Kollektoren für Warmwasser	Fernwärme	29 kWh/m²a	Ziegelmauerwerk
Kollektoren für Warmwasser 5m²/Haus, Photovoltaikanschlüsse	Fernwärme	12,5 kWh/m²a	Holzfertigteile, Kalkstein-Planelemente
Kollektoren für Warmwasser 140–190m²/Gebäude	Gastherme	20 kWh/m²a	Stahlbeton-Scheiben
Kollektoren für Warmwasser	Elektroheizung	34,5 kWh/m²a	Holzskelettkonstruktion
Kollektoren für Warmwasser	best. Ölheizung im Nachbargebäude	4,11 kWh/m²a	Holzskelettkonstruktion
Photovoltaik Kollektorenanschlüsse	Hackschnitzanlage	15 kWh/m²a	Holzfertigteile
Kollektoren Photovoltaik	Blockheizkraftwerk	28 kWh/m²a	Holzskelettkonstruktion
–	Gasboiler	50 kWh/m²a	Stahlkonstruktion
–	–	–	Stahlbeton
–	Gastherme	–	Stahlbeton
Kollektoren für Warmwasser	Blockheizkraftwerk	35 kWh/m²a	Stahlskelettkonstruktion
Kollektoren/Photovoltaik	BHKW Rapsöl	27 kWh/m²a	Holzleichtbaukonstruktion, Stahlbeton
Photovoltaik 9300 m²/Dach 800 m²/Süd-Westfassade gebäudeintegriertes Solarkraftwerk	BHKW Grubengas	< 50 kWh/m²a Einzelhäuser	Holzskelettkonstruktion
Photovoltaik 300 m²	MHKW Rapsöl	–	Bestand: Massivbau Kuppel: Stahlkonstruktion

Passivreihenhäuser in Dornbirn

Architekt: Johannes Kaufmann, Dornbirn
Energieberatung: E-Plus, Ralf Lenninger, Egg

Am Ortsrand von Dornbirn in Vorarlberg, das Panorama des Bregenzer Waldes im Blick, steht die Reihenhausanlage mit neun Wohnungen und einer Gemeinschaftseinheit. Das Gebäude ist der erste Abschnitt einer gemischten Grundstücksbebauung. Weitere Wohnzeilen und eine Gewerbeeinheit sind geplant. Eine Bauherrengemeinschaft, darunter auch der Architekt, hatte sich zur Errichtung der Reihenhäuser zusammengetan. Die Verwendung von Holzbau-Fertigteilen ermöglichte sowohl niedrige Herstellungskosten als auch eine kurze Bauzeit.
Die einzelnen Einheiten haben mit ca. 80 m^2 Wohnfläche flexibel nutzbare Räume auf zwei Etagen. Festgelegt ist die Lage der Badezimmer und Toiletten im EG und OG sowie der Küchen entlang der westlichen Trennwand jeder Hauseinheit. Im Erdgeschoss steht den Bewohnern eine offene Koch-Wohnzone zur Verfügung. Eine einläufige Treppe mit darunter liegendem Abstellraum führt in das Obergeschoss mit zwei Räumen, Bad in der Mittelzone und separatem WC. Über eine Bodenklappe im Eingangsbereich der einzelnen Wohneinheiten erreicht man einen kleinen Keller, in dem die Haustechnikanlage untergebracht ist.
Das Grundstück wird äußerst wirtschaftlich mit hoher Bebauungsdichte genutzt. Kleine Freibereiche, im Süden jedem Einzelhaus vorgelagert, konnten dennoch realisiert werden. Holzdecks dienen als Terrassen. Klappläden schaffen Sichtschutz und schirmen die privaten Gartenzugänge und Balkone der Hauseinheiten ab. Aus Faserzementplatten zusammengefügte Podeste mit Seitenwand und Dachplatte an der Nordseite der Hauszeile definieren die einzelnen Hauszugänge und bieten Wetterschutz. Die nötigen Stellplätze werden später in einer Tiefgarage untergebracht. Die Bauherrengemeinschaft erhielt bei der Finanzierung des Gebäudes Mittel der ökologischen Wohnbauförderung des Landes Vorarlberg. Zur Ermittlung der Förderhöhe werden nach einem umfassenden Kriterienkatalog ökologische Baumaterialien und Maßnahmen, die den Niedrigenergie-Passivhausbau unterstützen, bewertet. Die ermittelte Gesamtpunktzahl ergibt die jeweilige Förderstufe. Dieses System ermöglicht es individuelle, der jeweiligen Bauaufgabe entsprechende Gebäudekonzepte, zu fördern. Planung und Ausführung wurde in Hinblick auf die mit diesem Bewertungsverfahren erzielbare maximale Förderung entwickelt. Architekt und Bauherrenschaft haben mit diesem kostengünstig realisierten Gebäude hohen architektonischen und ökologischen Anspruch in Einklang gebracht.

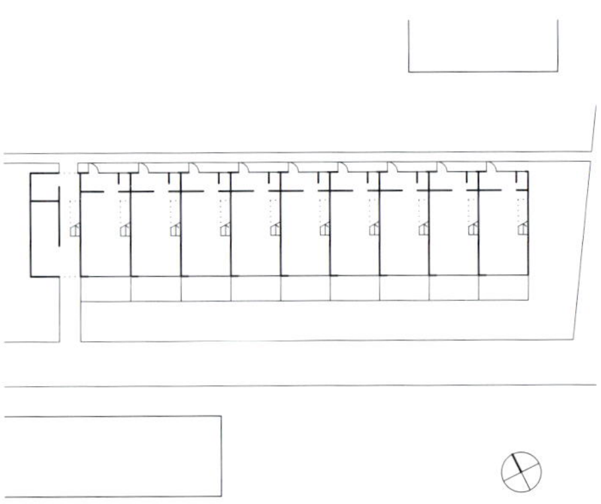

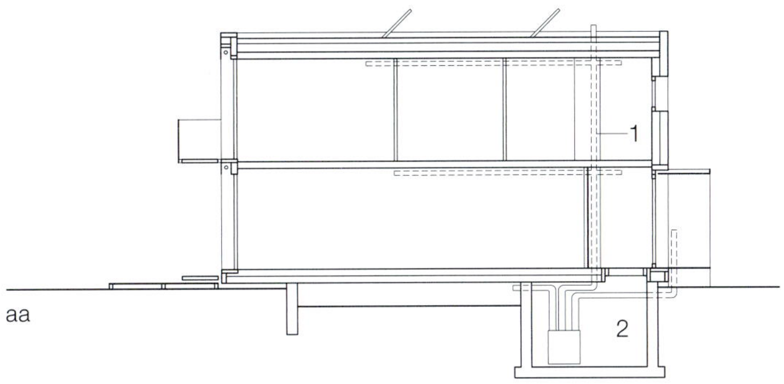

Lageplan
Maßstab 1:1000
Schnitt
Grundrisse
Maßstab 1:200

1 Strang Lüftung/Heizung
2 Keller
3 Koch-/Wohnraum
4 Zimmer
5 Bad
6 WC

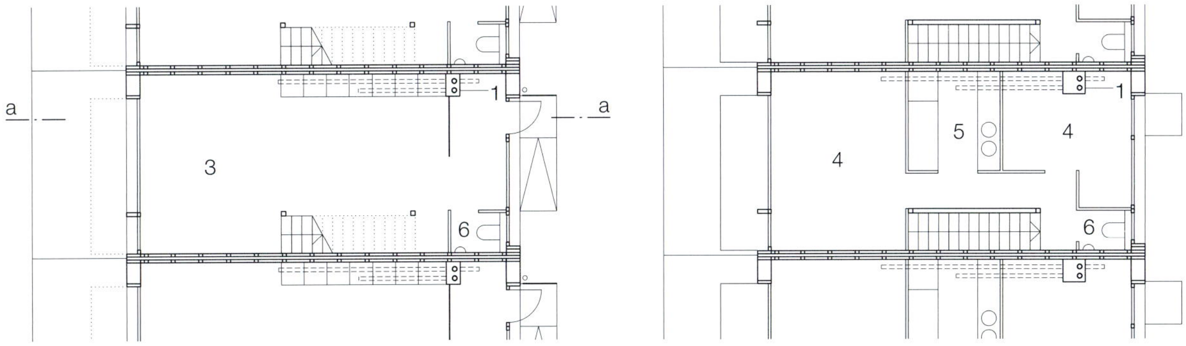

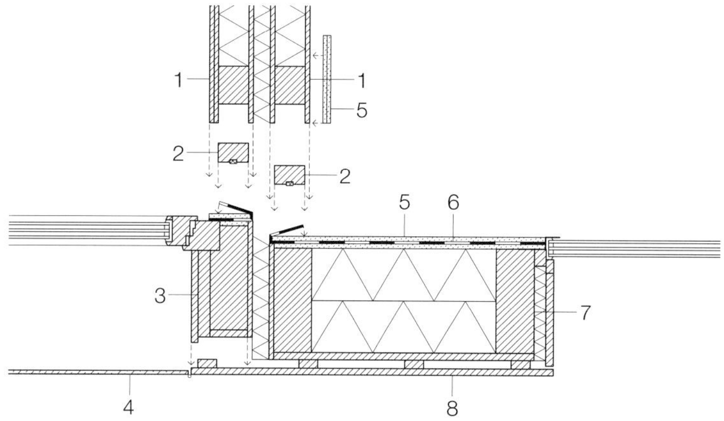

Konstruktion
Die zehn Einheiten der Reihenhausanlage sind in Trockenbauweise aus vorfabrizierten, mehrschichtigen Holzelementen errichtet. Eine Novellierung des Vorarlberger Baugesetzes ermöglichte die Ausführung der Haustrennwände aus Holz. Sie sind aus Schallschutzgründen als geprüfte F-60-Konstruktion zweischalig gefertigt. Lediglich eine Schottwand aus Stahlbeton zwischen Haus 5 und 6 war als zusätzliche Brandschutzmaßnahme gefordert, sie dient als eingespannte Scheibe der Längsaussteifung des Gebäudes. Der betonierte Kellerbereich im Norden und ein durchgehendes Streifenfundament im Süden werden als Auflager der Bodenplatte verwendet. Diese besteht aus Fichten-Hohlkastenelementen mit eingelegter Dämmung. Die Geschossdecken aus fünffach verleimten Massivholz-Fertigelementen spannen in Querrichtung zwischen den Haustrennwänden. Auf weiteren Fußbodenaufbau wurde verzichtet: Die Deckenplatten selbst sind mit geschliffener Fichtenholzoberfläche als Fußboden geeignet, der Trittschallschutz konnte innerhalb der einzelnen Wohnung entfallen. Die Geschossdeckenuntersicht ist mit einer abgehängten Lärchenschalung verkleidet, der Zwischenraum dient der Elektroinstallation. Auch für das Flachdach wurden vorgefertigte Massivholzelemente verwendet. Gedämmte Holzbau-Kastenelemente, bereits mit den Fenster- und Türöffnungen versehen, bilden die Außenwände. Die Verglasungsarbeiten (Dreifachisolierglas), die Außenbekleidung aus horizontal verlegter Lärchenschalung, der Warmdachaufbau und die Beplankung der Innenwände mit Gipsfaserplatten wurden auf der Baustelle ausgeführt.

Schnitt Erdgeschoss
Südfassade
Montagereihenfolge/
Bauteilfügung
Maßstab 1:20

1 Innenwandelemente
2 Kantholz 50/85 mit Dichtband
3 Außenwand Fensterelement (2)
4 Klappladen
5 Wandverkleidung innen
6 Dampfsperre mit umgeklapptem Überstand
7 Außenwand Wandelement (1)
8 Wandverkleidung außen

Passivhausstandard

Der Passivhausstandard wird durch hoch gedämmte Außenbauteile, Dreischeiben-Isolierverglasungen, winddichte Gebäudehülle und Einsatz einer kontrollierten Be- und Entlüftung erreicht. Der Primär-Energiebedarf ist im Vergleich zu herkömmlichen Gebäuden um 60–80 % geringer. Die kompakte Bauform und eine großzügige Verglasung der nach Süden orientierten Längsseite tragen zur Energieeinsparung bei. Die einzelnen Wohnungen werden über jeweils eigene Lüftungsgeräte beheizt. Die Kanäle für Lüftung, Heizung und Wasserversorgung verlaufen vertikal und horizontal an den westlichen Wohnungstrennwänden. In den Wohnräumen wird von oben Frischluft abgezogen, in Küche, Bad und WCs wird verbrauchte Luft abgesaugt. Das Lüftungsgerät saugt Außenluft über einen Wärmetauscher an, heizt diese über ein Heizregister falls erforderlich nach und gibt sie an die Raumluft ab. Der Wärmetauscher wird mit Abwärme aus Küche und Bädern, das Heizregister mit Warmwasser aus einem Solar-Kombispeicher gespeist. Die Handtuchheizkörper in den Bädern werden zentral mit Warmwasser versorgt. Die gemeinsame Warmwasserbereitung, auch für Brauchwasser, erfolgt durch Sonnenkollektoren. Bei Bedarf kann Energie über eine Pelletsheizanlage zugeführt werden. Diese Zusatzheizung und ein Solar-Kombispeicher für Warmwasser sind im Keller des Gemeinschaftshauses eingebaut.

Schema Heizsystem

1 Solaranlage (Kollektoren) auf dem Dach Haus 1–3
2 Pelletsofen im Keller Gemeinschaftshaus zur Ergänzung der Heizleistung bei Volllast
3 Solar-Kombispeicher 2000 l im Keller Gemeinschaftshaus
4 Anschluss Heizung Gemeinschaftshaus
5 Anschluss Heizung/Lüftung Wohneinheit
6 Heizkörper Bäder und Gemeinschaftshaus
7 Lüftungsgerät im Keller der Wohneinheiten mit Wasser/Luft-Heizregister für zusätzliche Wärmezuführung bei Leistungsspitzen und Luft-Luft-Wärmetauscher bei Normallast
8 Brauchwasserentnahmestellen der einzelnen Hauseinheiten

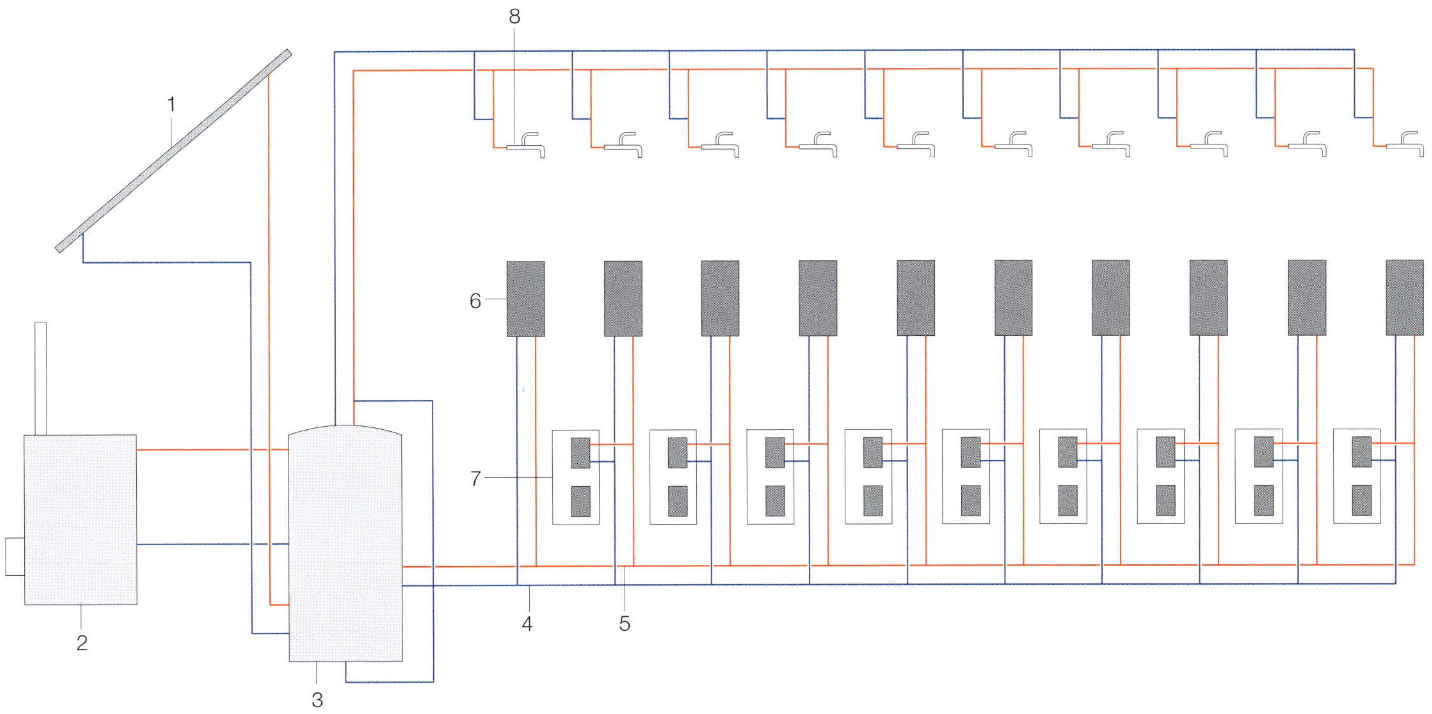

Schnitt
Maßstab 1:20

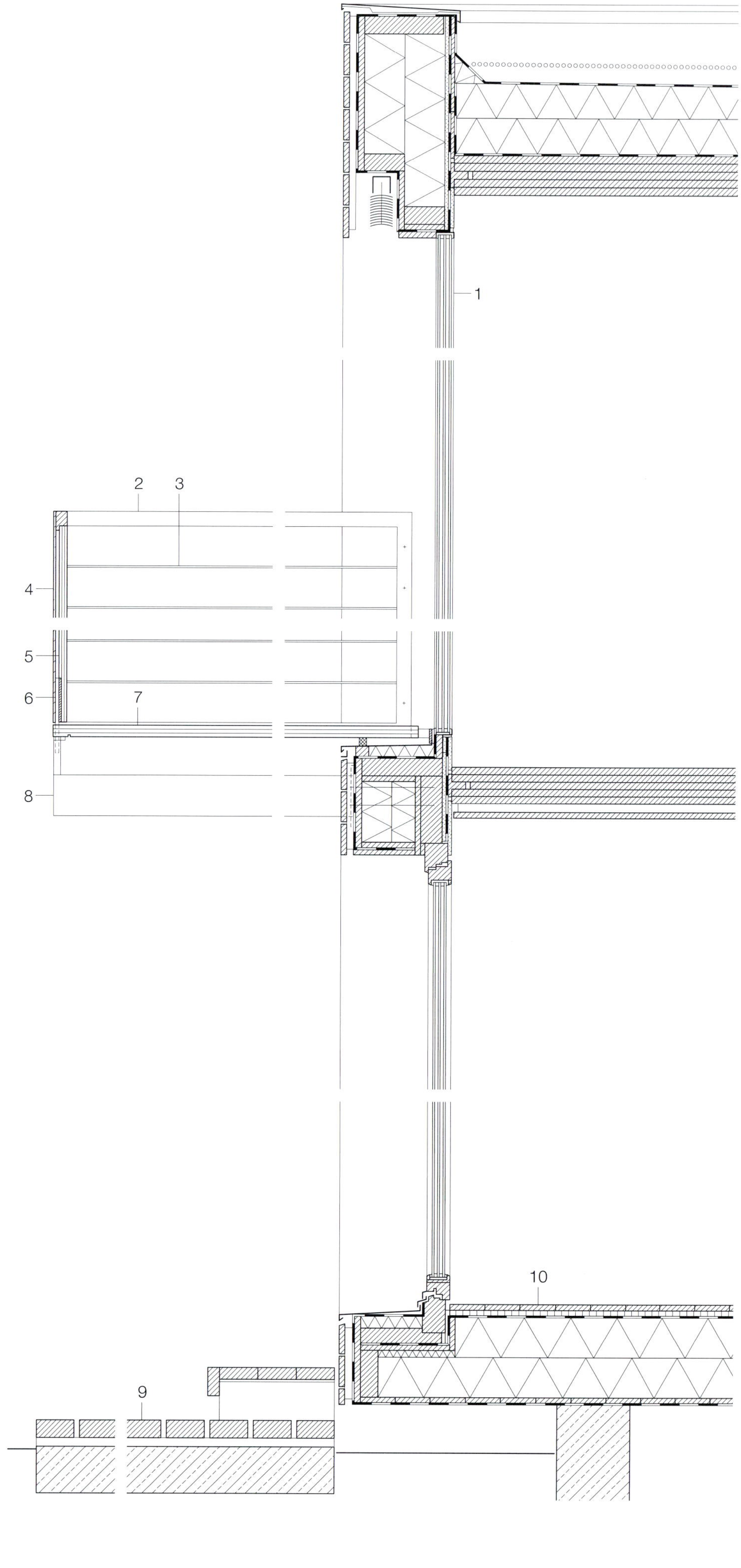

1 Rahmen Aluminiumprofil ∟ 20/60 mm
Glashalteleiste Lärche 28/150 mm
Isolierverglasung 6 + SZR 16 + 6
+ SZR 16 + 6 mm
2 Tragrahmen Flachstahl verzinkt 50/20 mm
3 Stahlseil Ø 4 mm
4 Verkleidung Faserzementplatte 8 mm
5 Längsträger Dreischichtplatte 27 mm
6 Abhängung Balkonplatte
Gewindestange Ø 12 mm geschweißt an
Stahlblech verzinkt 100/150/5 mm
Unterlagscheibe, Mutter M12
7 Furniersperrholzplatte imprägniert,
lackiert 40 mm
8 Kragarm Flachstahl verzinkt 140/10 mm
Hülse Stahlrohr mit Innengewinde Ø 12 mm
Kopfplatte 120/200/15 mm
9 Kantholz Lärche 125/58 mm
10 Massivholzriemen Lärche 20 mm
OSB-Platte 18 mm
Dampfsperre

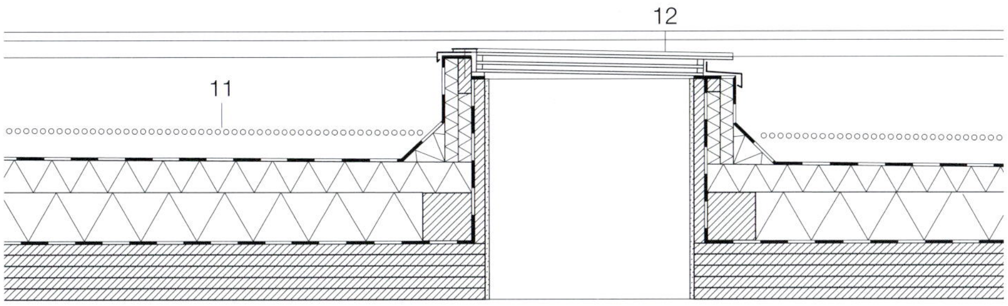

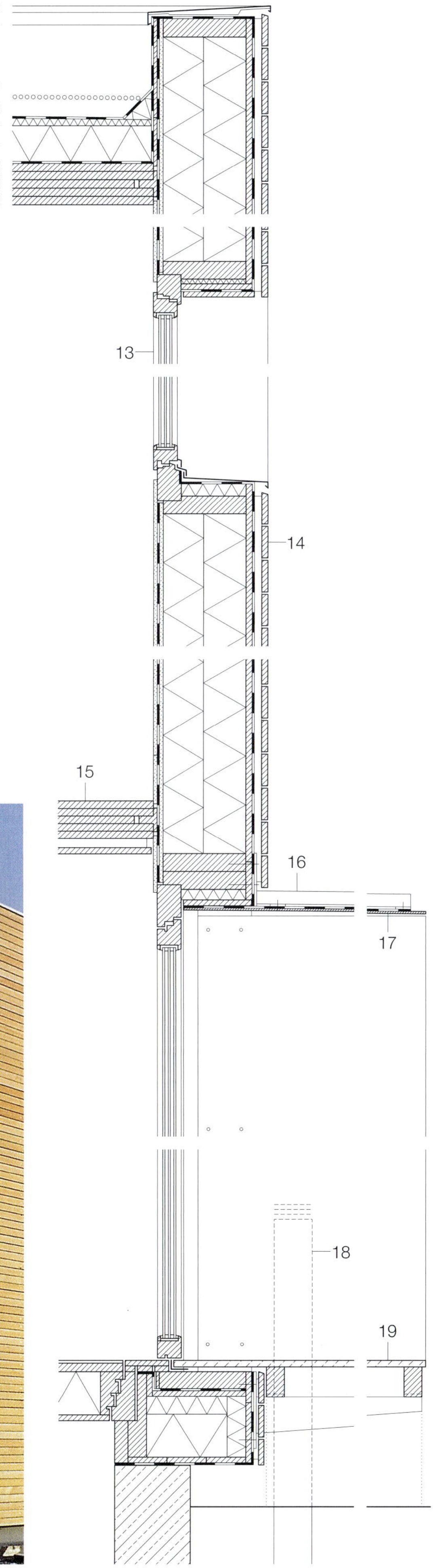

Kantholz 80/280 mm dazwischen Dämmung
Schalung Fichte sägerau 20 mm
Schutzbahn diffusionsoffen

11 Kies 60 mm
Trennlage
Dachdichtungsbahn Bitumen zweilagig
Hartschaumdämmung im Gefälle 20–120 mm
Hartschaumdämmung 120 mm
Dampfsperre selbstklebend
Deckenelement Fichte geschliffen 136 mm

12 Anpressleiste Aluminium-Strangpressprofil dreiseitig umlaufend 62 mm
Isolierverglasung 4 + SZR 12 + 4 + SZR 12 + 4 mm
in Rahmen Kantholz Lärche 35/100 mm

13 Holzfenster Lärche
Isolierverglasung 4 + SZR 12 + 4 + SZR 12 + 4 mm

14 Außenwandelemente Nord:
Schalung Lärche 20 mm
Lattung 30 mm
Winddichtung diffusionsoffen
Furnierschichtholzplatte Fichte 21 mm
Kantholz Fichte 60/280 mm
dazwischen Dämmung Mineralwolle
Gipsfaserplatte 12,5 mm
Dampfsperre
Gipsfaserplatte 12,5 mm

15 Holzbau-Deckenelement
Fichte geschliffen 124 mm
Lattung Fichte 30 mm
Schalung Lärche 20 mm

16 Konsolen Flachstahl geneigt
verzinkt 50/8 mm
Kopfplatte 100/180/8 mm
Laschen 100/50/8 mm

17 Faserzementplatte beschichtet 8 mm
Abdichtung Kunststoffbahn geklebt

18 Zuluftrohr Edelstahl Ø 125 mm

19 Furniersperrholzplatte
filmbeschichtet 21 mm
auf Kantholz Fichte 60/80 mm

Wohnanlage in Kolding

Architekten: 3XNielsen, Århus
Lars Frank Nielsen, Kim Herforth Nielsen

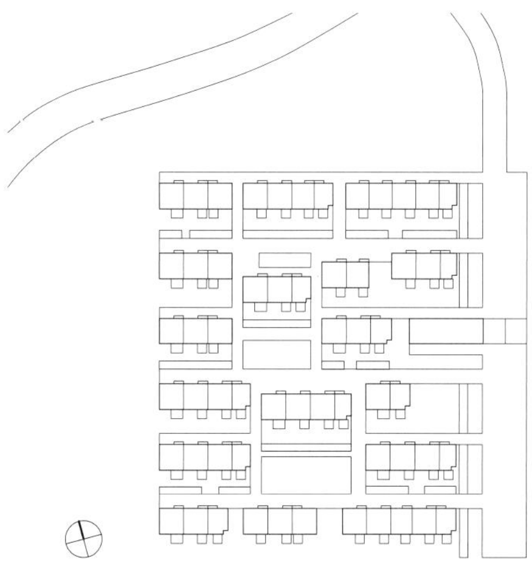

Lageplan
Maßstab 1:2500

Die Siedlung mit 59 Reihenhäusern und einem Gemeinschaftshaus entstand im Rahmen eines Wettbewerbs für ökologisches Bauen in Dänemark. Um eine maximale Ausnutzung der Sonnenenergie zu erreichen, orientieren sich die Häuser mit einer für diesen Breitengrad optimalen Ausrichtung von 15° in Richtung Nord-Süd. Die nach Norden gerichteten Außenwände sind mehrschalig gemauert und hoch gedämmt, gegen Süden sind die Fassaden vollflächig verglast. Teil der Glasfassaden jedes Hauses ist eine 6–8,4 m^2 große, vertikale Solarwand. Hinter der Isolierverglasung befindet sich ein schwarzes Stahllochblech, das sich durch die auftreffenden Sonnenstrahlen erwärmt; der anschließende Luftraum ist rückseitig mit Mineralwolle gedämmt. Mit der Erwärmung der Luftschicht wird das System zur Zusatzheizung, das die zentrale Heizanlage im Gemeinschaftshaus ergänzt.
Die Solarwände sind in zwei Abschnitte unterteilt: Der untere Bereich dient dem Vorheizen von Frischluft; die im oberen Bereich gewonnene Wärme wird in den 290 mm starken Wohnungstrennwänden aus Beton gespeichert. Steigt während der Heizperiode die Temperatur innerhalb der Solarwand über 30 °C, wird ein Ventilator eingeschaltet, der die erwärmte Luft in die Speicherwände bläst. Diese geben die Wärme in der Nacht an die jeweils angrenzenden Wohnungen ab. In den Solarwänden befinden sich am oberen Rand Lüftungsklappen. Im Sommer, wenn kein Bedarf zum Heizen besteht, bleibt der Ventilator abgeschaltet und die Klappen sind geöffnet, um heiße Luft abzuführen und Überhitzung der Wand zu vermeiden.
Für die Häuser wurden zwei unterschiedliche Typen von vorgefertigten Speicherwänden entwickelt: Das Wandsystem für die Wohnungstrennwände besteht aus Betonwänden mit eingelagerten Lüftungsrohren; das für die Außenwände der ersten bzw. letzten Häuser jeder Reihe aus Hohlkammerbetonelementen mit integriertem Steinbett.
Nach Fertigstellung wurden exemplarisch an zwei Häusern Messungen vorgenommen, um das thermische Verhalten der Solarwände und der Heizspeicher zu prüfen. Parallel wurden die Bewohner befragt. Die Wandsysteme haben sich bewährt, auch die Nutzer sind zufrieden. Die im Vergleich zu herkömmlichen Systemen höheren Kosten von 7 % (Solarwand gegenüber Glasfassade) bzw. 45 % (Speicherwandsystem gegenüber Ziegelwand) sind durch die erzielten Energieeinsparungen von 115–125 kWh/m^2a kompensiert[1].

1 1 kWh kostet in Dänemark 0,06 € (Stand 2000/Jahr der Messungen)

Grundrisse • Schnitt
Maßstab 1:200

1 Flur
2 Küche
3 Wohnraum
4 Esszimmer
5 Terrasse
6 Luftraum
7 Bad
8 Schlafzimmer
9 Balkon

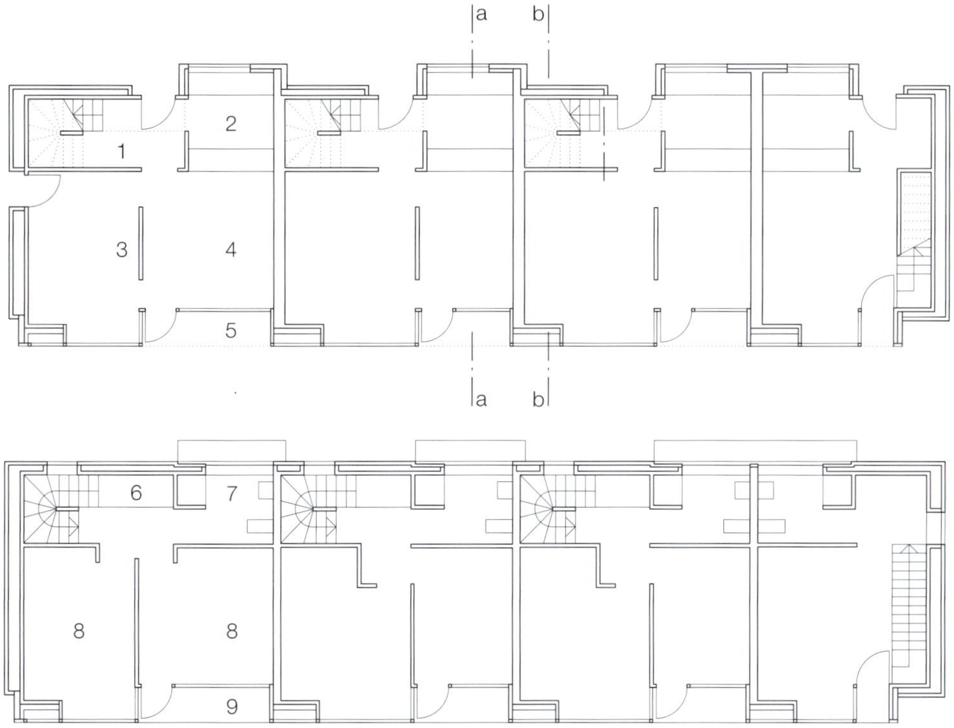

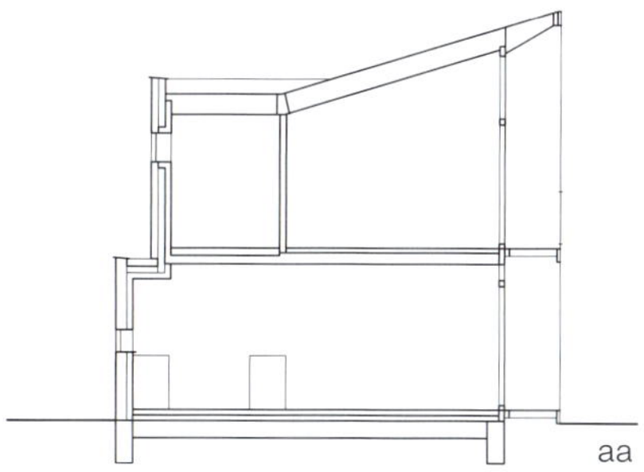

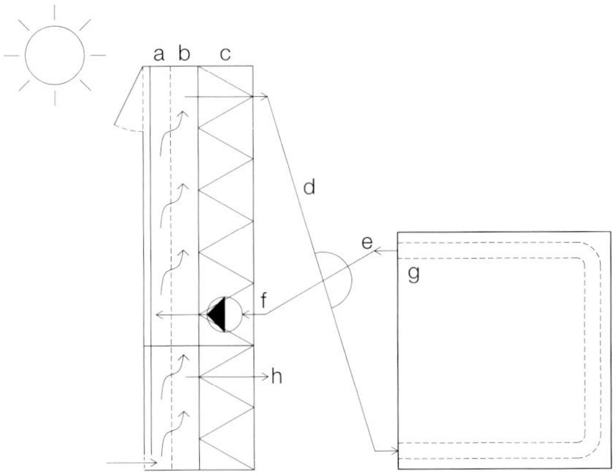

A System Außenwand
Hohlkammerbeton-Elemente mit integriertem Steinbett: Die Luft tritt in den unteren Teil der Wand ein und steigt durch das Steinbett nach oben. Die Wärme wird absobiert, die Luft durch Lüftungsrohre zurückgeleitet.
Jedes Haus hat einen effektiven Solarwandbereich von 5,2 m², wovon 4,2 m² als Speicherheizung genutzt werden.

B System Wohnungstrennwand
Betontrennwand mit eingelegten Lüftungsrohren: Die heiße Luft wird am Boden in das Speicherelement eingeleitet, fließt durch die ringförmig verlegten Lüftungsrohre hindurch und heizt dabei den Beton auf.
Jeder der Heizspeicher in der Betonwand hat eine Fläche von 7,4 m², davon werden 6,0 m² zur Speicherung genutzt.

Solarwand, schematische Darstellung

a Glasfassade
b Absorberplatte
c Wärmedämmung
d Warmluft
e Kaltluft
f Ventilator
g Wärmespeicher
h erwärmte Frischluft

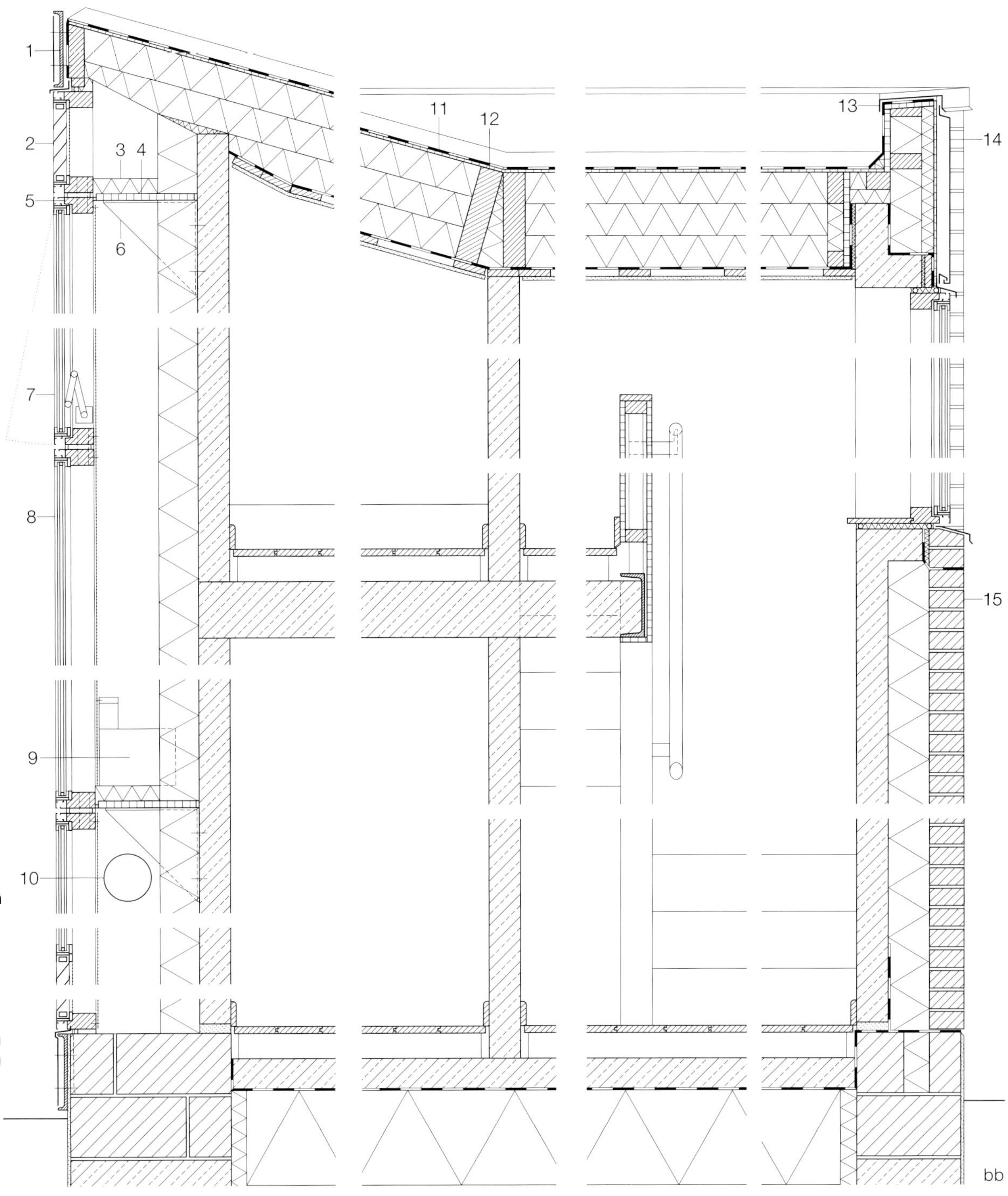

Schnitt
Maßstab 1:20

1 Stahlprofil
⊔ 240/20 mm
2 Lüftungselement, Alu-Blech mit Insektenschutz
3 Wärmedämmung 30 mm
4 Sperrholzplatte 22 mm
5 Holzprofil 95/50 mm mit Lüftungsöffnung Ø 40 mm
6 Stahlkonsole
7 Lüftungsflügel
8 Aufbau Solarwand:
Isolierverglasung in Aluminiumrahmen, Floatglas 4 + SZR 12 + Floatglas 4 mm
Absorber-Stahllochblech schwarz 3 mm
Mineralwolle 125 mm
Leichtbeton 100 mm
9 Ventilator
10 Lüftungsrohr Ø 180 mm
11 Dachdichtungsbahn 2 mm
Sperrholzplatte 12 mm
Mineralwolle 300 mm
Dampfbremse, kapillaraktiv
Holzlattung 22 mm
Gipskarton 12,5 mm
12 Kantholz 300/70 mm
13 Aluminiumblech 2 mm
14 Aluminiumblech 3 mm
Holzwerkstoffplatte 9 mm, Windsperre
15 Ziegelmauerwerk 110 mm
Mineralwolle 130 mm
Leichtbeton 100 mm

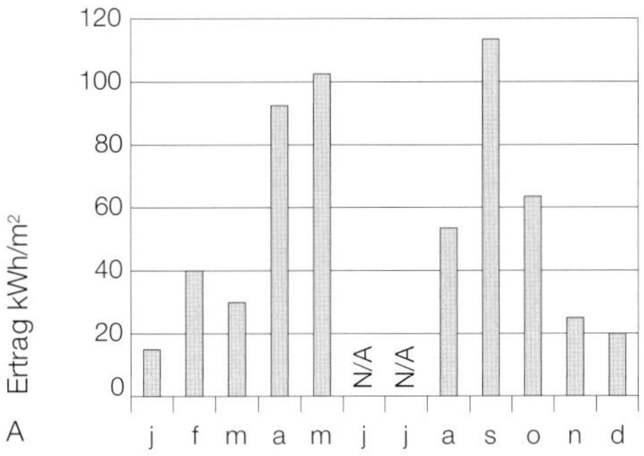

A

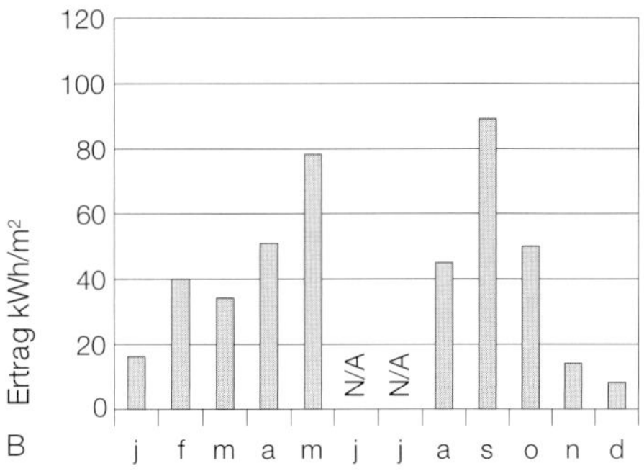

B

Thermisches Verhalten der Solarwände und der Speicherelemente
Die Diagramme zeigen, dass das System in der Praxis gut funktioniert. Im Sommer sind die Solarwände ausgeschaltet, können aber bei Bedarf jederzeit aktiviert werden. Die Erträge liegen bei ca. 114 kWh/m² (Lüftungsrohre) bzw. ca. 124 kWh/m² (Steinbett), Transmissionswärmeverluste eingerechnet. Messungen der Solarstrahlung zeigen, dass aufgrund von Pflanzenwuchs und Nachbarbebauung zeitweilige Verschattungen die Erträge beeinträchtigt haben. Ohne Verlust durch Verschattung lägen sie um 25 % höher, zwischen 150 und 160 kWh/m²a.

A System Außenwand
B System Wohnungstrennwand

Passivreihenhäuser in Ulm

Architekt: Johannes Brucker, Stuttgart
Haustechnik: ebök, Tübingen

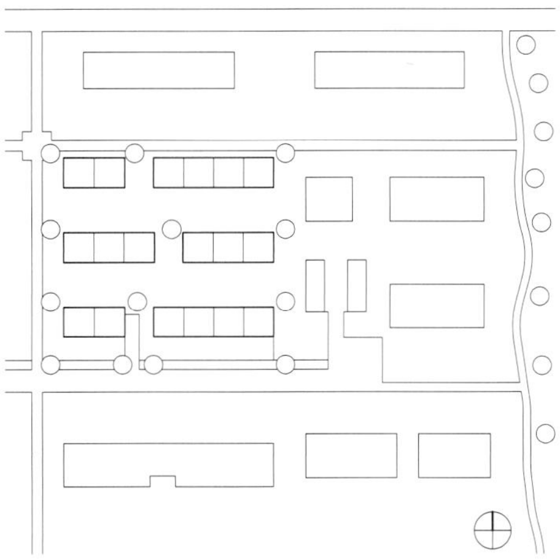

Lageplan
Maßstab 1:2500

Die gestalterisch zurückhaltende und kostengünstige Wohnanlage besteht aus 18 als Passivhaus konzipierten Häusern. In drei höhenversetzten Zeilen angeordnet, sind trotz der wirtschaftlich notwendigen Verdichtung Südsonne und Panoramablick garantiert. Bei der Konstruktion haben sich die Architekten für eine Mischbauweise entschieden: Ihre Südfassaden bestehen aus großformatigen vorgefertigten Holzelementen, für die Außenwände auf der Nordseite und die tragenden Schotten wurden Kalksandstein-Planelemente gewählt. In Verbindung mit Stahlbetondecken entstehen auf drei Ebenen stützenfreie Flächen, die die Bewohner individuell gestalten und bei Bedarf später auch leicht umstrukturieren können. Zudem ist die Teilung eines Hauses in zwei Wohneinheiten oder die Anordnung einer Büroeinheit möglich.
In den einzelnen Häusern wurde auf die Installation von konventionellen, separaten Heizungen verzichtet, unkontrollierte Wärmeverluste werden vermieden. Neben einem hohen Dämmstandard – das Dach ist mit 40 cm Wärmedämmung versehen, die Außenwände mit 30 cm und die Bodenplatte mit 20 cm – ist die Gebäudehülle fugendicht ausgeführt. Die Balkone und Windfänge stehen als eigenständige Bauteile vor der Fassade, um Wärmebrücken zu vermeiden; alle Fensteröffnungen sind mit Dreischeiben-Isolierverglasung ausgestattet. Neben der Erwärmung der Zuluft sorgt die Lüftungsanlage mit Wärmerückgewinnung und Erdwärmetauscher für gute Raumluftqualität. Sollte in der kalten Jahreszeit die gewonnene Energie samt Solarerträgen nicht zu ihrer Erwärmung ausreichen, kann für die Restwärmeversorgung auf den Fernwärmerücklauf eines benachbarten, konventionellen Mehrfamilienhauses zurückgegriffen werden. Die Warmwasseraufbereitung erfolgt über Sonnenkollektoren, die im Gründach verborgen bleiben. Die Integration einer Photovoltaikanlage zur Stromerzeugung ist möglich, die entsprechenden Anschlüsse sind bereits installiert.

A Sonnenenergienutzung und Tageslichtsystem

1 Warmwasser-Kollektor
2 Photovoltaik (optional)
3 Tageslichtumlenkung
4 passive Direktnutzung

B Wärmedämmung und luftdichte Ebene

1 Wärmedämmung 25–40 cm
2 umlaufende luftdichte Ebene
3 unbelastete Perimeterdämmung mit punktuellen Wärmebrücken

C Lüftung und Wärmerückgewinnung

1 Lüftungsanlage mit Wärmerückgewinnung
2 Erdwärmetauscher

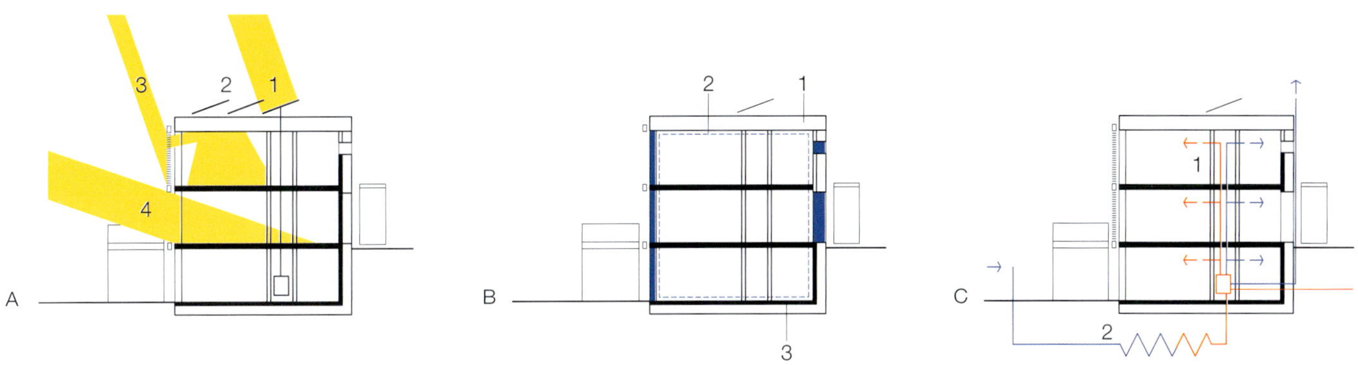
3
2
1
4
A
2
1
B
3
1
C
2

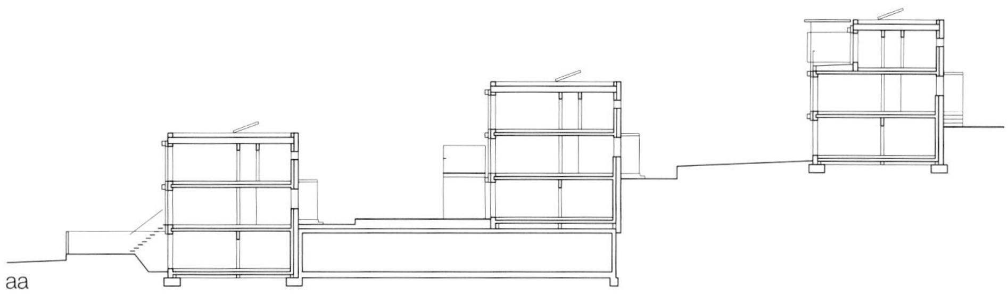

Lüftung
Jedes Haus ist mit einer mechanischen Zu-/Abluftanlage mit Wärmerückgewinnung ausgestattet. Die Außenluft wird über einen Filter angesaugt und nach Bedarf vorgewärmt eingeblasen. Entsprechend wird Abluft abgesaugt und über den Luft-Luft-Wärmetauscher ins Freie geblasen. Die Luftmenge bzw. Luftwechselrate der Anlage ist vom Nutzer frei regulierbar.

Warmwasser
Eine thermische Solaranlage mit einer Kollektorfläche von ca. 5 m² je Haus erwärmt einen Teil des Warmwassers. Die Kollektoren sind in das extensiv begrünte Flachdach integriert. Elektrische Anschlüsse und die Steuerungstechnik für Kollektoren zur photovoltaischen Stromerzeugung sind bereits verlegt. Damit ist die zusätzliche Stromgewinnung durch Solarenergie möglich.

Restheizsysteme
Die Wärmeversorgung der Häuser erfolgt über die Fernwärme des städtischen Energieversorgers. Die Anlage ist an die Fernwärme-Übergabestation eines benachbarten Mehrfamilienhauses angeschlossen. Dabei wird nur der Wärmerücklauf des Nachbargebäudes genutzt.

Schnitt
Grundriss EG
Maßstab 1:500

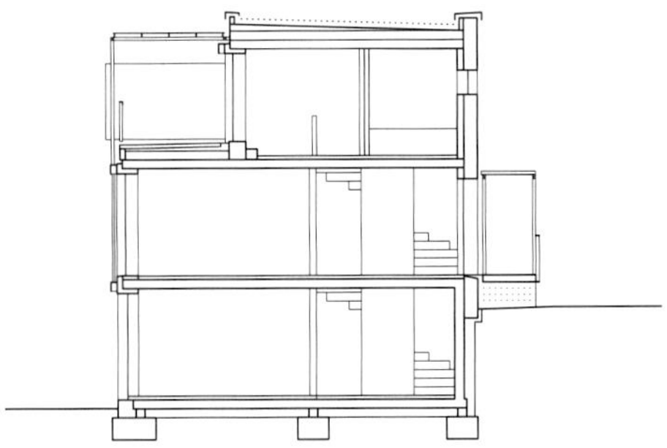

Schnitt
Maßstab 1:250
Detailschnitt
Maßstab 1:20

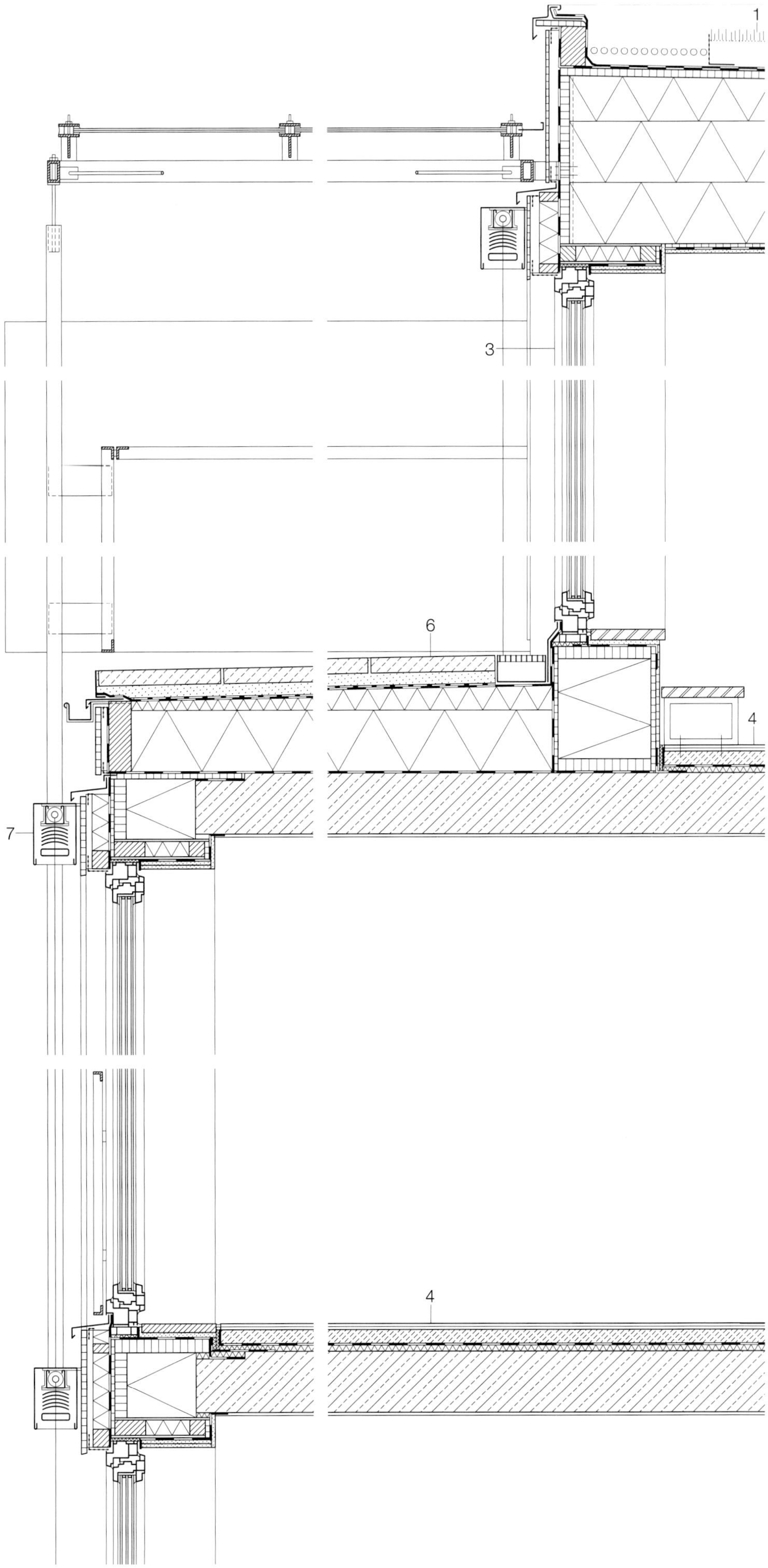

1 Dachaufbau:
Zweischichtbegrünung extensiv 100 mm
Dachdichtungsbahn 3 mm
auf Kunstfaserfilz
Holzwerkstoffplatte BFU 25 mm
Holzbinder 140/420 mm i.M.
Wärmedämmung Mineralwolle 420 mm i.M.
Spanplatte FP 13 mm
Dampfsperre PE-Folie, alukaschiert
Gipskartonplatte gespachtelt gestrichen 12,5 mm

2 Wandaufbau:
Strukturputz mit 2-fachem Anstrich
Armierungsschicht 4 mm
Wärmedämmung Hartschaumplatte 300 mm
Mauerwerk Kalksandstein-Großblock 150 mm
Dünnlagenputz 3 mm
Raufasertapete mit Anstrich

3 Kunststofffenster mit 3-fach-Isolierverglasung

4 Bodenaufbau:
Holzparkett Eiche 20 mm
Estrich 45 mm auf Trennlage
Trittschalldämmung 20 mm

5 Hauseingangstür Holz mit Hartschaumkern

6 Terrassenaufbau:
Betonplatten 400/400/50 mm
Kiesbett 40 mm
Gummigranulatmatte 6 mm
Dachdichtungsbahn
Hartschaumgefälleplatten 30–80 mm
Wärmedämmung Hartschaumplatten 200 mm
Dampfsperre
Stahlbetonplatte, Untersicht gespachtelt, gestrichen 200 mm

7 Außenjalousie Aluminium

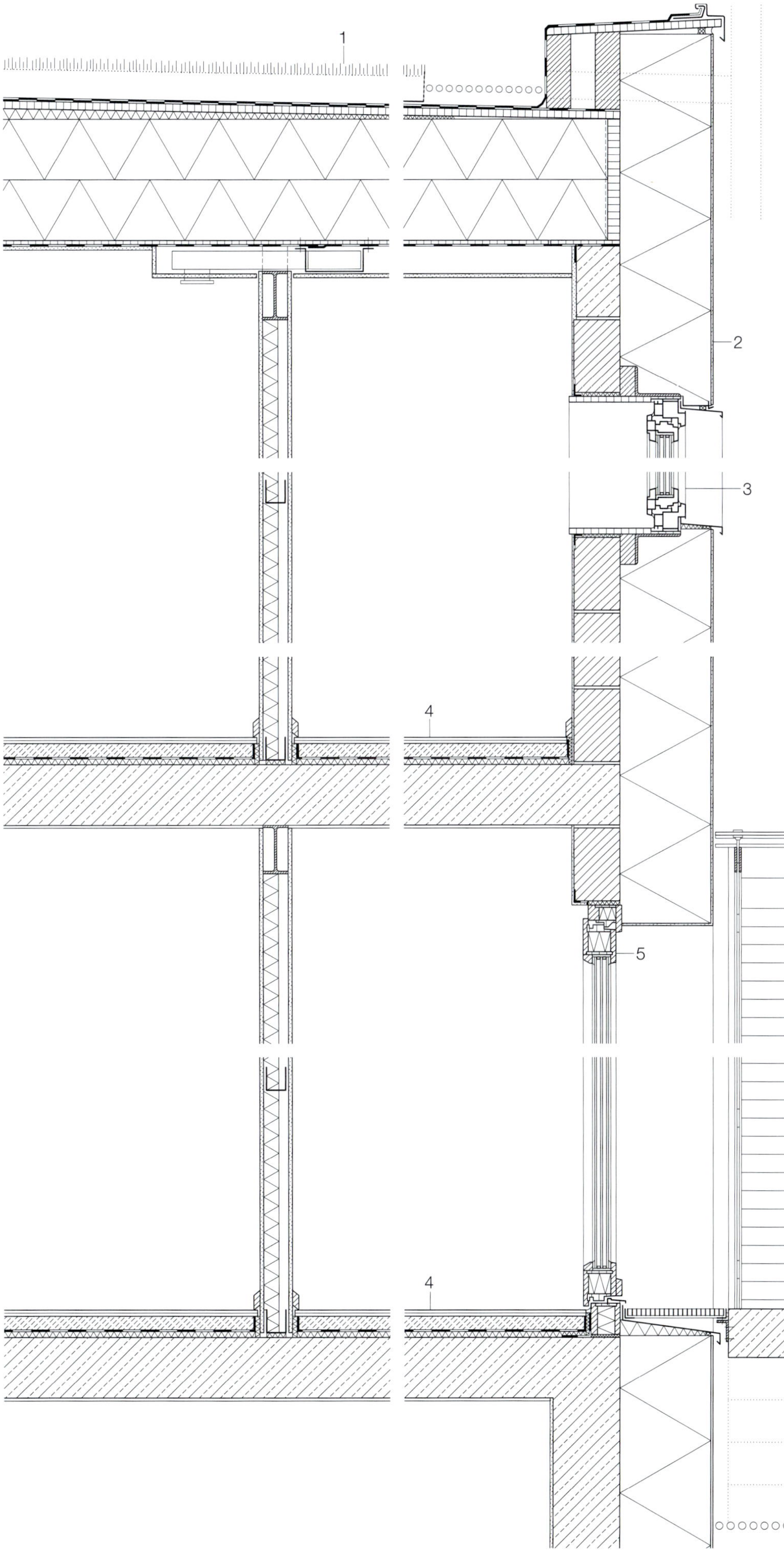
1
2
3
4
5
4

Punkthäuser in Innsbruck

Architekten: Baumschlager & Eberle, Lochau
Haustechnik: GMI Grasser & Messner, Dornbirn

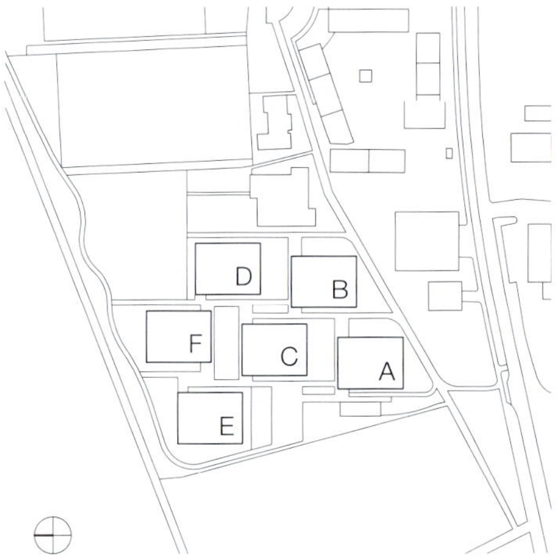

Von Bergen umgeben im weiten Tal des Inns liegt Innsbruck, die Hauptstadt Tirols. Längst ist die Bevölkerung über die engen Stadtmauern der mittelalterlichen Altstadt hinausgewachsen und droht die Landschaft vollends zu zersiedeln. Es gehört schon ein politischer Wille dazu, in einer so bevorzugten Lage die letzten freien Grundstücke dem sozialen Wohnungsbau vorzubehalten. Am westlichen Stadtrand direkt vor den bewaldeten Ausläufern der nördlich gelegenen Gebirgskette liegt die Siedlung am Lohbach. Sechs Punkthäuser sind schachbrettartig versetzt und in der Höhe zum Hang hin gestaffelt, damit die Sonne trotz hoher baulicher Dichte tief in die Höfe gelangen kann. Die Gebäude sind als Niedrigenergiehäuser ausgeführt. Die Wohnungszuschnitte von Haus A und B sowie von Haus D und E sind identisch. Im mittleren Gebäude C befinden sich Seniorenwohnungen mit Gemeinschaftsräumen und Betreuungseinrichtungen. Umlaufende Balkone schaffen geschützte Freibereiche, überraschende Durchblicke nach mehreren Seiten sorgen für eine enge Beziehung zur Landschaft. Die kompakten Baukörper mit ihren Pufferzonen bilden den Rahmen für ein innovatives Energiekonzept. Auf dem Dach jedes Hauses wird die anfallende Sonnenenergie über Solarkollektoren gesammelt und zur Brauchwasser- und Zuluftvorwärmung eingesetzt. Dezentrale Kompaktlüftungsgeräte in jeder Wohnung ermöglichen eine individuelle Beheizung und Lüftung. Das Haustechnikkonzept wurde zuvor bei wesentlich kleineren Siedlungen erprobt. Durch Kombination von Bauweise und Haustechnik erreichen die 298 Wohnungen mit 21 500 m² Wohnnutzfläche bei hohem Komfort niedrige Heizenergiekennzahlen von 20 kWh/m²a, üblich sind in Österreich bei Wohnungsneubauten 60–80 kWh/m²a, was eine Reduktion der CO_2-Emission um 237 Tonnen pro Jahr bedeutet.

Lageplan
Maßstab 1:5000
1. UG Tiefgarage mit Solarspeichern (1) unter Haus C
Maßstab 1:1500

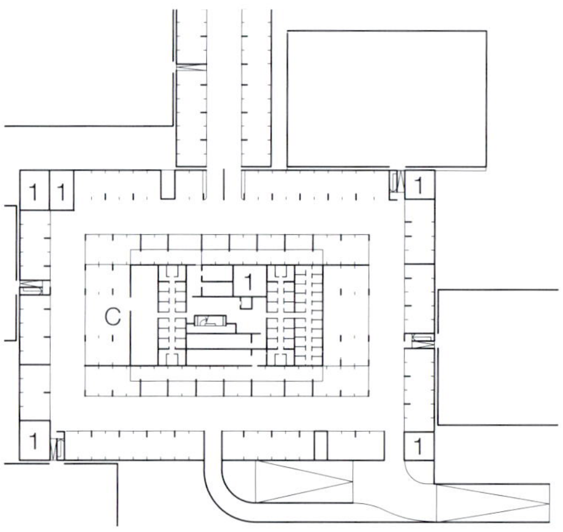

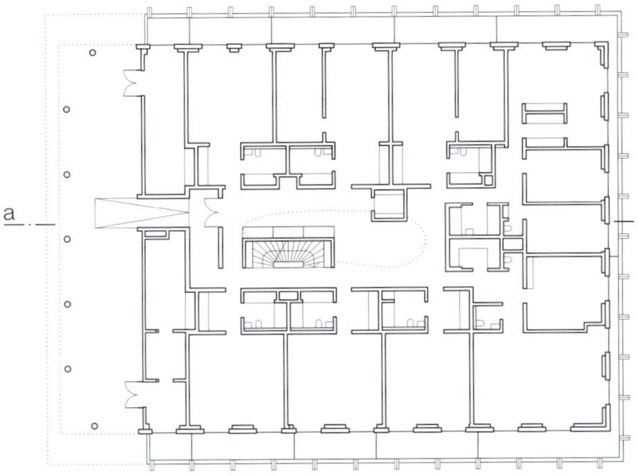

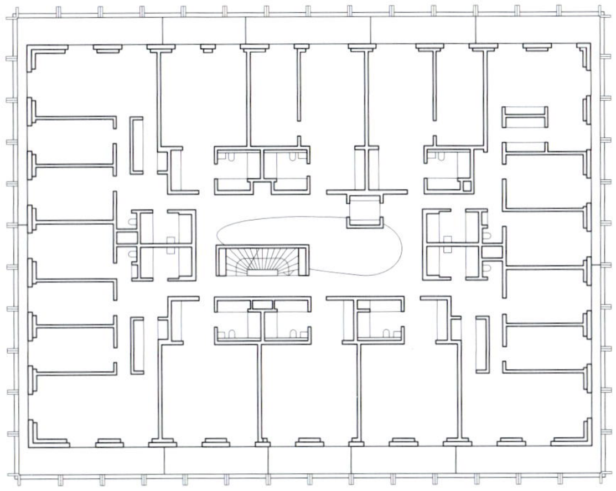

Erdgeschoss
Regelgeschoss
Maßstab 1:500
Haus C
Seniorenwohnen
Schnitt
Maßstab 1:500

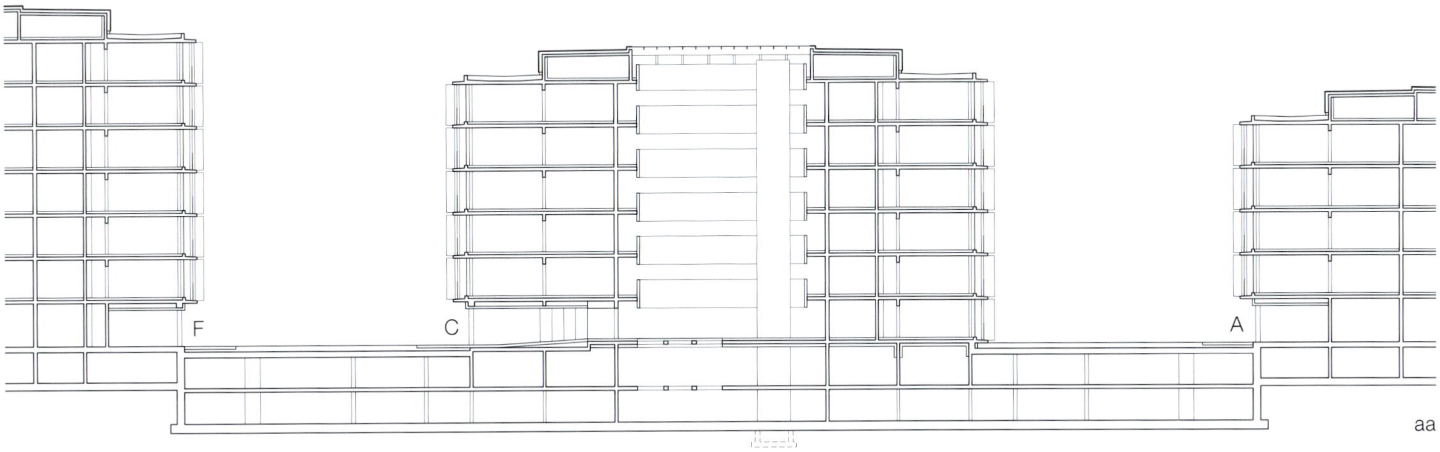

aa

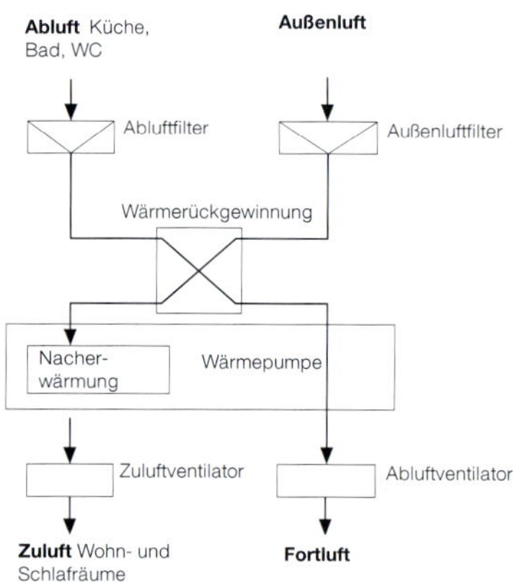

A

A Schema Kompaktlüftungsgerät mit Kleinstwärmepumpe
B Grundriss mit schematischer Luftführung
C Schnitt mit Energiekonzept (ohne Heizkörper) Maßstab 1:200

Um die Erschließungsflächen zu komprimieren, wurden Gebäude- und Haustechnikkonzept in einem integralem Planungsprozess entwickelt. Baukörper mit einem günstigen A/V-Verhältnis (0,2) schaffen dabei die Voraussetzungen für minimale Energieverluste. Die Eingangshallen wirken als Pufferzonen und entschärfen die Problematik der Wohnungstüren als energetisch gesehen größte Schwachstelle der Gebäudehülle.
Die Heizung der Wohnungen erfolgt größtenteils über die Lüftung mit Kleinstwärmepumpen. Da die Wärmepumpe bei niedrigeren Temperaturen nicht mehr effektiv arbeitet und die Gefahr besteht, dass Kondensat auf der Fortluftseite der Wärmetauscher gefriert, muss die Frischluft auf mindestens 5 °C vorerwärmt werden. Die große Anzahl von Wohnungen führt zu einem hohen Bedarf an Frischluft. Aus Platzmangel und Kostengründen wurde eine Erwärmung über wasserbefüllte Solarspeicher einem Erdkollektor vorgezogen. In Solarkollektoren auf den Dächern der Häuser wird ein Glykol-Wassergemisch erwärmt und gelangt mittels einer drehzahlgeregelten Pumpe zu den Wärmetauschern in den Solarspeichern. Die Wärme des Mediums wird in die mit Wasser gefüllten Speicher übertragen, das abgekühlte Gemisch erneut den Kollektoren zugeführt. Die Solarspeicher sind in den für Stellplätze unbrauchbaren Ecken der Tiefgarage angeordnet. Solarspeicher haben gegenüber Erdregistern den weiteren Vorteil, dass ihre Temperatur regelbar ist und sie im Sommer zur Warmwasserversorgung beitragen können.
In jeder Wohnung sind dezentrale Kompaktlüftungsgeräte mit Plattenwärmetauscher und Kleinstwärmepumpe im Bad hinter raumhohen Glasschiebetüren untergebracht. Über einfach zu bedienende Tastaturen können individuell je nach Lüftungs- und Heizbedarf drei verschiedene Stufen eingestellt werden. Die vorbehandelte und gefilterte Zuluft wird über Drallauslässe in die Wohnräume eingeblasen. Tellerventile saugen die Abluft aus den Sanitär- und Nebenräumen. Zur Einweisung in die Handhabung der Anlage wurde eigens ein Video produziert und an die Haushalte verteilt. Bei einer Außentem-peratur unter 10 °C wird automatisch eine Gastherme aktiviert, die den in jeder Wohnung aufgestellten konventionellen Heizkörper versorgt. Er ermöglicht den Bewohnern nachzuheizen. Die Gebäudehülle ist so hoch gedämmt, dass die Temperatur aufgrund der inneren Wärmequellen (Personen, Geräte oder Beleuchtung) selbst bei einem Ausfall beider Heizsysteme nicht unter ca. 15 °C absinkt.

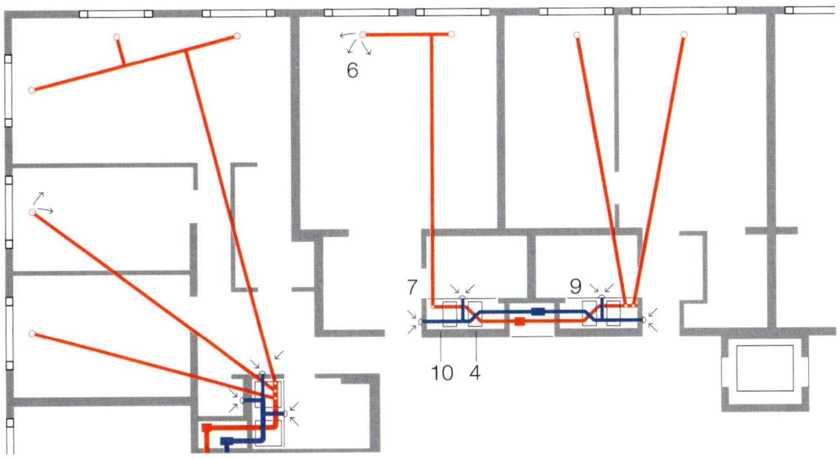

B

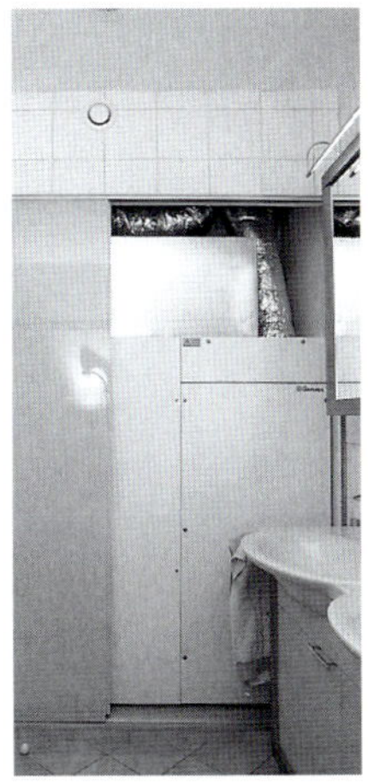

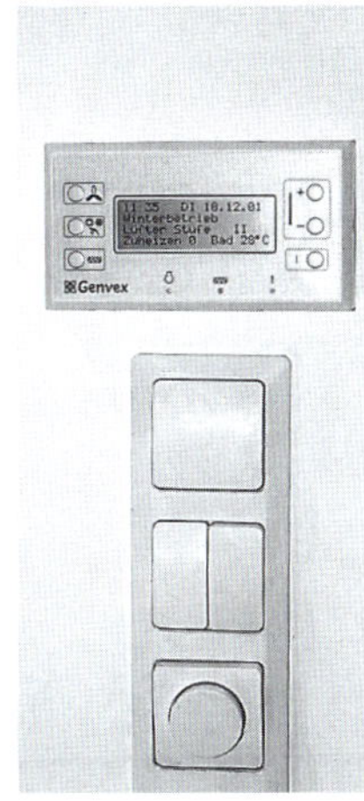

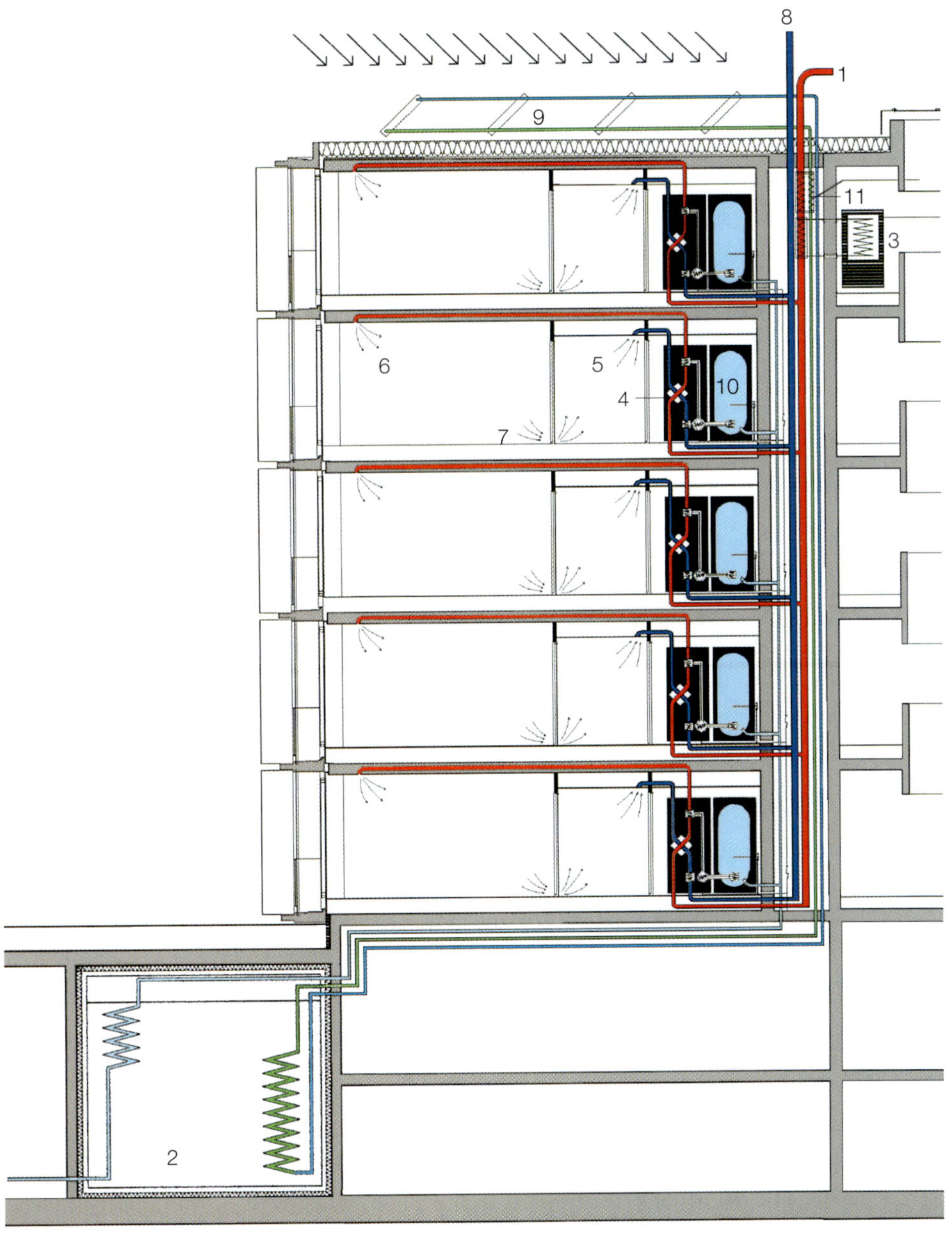

C

Heizung und Lüftung (Abb. B, C)

- Die Luftansaugung erfolgt über das Dach (1). Im Winter wird die kalte Außenluft vom Solarspeicher (2) auf 0–10 °C erwärmt. Bei Ausfall der solaren Frischlufterwärmung übernimmt dies eine Gastherme (3).
- Im Wohnungslüftungsgerät (4) wird die Frischluft durch die Abwärme der Abluft (5) auf 16–20 °C nachgewärmt. Hierbei erfolgt eine durchmischungsfreie Übertragung von 80 % der in der warmen Abluft (20–22 °C) enthaltenen Wärme auf die Frischluft.
- Ist aufgrund der Wärme von Personen, Beleuchtung oder Sonneneinstrahlung keine Heizung notwendig, wird Frischluft ohne Nachheizung in die Wohn- und Schlafräume eingebracht. Während der Heizperiode erfolgt eine Erwärmung der Frischluft auf ca. 30–40 °C durch die Kleinstwärmepumpe (4).
- Die Frischluft wird über in die Betondecken eingelegte wärmegedämmte Lüftungsrohre zu den Luftauslässen (6) im Wohn- und Schlafbereich geführt.
- Die Abluft wird in Küche, Bädern und Toiletten abgesaugt, die Luftüberströmung von den Wohnräumen erfolgt hierbei über den Luftspalt unter den Türen (7). Die beim Kochen notwendige Abfuhr der Küchenabluft erfolgt separat über Aktivkohlefilter.
- Im Lüftungsgerät (4) wird die Abluft über die Wärmerückgewinnung geleitet und über das Dach (8) ins Freie geführt.

Solare Brauchwassererwärmung, Zuluftvorwärmung

Die solare Warmwasserbereitung erfolgt über Sonnenkollektoren (9) und zentrale Speicher (2).

- Die Sonnenkollektoren mit einer Fläche zwischen 140 und 190 m² pro Gebäude geben bei Einstrahlung ihre Wärme an die zentralen, 80–105 m³ pro Gebäude großen Solarspeicher in den Tiefgarageneckn ab.
- Im Sommer wird das benötigte Warmwasser in den 40–60 °C warmen Speichern erwärmt und anschließend in die wohnungseigenen Boiler (10) geleitet. Dort findet je nach Bedarf eine weitere Wassererwärmung durch die Wärmepumpe statt (etwa 65 % günstiger als Elektroboiler).
- Im Winter wird die solare Wärme zur Erwärmung der Zuluft genutzt (11). Die Speichertemperatur kann im Winter auf 5–15 °C sinken. Damit erwirtschaften die Kollektoren bereits bei Temperaturen um 20 °C solare Wärmeerträge, so dass mit üblichen Kollektoren sehr hohe Erträge um 450 kWh/m² Kollektorfläche im Jahr erzielt werden.

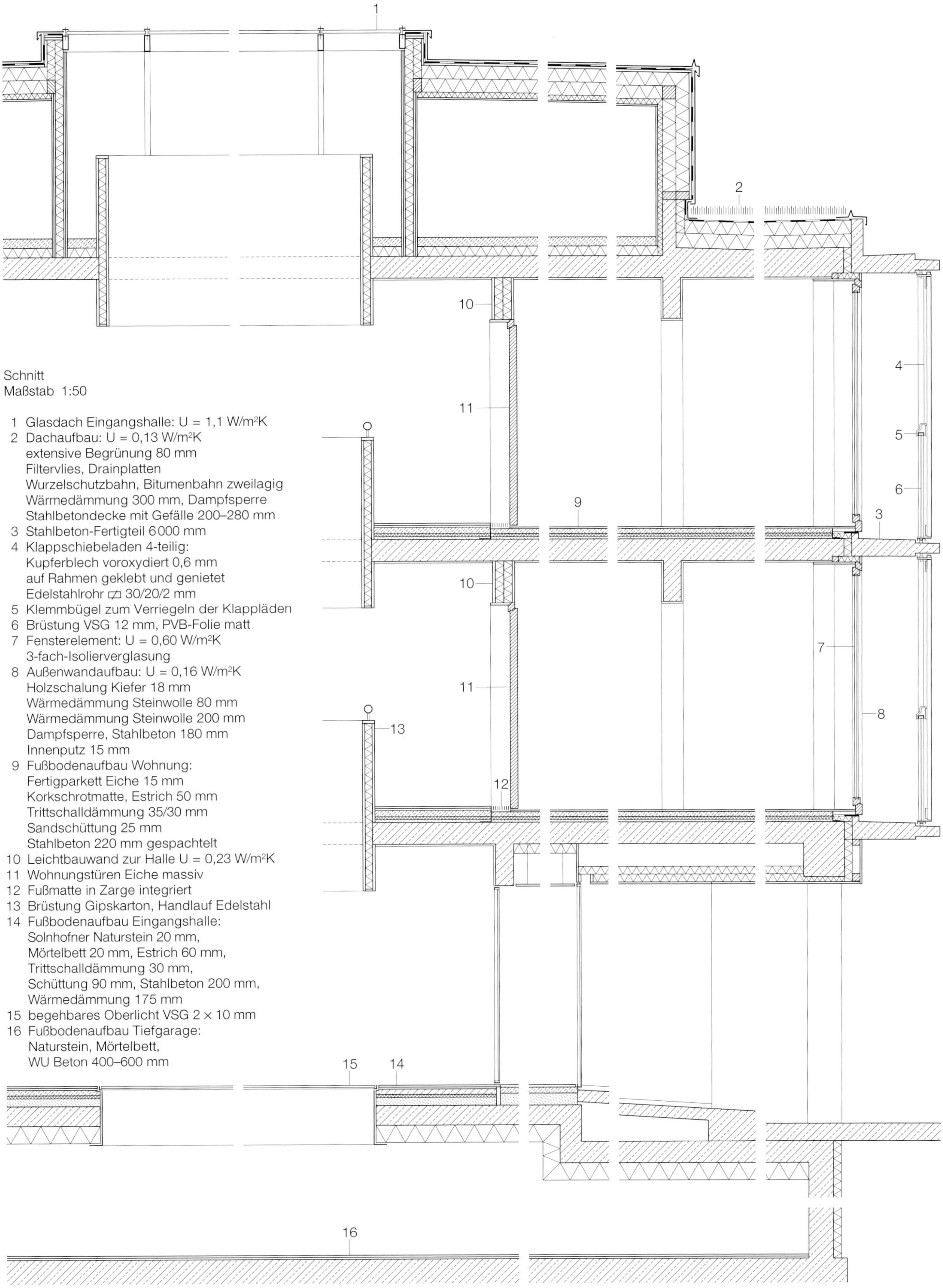

Schnitt
Maßstab 1:50

1 Glasdach Eingangshalle: U = 1,1 W/m^2K
2 Dachaufbau: U = 0,13 W/m^2K
extensive Begrünung 80 mm
Filtervlies, Drainplatten
Wurzelschutzbahn, Bitumenbahn zweilagig
Wärmedämmung 300 mm, Dampfsperre
Stahlbetondecke mit Gefälle 200–280 mm
3 Stahlbeton-Fertigteil 6000 mm
4 Klappschiebeladen 4-teilig:
Kupferblech voroxydiert 0,6 mm
auf Rahmen geklebt und genietet
Edelstahlrohr ⏥ 30/20/2 mm
5 Klemmbügel zum Verriegeln der Klappläden
6 Brüstung VSG 12 mm, PVB-Folie matt
7 Fensterelement: U = 0,60 W/m^2K
3-fach-Isolierverglasung
8 Außenwandaufbau: U = 0,16 W/m^2K
Holzschalung Kiefer 18 mm
Wärmedämmung Steinwolle 80 mm
Wärmedämmung Steinwolle 200 mm
Dampfsperre, Stahlbeton 180 mm
Innenputz 15 mm
9 Fußbodenaufbau Wohnung:
Fertigparkett Eiche 15 mm
Korkschrotmatte, Estrich 50 mm
Trittschalldämmung 35/30 mm
Sandschüttung 25 mm
Stahlbeton 220 mm gespachtelt
10 Leichtbauwand zur Halle U = 0,23 W/m^2K
11 Wohnungstüren Eiche massiv
12 Fußmatte in Zarge integriert
13 Brüstung Gipskarton, Handlauf Edelstahl
14 Fußbodenaufbau Eingangshalle:
Solnhofner Naturstein 20 mm,
Mörtelbett 20 mm, Estrich 60 mm,
Trittschalldämmung 30 mm,
Schüttung 90 mm, Stahlbeton 200 mm,
Wärmedämmung 175 mm
15 begehbares Oberlicht VSG 2 × 10 mm
16 Fußbodenaufbau Tiefgarage:
Naturstein, Mörtelbett,
WU Beton 400–600 mm

Kanzlei in Röthis

Architekten: Reinhard Drexel, Hohenems
Haustechniker: Christof Drexel, Reinhard Weiss, Bregenz

Lageplan
Maßstab 1:2000

Im Ortskern von Röthis, einer kleinen Gemeinde in Vorarlberg, steht ein würfelförmiger Baukörper mit Schindelfassade wie selbstverständlich zwischen traditionellen Gebäuden und der alten Dorfkirche. Der ehemalige Stadel gehört zu einem sanierten denkmalgeschützten Bauernhaus, in dem heute eine Weinhandlung und eine Agentur untergebracht sind. Das baufällige Gebäude, das bis auf die Grundmauern abgetragen wurde, hat der Bauherr für seine Anwaltskanzlei umgestaltet. In die erhaltenen und sanierten Mauern aus Naturstein und Stampfbeton ist ein Stahlbetonskelettbau mit aussteifendem Treppenhaus eingestellt. Die Betondecken der Aufstockung werden in jedem Geschoss von acht Stahlstützen getragen. Eine Fuge zwischen Mauerwerk und der darüber liegenden Holzfassade markiert den Übergang zwischen Bestand und Neubau. Sie sind konstruktiv und thermisch getrennt. Die Außenwände sind hoch wärmegedämmt als dreischichtige Holzpfostenkonstruktion ausgeführt. Eine Gesamtdämmstärke von 36 cm und das günstige Volumen (A/V) des würfelförmigen Baukörpers unterstützen die Ausführung als Passivhaus. In der homogenen Fassadenbekleidung aus naturbelassenen Lärchenholzschindeln liegen große, die Klappläden des Sonnenschutzes fassende Rahmen. Sie bestehen aus eigens angefertigten 80 × 200 cm großen glasperlgestrahlten Aluminiumrahmen, die Lamellen sind aus unbehandeltem kanadischem Lärchenholz. Als Sonnen- und Blendschutz sind sie Teil des Passivhauskonzepts und können manuell von den Mitarbeitern gesteuert werden. An der nach Südwesten ausgerichteten Fassade liegen pro Geschoss drei Rahmen nebeneinander, wobei jeweils zwei synchron mit Hilfe von Rohrmotor und Gasdruckfeder zu öffnen sind. Durchgängig sind die dahinter liegenden raumhohen Fenster als Dreischeibenverglasung ausgeführt. Die großfomatigen feststehenden Felder bestehen aus einer beschichteten Verglasung mit Argonfüllung (U-Wert 0,6 W/m^{2}K), die Fenstertüren aus einer Verglasung mit Kryptonfüllung (U-Wert 0,7 W/m^{2}K).
Im Inneren besticht die sorgfältige Detaillierung: Geölter Sichtbeton, dessen Oberfläche durch die Maserung der Brettschalung strukturiert ist, kontrastiert mit schwarzem Gussasphalt am Boden und perforiertem Birkensperrholz an den Decken. Die kontrollierte Be- und Entlüftung mit Kleinstwärmepumpe und Wärmerückgewinnung ersetzt eine konventionelle Heizung. Ein ca. 50 m langer Erdkollektor wärmt die Außenluft vor. Die Frischluftkanäle sind in den Massivdecken einbetoniert, sie funktionieren als Hypokausten. Mit Hilfe eines dynamischen Simulationsprogamms wurde das Energiekonzept in der Planungsphase überprüft.

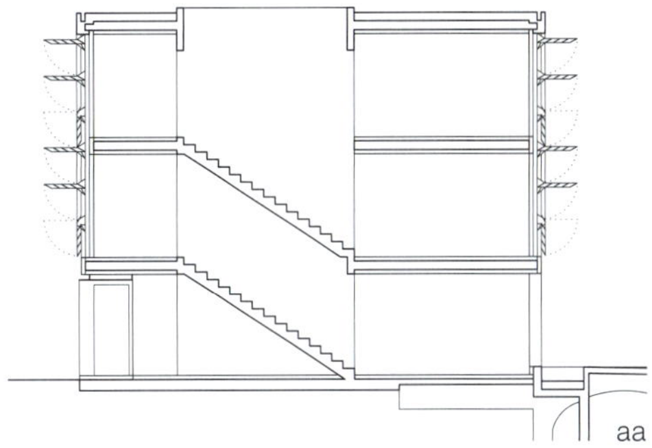

Schnitt
Maßstab 1:250

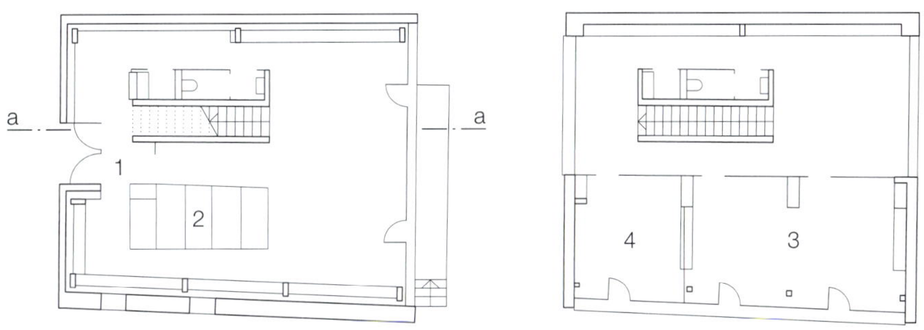

Grundrisse
Maßstab 1:250

1 Windfang
2 Archiv
3 Besprechung
4 Büro

Legende Messkurven

1 Temperatur Umgebung
2 Temperatur EG
3 Temperatur 1. OG
4 Temperatur 2. OG
5 Temperatur 1. OG Büro
6 Temperatur 1. OG Besprechung

A max. Heizlast geschossweise und gesamt an zwei kalten Februartagen
B max. Temperatur im 1. OG an einem heißen Sommertag Anfang Juli

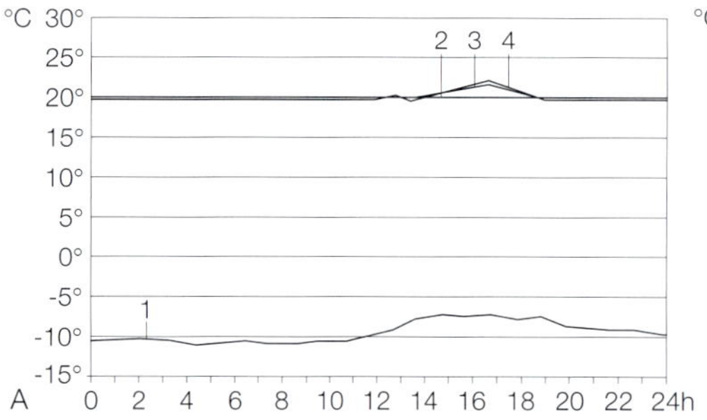

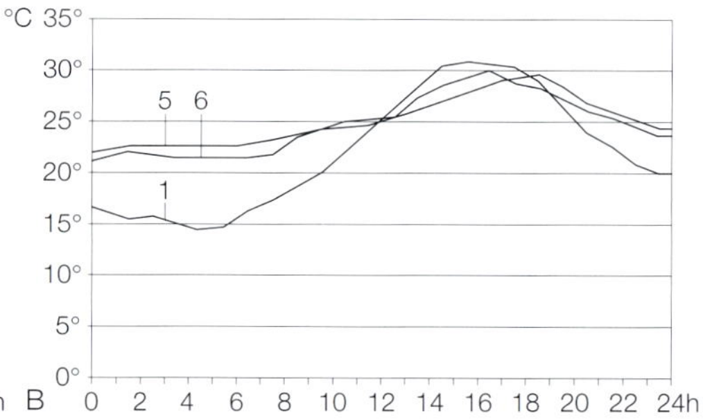

Dynamische Gebäude- und Anlagensimulation

1. Ziele:
A Winter:
- Ermittlung der max. Heizlasten zonal und geschossweise, um die Beheizbarkeit mit dem Wärmepumpenkompaktgerät zu überprüfen
- Ermittlung des monatlichen und jährlichen Heizwärmebedarfs und der daraus resultierenden Energiekennzahl
- Heizenergiebilanz zur Veranschaulichung des Einsparpotenzials durch Komfortlüftung und Erdwärmetauscher und des Anteils nutzbarer solarer interner Gewinne zur Beheizung des Gebäudes

B Sommer:
- Ermittlung der max. Temperaturen und der jährlichen Überschreitung von Temperaturspitzen zur Wahrung der Behaglichkeit

2. Ergebnisse:
Das Gebäude wird in sechs Zonen unterteilt (Büro- und Nebenräume je Geschoss).
Das ermittelte Sommerdiagramm (B) zeigt, dass die Überschreitungshäufigkeit von Temperaturen > 28 °C mit 40h/a vertretbar gering ist. Diese treten aufgrund der Orientierung der Verglasung vor allem in den Obergeschossbüros bei Außentemperatur > 30 °C auf.
Das Winterdiagramm (A) zeigt an zwei kalten Tagen im Februar den geschossweisen Verlauf der Heizlast. Am zweiten strahlungsreichen Tag ist die Temperaturerhöhung im Erdgeschoss schon am Morgen deutlich zu erkennen. Die Obergeschosse erwärmen sich aufgrund ihrer Süd-West-Orientierung am frühen Nachmittag. Die Gesamtheizlast des Gebäudes geht an einem strahlungsreichen kalten Tag aufgrund intern anfallender Wärmelasten gegen Null. Die max. Heizlasten im Gebäude entstehen in den frühen Morgenstunden, so dass die zur Abdeckung erforderliche elektrische Zusatzheizung im Laufe des Tages weitestgehend durch die auftretenden Wärmelasten überflüssig wird.

3. Erfahrungen:
Nach einjähriger Nutzung haben sich die Ergebnisse der Simulation bestätigt. Nach Einbau eines Windfangs im Eingangsbereich konnte völlig auf die Zusatzheizung verzichtet werden. Das Bürohaus hat Betriebskosten für Heizung und Lüftung von ca. 350 €/Jahr bei einer Gesamtnutzfläche von 250 m² (Stand 2003).

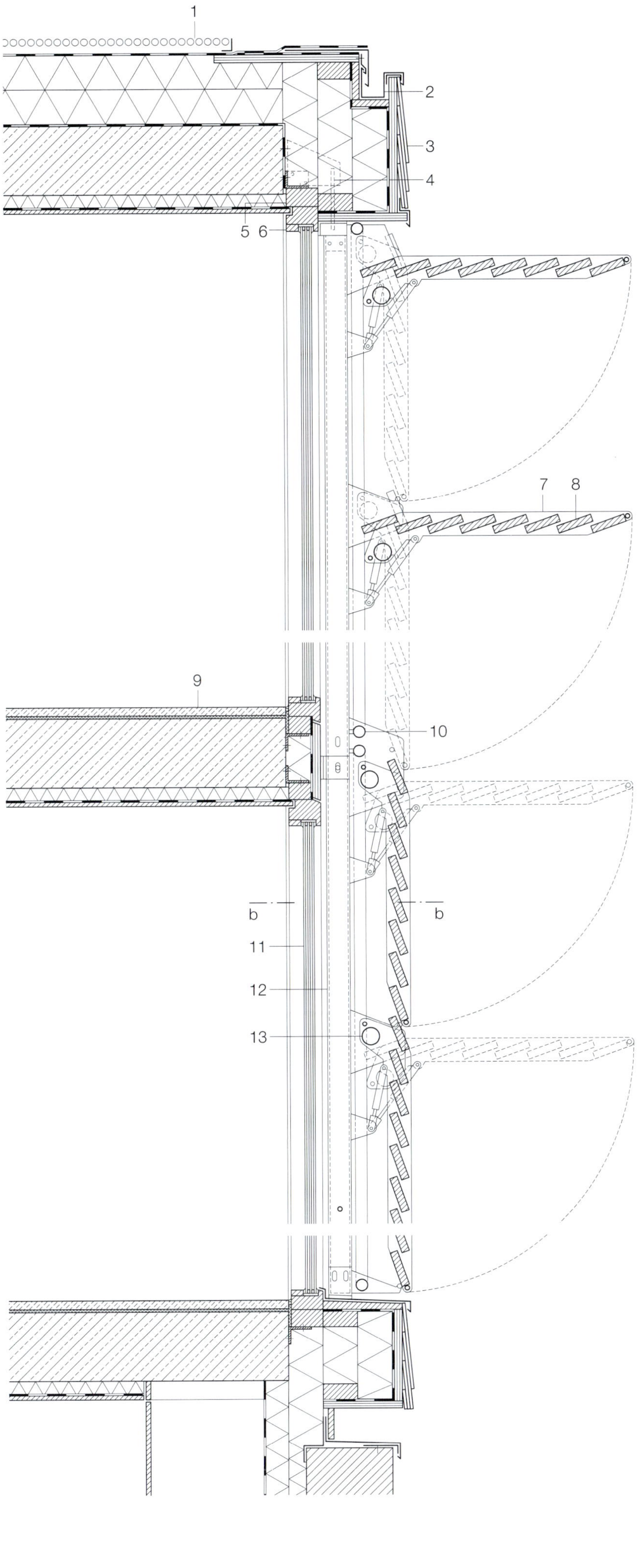

Vertikalschnitt • Horizontalschnitt
Maßstab 1:20

1 Kiesschüttung 50 mm
Bitumenbahn 2-lagig
Wärmedämmung Mineralwolle bitumengeklebt 2× 120 mm
Dampfsperre
Decke STB 240 mm
abgehängte Decke
Lattung 30/50 mm dazwischen Mineralwolle
Schutzvlies
Birkensperrholzplatte gelocht 15 mm
2 Kastenrinne
3 Lärchenschindeln 8/210 mm
Schalung 27 mm
Winddichtung verklebt
Wärmedämmung Mineralwolle 3× 120 mm zwischen Kanthölzern 60/120 mm
4 Gewindestange auf Stahlschwert geschweißt
5 Leimholz 60/110 mm
6 Fensterrahmen Douglasie 110/90 mm
7 seitliche Halterung Aluminium beweglich lasergeschnitten d = 10 mm
8 Holzlamelle 28/120 mm
9 Gussasphalt geschliffen 30 mm
Korkschrotmatte 10 mm
Stahlbetondecke 240 mm
abgehängte Holzdecke
Lattung 30/50 mm dazwischen Mineralwolle
Schutzvlies
Birkensperrholzplatte gelocht 15 mm
10 Aluminiumrohr Ø 40 mm mit integriertem Rohrmotor
11 3-fach-Isolierverglasung U = 0,6 W/m²K
12 Aluminiumrohr ⊏⊐ 80/40/4 mm
13 Aluminiumrohr Ø 60 mm
14 Spanplatte mit Birkenholz furniert 18 mm
15 Stütze STB 200/400 mm

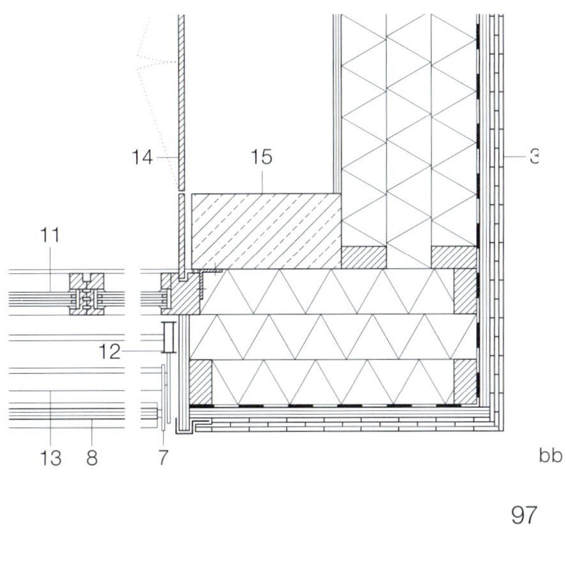

Sporthalle in Wängi

Architekten: Fent Solare Architektur, Wil

In der Gemeinde Wängi wurde die bestehende Mehrzweckhalle um eine Sporthalle, die erste Minergieturnhalle der Schweiz, erweitert. Während der Planung haben Berechnungen einen Heizenergiebedarf von 4,11 kWh/m²a ergeben, d.h. der Energieverbrauch liegt 90 % unter dem einer konventionellen Sporthalle.
Die neue Halle setzt sich durch ihren klaren kubischen Baukörper und die elementierte Fassade aus Holz und Glas von dem bestehenden Ziegelbau ab. Ein zwischen den Hallen liegender, zweigeschossiger Eingangsbereich verbindet die beiden Gebäude. Im Erdgeschoss befindet sich die großzügige Eingangshalle für Besucher, während im Untergeschoss der Zugang für die Schüler liegt. Im Innern der Halle ist die filigrane Tragkonstruktion aus einheimischen Hölzern sichtbar. Um den Minergiestandard zu erreichen, wurde die Gebäudehülle mit der vom Architekten entwickelten solaraktiven Glasfassade »Lucido« ausgeführt. Starke Dämmschichten und eine dichte Hülle tragen ebenfalls zur Reduzierung des Wärmebedarfs bei. Die Ost- und Westfassaden haben eine 160 mm starke Wärmedämmung, die Nord- und Südfassaden 200 mm; das Dach ist mit 400 mm gedämmt. Vorgewärmte Luft aus der Lucido-Fassade wird zusätzlich in den Hohlraum zwischen der Wärmedämmung und der Vegetationsschicht des begrünten Dachs eingeleitet.
Bei der Lucido-Fassade durchdringt das Sonnenlicht gehärtetes Einscheibensicherheitsglas, dahinter liegende Holzlamellen nehmen die Wärmestrahlung auf. Die Luft erwärmt sich auf etwa 70 °C. Diese Wärme wird gespeichert und zeitverzögert nach innen abgegeben. Aufgrund der hohen Temperaturen und entsprechender thermischer Dehnung werden die Elemente im Abstand von 1,25 m durch Punkthalter mit Langlöchern befestigt. Das verwendete Fenstersystem besteht bis auf neun öffenbare Elemente aus einer Festverglasung, die als Dreifachisolierverglasung ($U \leq 0{,}8$ W/m²K) realisiert ist.
Die Pfosten-Riegel-Konstruktion der Fensterflächen ist im Passivhaus-Standard ausgeführt. Eine wesentliche Anforderung an Passivhäuser ist die Luftdichtigkeit ($n50 = 0{,}6\ h^{-1}$); in der Halle wurde ein Wert von $0{,}2\ h^{-1}$ erreicht. Eine Lüftungsanlage mit Wärmerückgewinnung erzeugt Warmluft über einen Luft-Wasser-Tauscher und bläst diese in die Halle ein. Die dafür notwendige Energie wird von der Heizanlage der bestehenden Halle bereitgestellt. Im ersten Jahr der Nutzung musste ab November Wärme zugeführt werden, bereits Anfang Februar konnte die Sporthalle vollständig über Sonnenenergie beheizt werden. Im Vergleich mit einer konventionellen Halle spart die Gemeinde Wängi im Jahr etwa 14 750 l Heizöl, die Umwelt wird mit 50 t CO_2 weniger belastet.

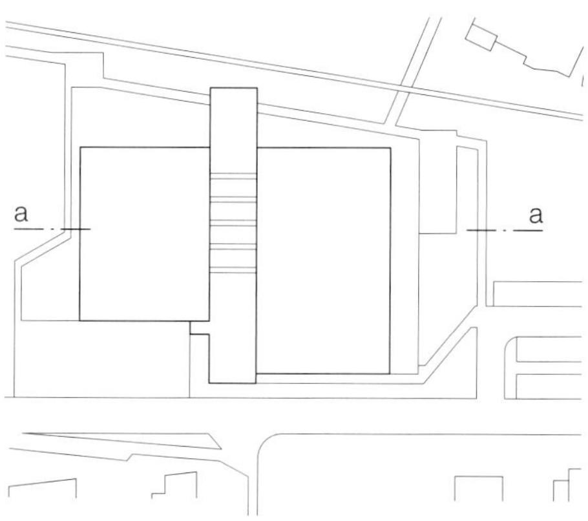

Lageplan
Maßstab 1:2000

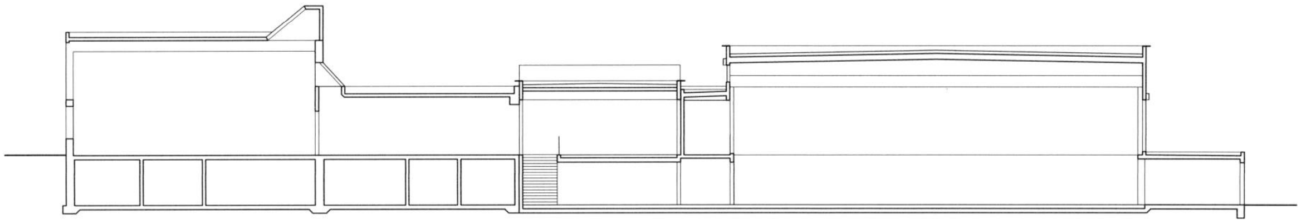

Schnitt
Maßstab 1:500

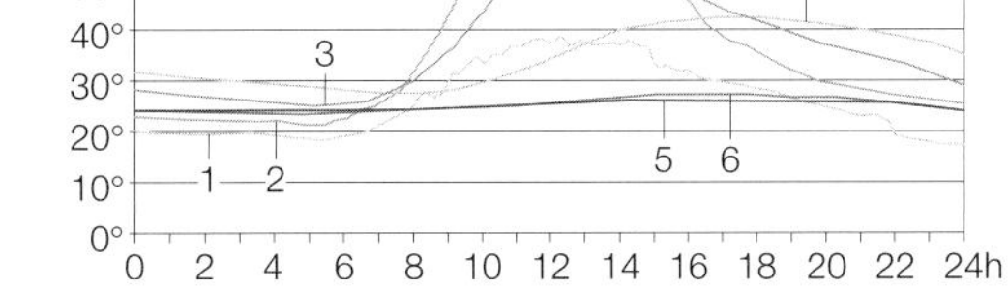

A Sommertag; Messzeit 0–24 Uhr;
Lage der Messpunkte s.S. 100

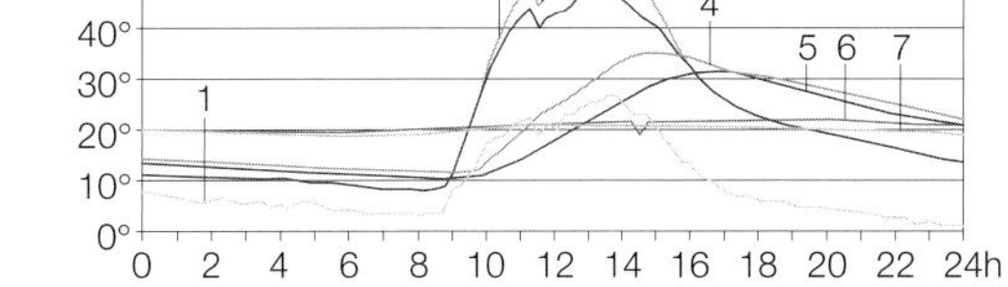

B Wintertag; Messzeit 0–24 Uhr;
Lage der Messpunkte s.S. 100

Messergebnisse im Hallenbetrieb:

1 Außentemperatur
2 Temperatur im Luftspalt zwischen Glas und Lamellen
3 Zwischenraum der Holzlamellen
4 Temperatur der Holzlamellen innen
5 Temperatur des Fermacellspeichers
6 Wandtemperatur innen
7 Lufttemperatur innen

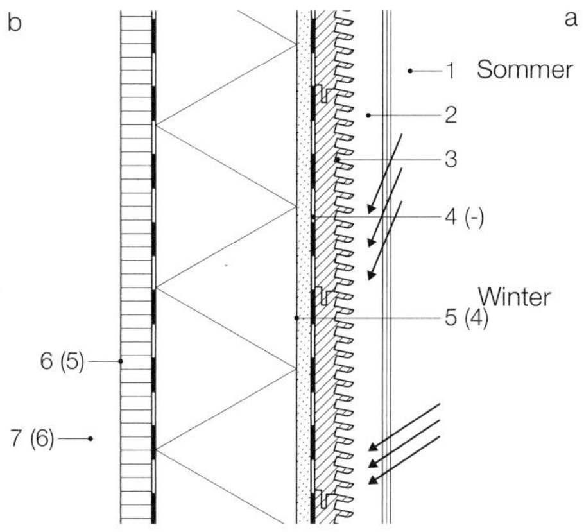

C

Funktion Wandelement »Lucido«
Die prismatisierte Einfachverglasung ermöglicht die Absorption des schräg einfallenden Morgen- und Abendlichts, eine hinter den Lamellen liegende Schicht aus Gipsfaserplatten und Fichtenholz speichert die Wärme. Holzlamellen, die in geringem Abstand hinter dem gehärteten Einscheibensicherheitsglas liegen, nehmen die Wärmestrahlung auf.
Das Wandsystem ist eine hybride Konstruktion, aktiv wird Sonnenenergie absorbiert und gespeichert, die konventionelle Wand dient als passiver Wärmespeicher. Der hinterlüftete Luftraum zwischen Glas und Lamellen reguliert den Wärmehaushalt. Je nach Einfallswinkel der Sonne wird die Absorption im Sommer und Winter reguliert.
Im Sommer treffen die Sonnenstrahlen mit steilem Einfallswinkel auf die Fassade, die Strahlen werden größtenteils vom Glas reflektiert. Aufgrund gegenseitigen Verschattens der Lamellen entstehen nur an den Lamellenspitzen hohe Temperaturen. Die Konvektion im Luftraum nimmt zu, überschüssige Wärme wird abtransportiert.
Im Winter dringen die flach einfallenden Sonnenstrahlen fast senkrecht durch das Glas auf die nach unten geneigten Lamellen. Bei niedrigeren Temperaturen nimmt die Konvektion ab, der Luftraum und die Lamellenzwischenräume funktionieren als Wärmedämmung. Die gespeicherte Sonnenenergie und die Dämmung reduzieren den Wärmeverlust auf ein Minimum. In der ca. 10 000 m³ großen Halle sind kaum Temperaturschwankungen zu messen, in der Turnhalle herrscht ein behagliches Raumklima.

Wertung nach Messungen im Betrieb:
Gutes energetisches Leistungsniveau im Bereich der Wärmespeicherung und Reduktion des Wärmeverlusts im Winter, gute Isolationseigenschaften im Sommer.

C Schnitt Wandaufbau mit absorbierender Holzlamellenstruktur
a außen
b innen
(Messung Sommer in Klammern)

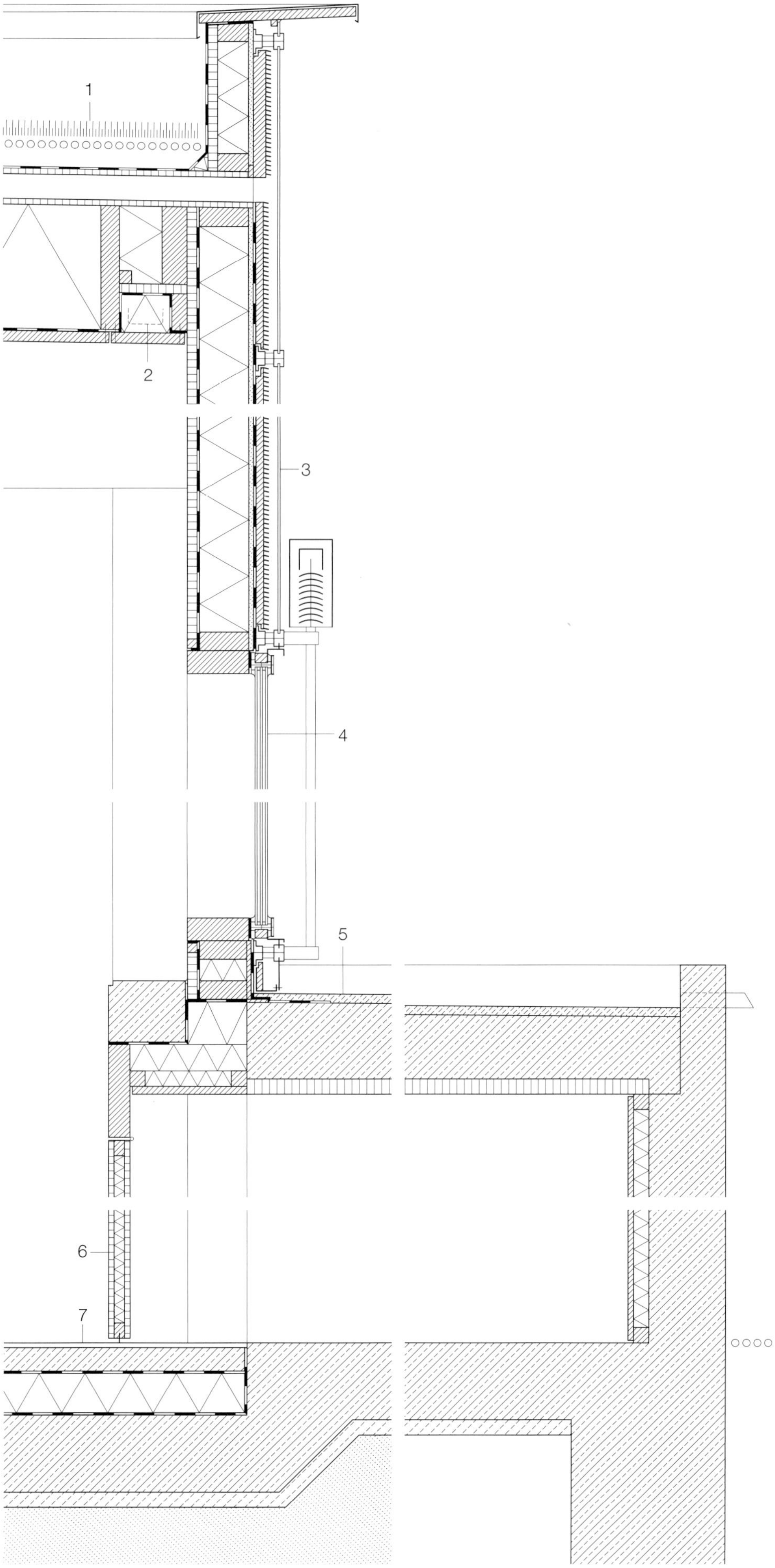

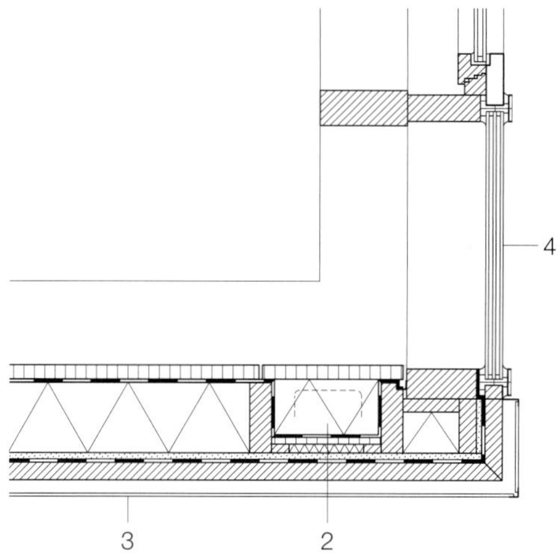

Fassadenschnitte
Maßstab 1:20

1 Dachaufbau:
Substratschicht 80 mm
Dachdichtungsbahn
OSB-Platte 18 mm
Luftraum 80 mm
OSB-Platte 18 mm
Wärmedämmung Zellulose 400 mm
Dampfbremse mit schwarzem Absorberfilz
Dreischichtplatte Fichte 32 mm
2 Leitungsführung gedämmt
3 Wandaufbau:
Solarglas ESG prismiert 4 mm
Luftraum 30 mm
Holzlamelle 40 mm
Winddichtungsbahn
Gipsplatte zellulosegebunden 15 mm
Wärmedämmung Zellulose 160/200 mm
Dichtungsbahn
Dreischichtplatte Fichte 32 mm
4 3-fach-Isolierverglasung U = 0,6 W/m²K
5 Aufbau Flachdach:
Gussasphalt 20 mm
Decke Stahlbeton im Gefälle 250 mm
Holzwolleleichtplatte
zementgebunden 50 mm
6 Kipptor Holzwerkstoff gedämmt
7 Bodenaufbau:
Sporthallenboden Polyurethan,
gegossen 15 mm
Estrich 100 mm
Trennschicht
Wärmedämmung Polyurethan 160 mm
Feuchtigkeitssperre
Decke Stahlbeton 250 mm
Magerbeton 50–100 mm
Glasschotter 400 mm

Hauptschule in Klaus

Architekten: Dietrich und Untertrifaller, Bregenz
Haustechnik: IGT Consulting & Engineering, Hohenems

Das kleine österreichische Bundesland Vorarlberg ist unter Architekten nicht zuletzt wegen der hohen Qualität seiner Bauten bekannt. Auch im Bereich des ökologischen und solaren Bauens gibt es wegweisende Projekte. Dazu zählt die als Passivhaus ausgeführte Hauptschule in Klaus. Mit einem Heizwärmebedarf von 15 kWh/m^{2}a, einer kontrollierten, mit einem Luft-Erdregister verbundenen Be- und Entlüftung sowie den entsprechenden Dämmwerten erfüllt das Gebäude die Vorarlberger Passivhausrichtlinien. Der Holzbau stellt damit ein Pilotprojekt im Bereich des Schulbaus dar.
Eine vorangegangene Studie war Grundlage für die ökologisch und ökonomisch begründete Entscheidung der Gemeinde, das alte Schulgebäude zu verkaufen und durch einen Neubau zu ersetzen. Ein bestehender Sporthallentrakt bleibt zunächst erhalten und wird später in einem zweiten Bauabschnitt saniert. Die Schule liegt direkt an der Landesstraße zwischen dem Ortseingang und einem angrenzenden Industriegebiet. Der dreigeschossige, klar gegliederte Baukörper und der zweigeschossige Verbindungsbau zur bestehenden Sporthalle schirmen den baumbestandenen Pausenhof zur Straße hin ab.
In der Hauptschule sind zwölf Klassen untergebracht. Die Schüler kommen aus Klaus und den beiden Nachbargemeinden Weiler und Fraxern. Dem Klassentrakt ist eine zweigeschossige Eingangshalle, die auch als Aula genutzt wird, vorgelagert. Im Obergeschoss des Verbindungsbaus liegt die Bibliothek der Gemeinde. Die Erschließung des zweihüftigen Schultrakts erfolgt über eine lang gezogene, durch Oberlichter belichtete Flurzone. In eingestellten Boxen liegen WCs, Nebenräume und die Haustechnik der einzelnen Ebenen. Ein durchgehender Luftraum belichtet die unteren Geschosse. Die Stammklassenräume im östlichen Riegel sind in Erd- und Obergeschoss über Brücken an den Flurbereich angebunden. Automatisch gesteuerte Lamellen übernehmen den Sonnenschutz der Fenster. Sie können bei Bedarf auch individuell bedient werden. Perforiertes, auf einer Stahlrahmenkonstruktion befestigtes Kupferblech mit einem Lochanteil von 30 % schützt die verglaste Südfront der Aula vor der steil einfallenden Sommersonne. Auf dem Flachdach sind hier Photovoltaikmodule installiert. Das Gebäude ist vollständig aus Holzfertigteilen konstruiert, lediglich die Treppenkerne sind in Stahlbeton ausgeführt. Die Mehrkosten gegenüber einem konventionellen Massivbau betragen nur 3 %.
Um die Verbindung von optimierter, leistungsfähiger Gebäudetechnik und anspruchsvoller Architektur zu verwirklichen, war zunächst einiges an Überzeugungsarbeit in den Gemeindegremien zu leisten.

Lageplan
Maßstab 1:3500

1 Neubau
2 Turnhallen
3 altes Schulgebäude

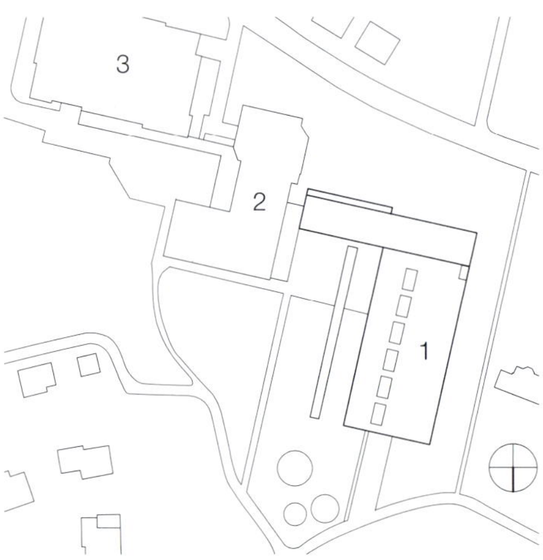

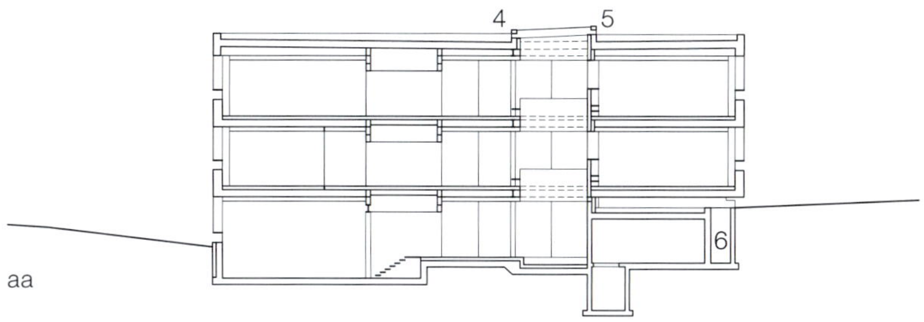

Schnitt
Maßstab 1:500

4 Zuluft
5 Abluft
6 Zuluft Erdregister

Grundrisse
Schnitt
Maßstab 1:1000

1 Aula/Pausenhalle
2 Klassenräume
3 Flurzone
4 WCs/Haustechnik/Nebenräume
5 Lehrerzimmer
6 Fachklassen
7 Bibliothek
8 Technik

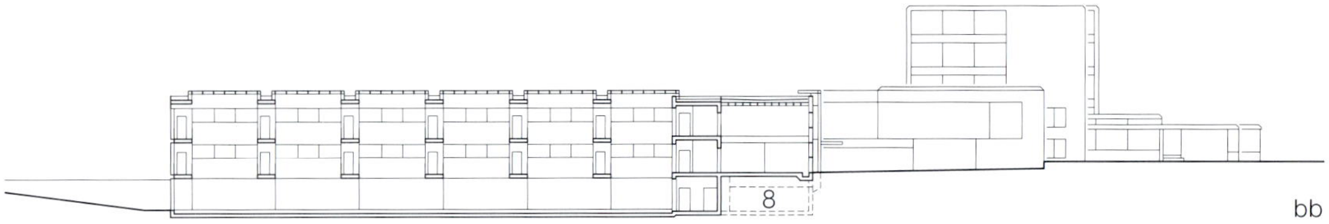

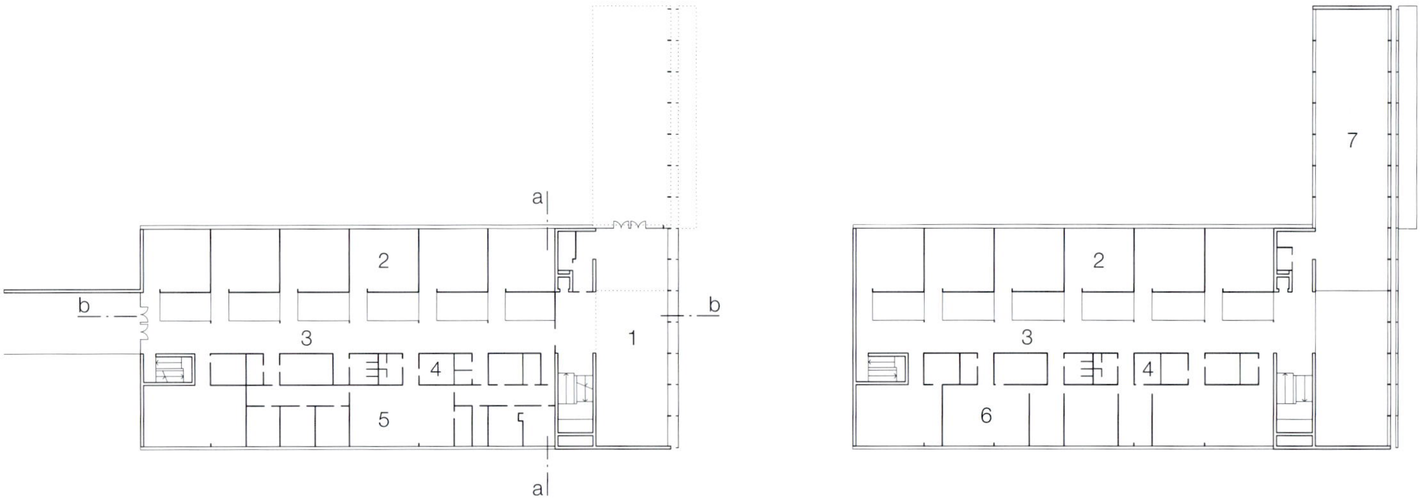

Be-/Entlüftung
Mit der Wahl ökologischer Baumaterialien, der Ausführung einer kompakten, gut gedämmten und dichten Hülle (nL 50 ≤ 0,6) und dem Einsatz einer kontrollierten, passiven Heizung bzw. Be- und Entlüftung können die Verbrauchswerte auf weniger als 15 kWh Heizwärmebedarf pro m² beheizter Nutzfläche und Jahr reduziert werden. Ein zentrales Lüftungsgerät mit einer Volumenstromleistung von 35 000 m³/h versorgt das Schulgebäude. Zur bedarfsabhängigen Drehzahlregelung sind die Ventilatoren mit Frequenzumformern ausgestattet. Dem Lüftungsgerät ist ein dreilagiges Luft-Erdregister vorgeschaltet, das die Vorwärmung bzw. -kühlung der Außenluft übernimmt. Die pro Raum berechnete Frischluftmenge ergibt sich aus den Anforderungen von 15m³/h Frischluft pro Person im Schulbau. Im zentralen Luftregister wird die fein gefilterte Zuluft generell auf 18 °C vorgewärmt, über Kanalnachheizregister ist eine weitere Erwärmung auf max. 28 °C möglich. Die kontrollierte Be- und Entlüftung mit Wärmerückgewinnung über Rotationswärmetauscher minimiert den Lüftungswärmeverlust. Schallbelastungen durch gekippte oder geöffnete Fensterelemente sind damit ausgeschlossen. Die kontollierte Abfuhr von CO_2 und Gerüchen sorgt für gute Luftqualität und Lufthygiene. Im Winter wird die Luft zusätzlich über einen zentralen Kontaktbefeuchter geführt.

Heizung/Kühlung
Die Raumheizung erfolgt im Klassentrakt ausschließlich über die Lüftungsanlage, wobei in jedem Raum ein Nachtheizregister zur individuellen Einzelraumregelung installiert ist. Zusätzlicher Wärmebedarf für Aula und Bibliothek, die nicht als Passivhaus ausgeführt sind, wird über den zentralen Brennwertkessel bereitgestellt. Die in diesen Bereichen installierte Niedertemperatur-Fußbodenheizung sorgt im Winter und an Regentagen gleichzeitig für die Trocknung des Bodens.
Im Sommer wird die Frischluft über das Luft-Erdregister passiv vorgekühlt, eine zusätzliche Klimatisierung ist nicht erforderlich.

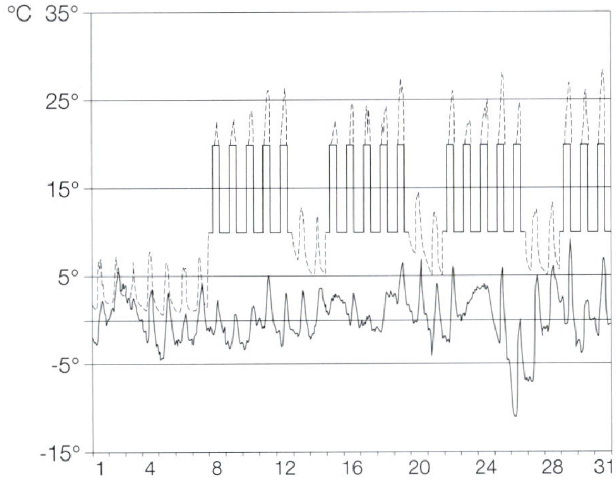

A

B

Statistische Wirtschaftlichkeitsberechnung (Kosten in Euro)
Variante A – Versorgung Neubau HS und Sporthalle
Kesselleistung 367 kW

	Gaskessel 367 kW	Hackschnitzel 367 kW	Pellets 367 kW	Hacks. 257 kW Erdgas 110 kW	Pellets 257 kW Erdgas 110 kW
Anlageninvestition	30800,–	51900,–	52022,–	67607,–	60467,–
Zusatzinvestitionen (Lagerraum, etc.)	3000,–	36900,–	16684,–	38800,–	26474,–
Förderung	0	18165,–	18208,–	18138,–	15639,–
Investitionskosten inkl. Förderung	33800,–	70635,–	50498,–	87729,–	71302,–
Brennstoffbedarf 1	550500 kWh	0	0	165000 kWh	165000 kWh
Brennstoffbedarf 2	0	570 m³	112347 kg	400 m³	78673 kg
Brennstoffkosten 1 (pro Einheit)	0,0239	0	0	0,0365	0,0365
Brennstoffkosten 2 (pro Einheit)	0	18,16	0,145	18,16	0,1450
Gesamtbrennstoffkosten (pro Jahr)	13157,–	10351,–	16290,–	13287,–	17429,–
Investitionsmehrkosten	–	36835,–	16698,–	53929,–	37502,–
Brennstoffkosteneinsparung	–	2806,–	(+ 3133,–)	(+ 130,–)	(+ 4141,–)
Amortisationszeitraum	–	13,13 Jahre			

C

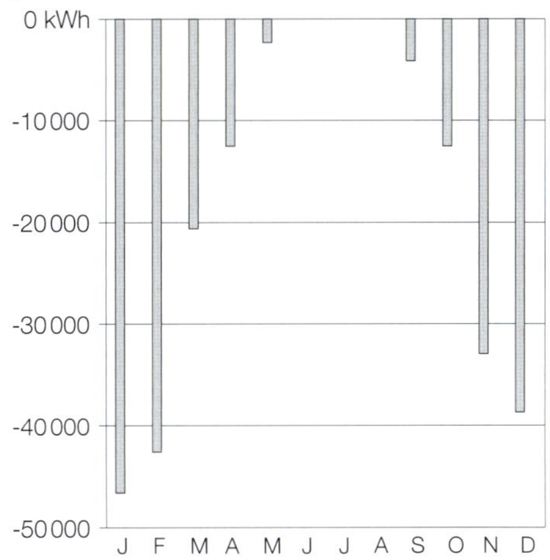

Zu Beginn der Planungsphase wurden alternative Konzepte in Bezug auf die Wirtschaftlichkeit der Anlagen vergleichend überprüft (Abb. B). Mit der Sanierung der Sporthalle wird die Versorgung auf eine zentrale Hackschnitzelanlage umgestellt. Anschlüsse im Neubau sind bereits vorgesehen.

Aktive Solarnutzung
Die zentrale Warmwasseraufbereitung erfolgt über einen Elektroboiler, Anschlussmöglichkeiten für Solarkollektoren sind vorhanden. Auf dem Flachdach von Aula und Bibliothek sind Photovoltaikmodule installiert, der erzeugte Strom wird in das öffentliche Netz eingespeist.

Gebäudemanagement
Um Probleme an den Schnittstellen der einzelnen Anlageteile zu vermeiden und den Aufwand bei Reparatur- und Instandhaltungsmaßnahmen zu minimieren, wurden, soweit möglich, nur Produkte eines Herstellers eingebaut. Die Geräte sind im Technikraum des Untergeschosses installiert, wartungsintensive Teile sind in den einzelnen Geschossen leicht zugänglich in Metallkassettendecken der Erschließungszonen untergebracht. Leitungsführungen in Konstruktionsaufbauten wurden soweit wie möglich vermieden. Bereits zu Beginn der Planung ist neben der thermisch-dynamischen Gebäudesimulation auch der Betrieb der Lüftungsanlage anhand von Simulationen überprüft worden. Ein Bussystem steuert die Heiz- und Lüftungsanlage. Sämtliche Anlagenteile des Schulgebäudes werden im Betriebszustand mit Hilfe eines digitalen Raumbuchs ständig überwacht. Um die Effektivität des Konzepts zu überprüfen und um gegebenenfalls regulierend einzugreifen, sind Messungen über einen Zeitraum von fünf Jahren vorgesehen.

A Temperaturverlauf Klassenraum (Januar); Vergleich zwischen Raumluft-, Außenluft- und Solltemperatur Heizung
B Vergleich der unterschiedlichen Anlagen in Hinblick auf Energie- und Kostenersparnis
C Energiebedarf Klassenriegel im Verlauf eines Jahres

Querschnitt Klassentrakt
Maßstab 1:20

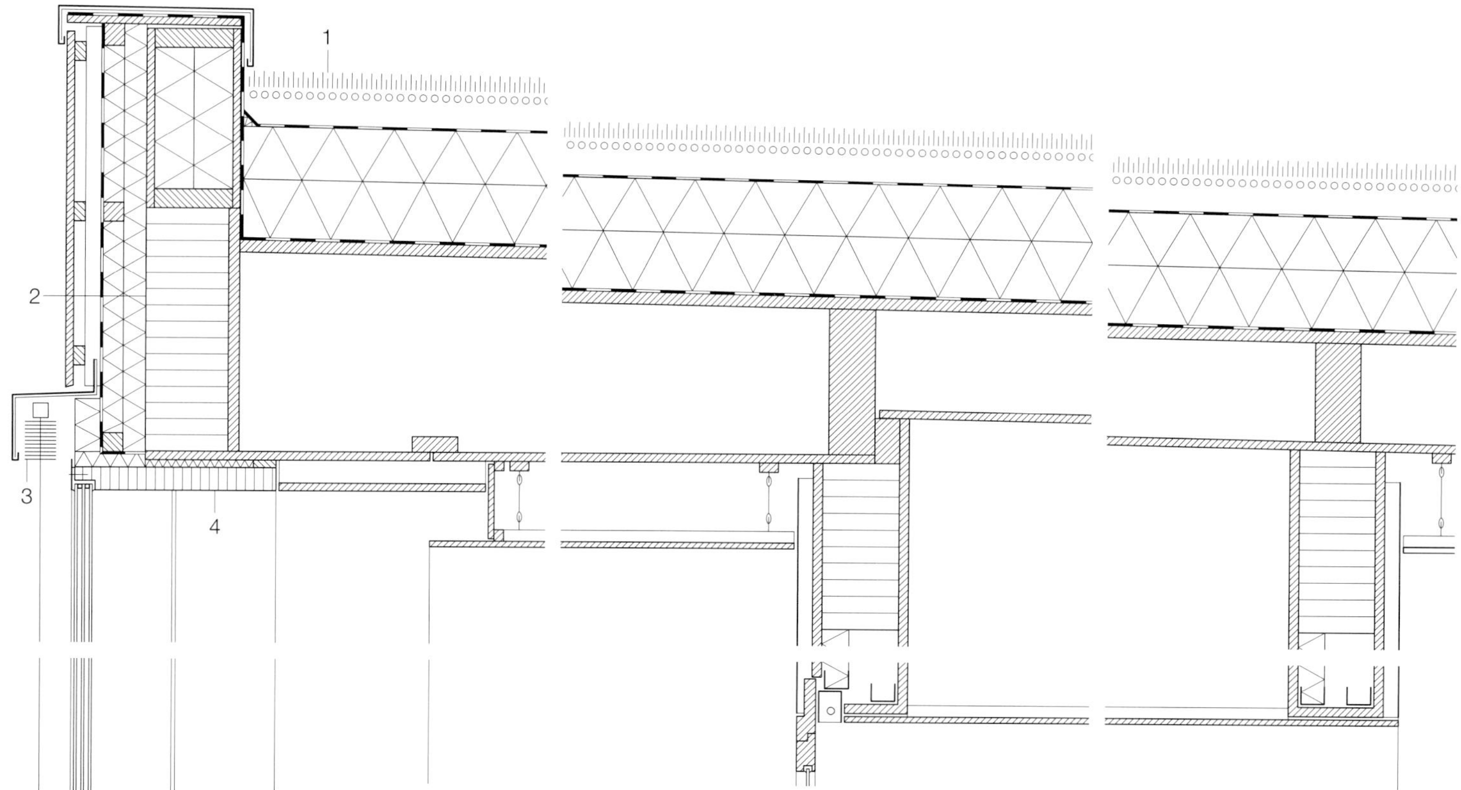

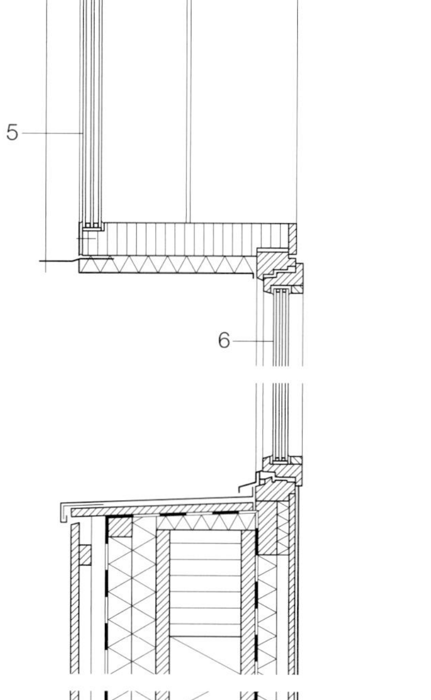

1 extensive Begrünung 100 mm
Dachdichtung Bitumen 3-lagig
Wärmedämmung Steinwolle 300 mm
Dampfsperre, OSB-Platte 22 mm
BSH 520–380 mm im Gefälle
OSB-Platte 22 mm
abgehängte Decke Birkensperrholz 12 mm
2 Träger Brettschichtholz 220/640 mm mit
Furnierschichtholzplatte aufgeleimt 27 mm
3 Sonnenschutz Aluminiumflachlamellen
4 Fensterrahmen BSH 540/60 mm
5 3-fach-Isolierverglasung (U = 0,6 W/m²K)
ESG 6 + SZR 14 + Float 4 + SZR 14 + Float 6 mm
6 3-fach-Isolierverglasung (U = 0,6 W/m²K)
ESG 6 + SZR 14 + Float 4 + SZR 14 + Float 6 mm
in Holzrahmen (U = 0,78 W/m²K)
7 Schalung Weißtanne natur 20 mm
Lattung 30 mm, Konterlattung 40 mm
Winddichtung
Lattung 2× 40/60 mm, kreuzweise verzahnt,
dazwischen Wärmedämmung Steinwolle
Furnierschichtholzplatte 33 mm
Träger BSH 180 mm dazw. Steinwolle 180 mm
Furnierschichtholzplatte 33 mm, Dampfsperre
Lattung 84 mm, dazw. Steinwolle 50 mm
Luftraum 35 mm, Birkensperrholz 12 mm
8 Fließbelag Epoxidharz versiegelt 3 mm
Estrich 60 mm
Trittschalldämmung 25 mm
Splittschüttung 50 mm
9 Furnierschichtholzplatte 33 mm
Träger BSH 80/380 mm,
dazwischen Steinwolle 100 mm
Furnierschichtholzplatte 33 mm
abgehängte Decke Birkensperrholz 12 mm
10 OSB-Platte 30 mm
Holzbalken 80/280 mm
OSB-Platte 22 mm
Installationsebene,
abgehängte Decke Alu-Sandwichplatte 12 mm
11 Träger BSH 240/520 mm
12 3-fach-Isolierverglasung (U = 0,6 W/m²K)
ESG 16 + SZR 12 + ESG 8 + SZR 12 + VSG 16 mm
13 Dachdichtungsbahn Bitumen 3-lagig
Steinwolle 70 mm, Dampfsperre
OSB-Platte 18 mm
Brettschichtholz 60/160 mm,
dazwischen Wärmedämmung Steinwolle
OSB-Platte 18 mm
Dampfsperre
Birkensperrholz 12 mm
14 Furnierschichtholzplatte imprägniert

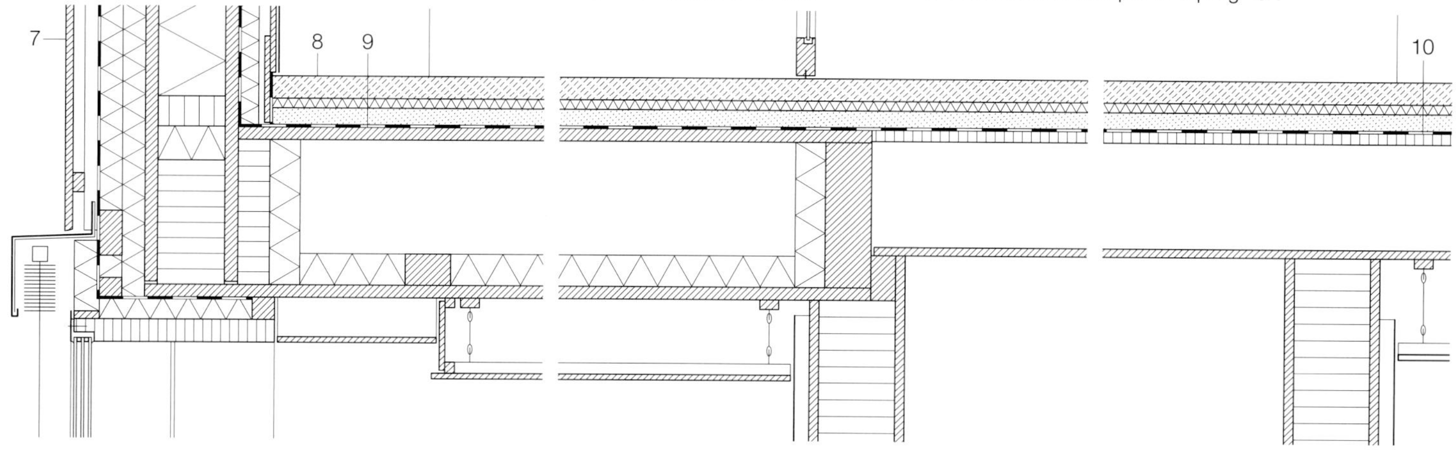

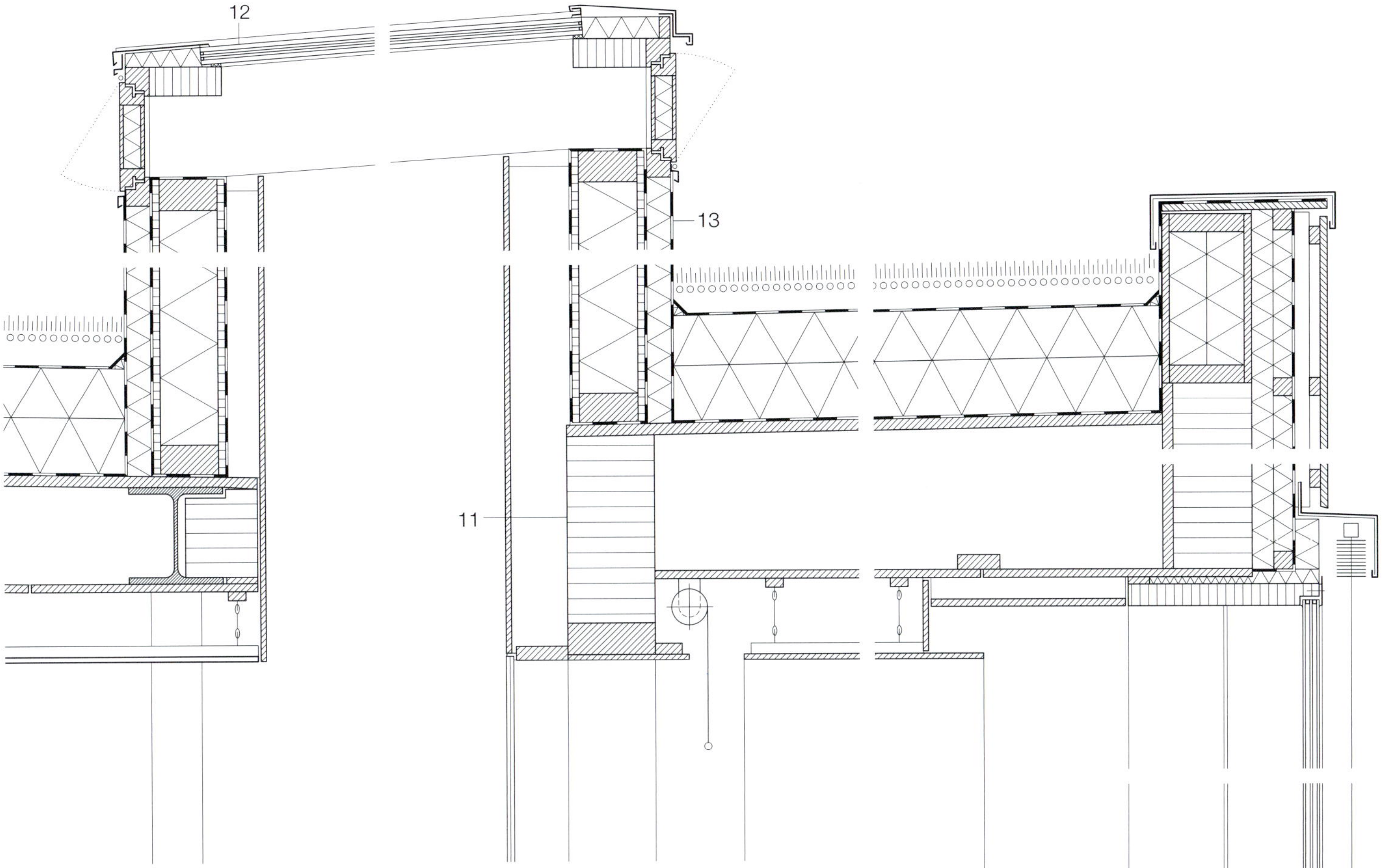
12
13
11

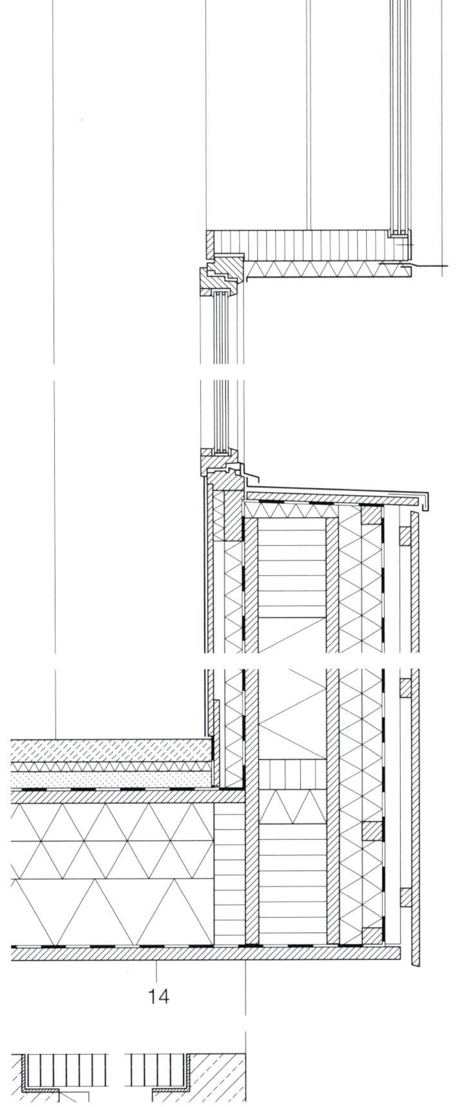
14

Konferenz- und Ausstellungsgebäude in Osnabrück

Architekten: Prof. Thomas Herzog +
Hanns Jörg Schrade, München
Gebäudetechnik: NEK Ingenieurgruppe, Braunschweig
energietechnische Beratung: ZAE Bayern e. V., Garching

Lageplan
Maßstab 1:4000
Grundrisse
Maßstab 1:1000

1 Foyer
2 Ausstellung
3 Konferenz
4 Büro
5 Lager
6 Cafeteria
7 Luftraum

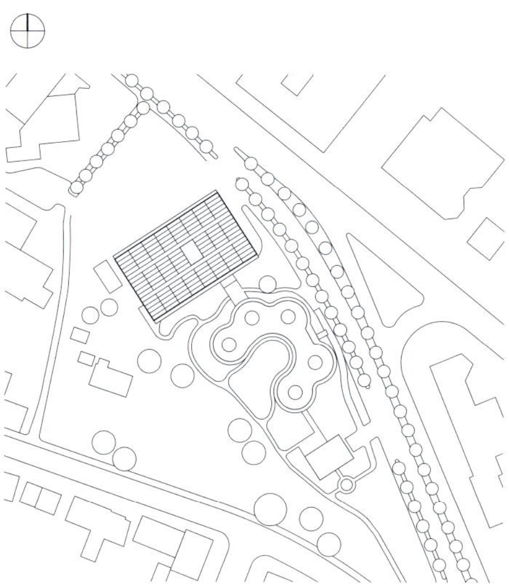

Für das Konferenz- und Ausstellungsgebäude der Deutschen Bundesstiftung Umwelt waren neben optimaler Tageslichtnutzung ein schlüssiges Klimakonzept, flexible Nutzbarkeit, die Verwendung naturnaher Materialien und der Bezug zum angrenzenden Park entwurfsbestimmende Kriterien. Der Bauherr erwartete ein nachhaltiges, Energie und Ressourcen schonendes Gebäude – ohne finanziellen Mehraufwand.
Als Holzskelettkonstruktion ausgebildet, ist es in den Konferenz- und Ausstellungsbereichen 6,50 m hoch. Diese Raumhöhe entspricht dem dort wünschenswerten Volumen und erlaubt an anderer Stelle die Anordnung von Lager- und Büroflächen auf zwei Ebenen. Ein dreigeschossiger, das Tragwerk aussteifender Versorgungskern aus Stahlbeton enthält die sanitären und technischen Einrichtungen. Auf ihm sind eine Photovoltaikanlage sowie Vakuumröhrenkollektoren installiert.
Das transparente, durchlüftete Membrandach bildet den äußeren Wetterschutz. Die einlagige, vorgespannte ETFE-Folie ist vollständig wieder verwendbar und durch ihre antiadhäsiven Eigenschaften selbstreinigend. Jedes Dachfeld kann durch den mehrlagigen Aufbau den klimatischen Anforderungen der darunter liegenden Raumnutzungen angepasst werden. Über Bürobereich und Lager besteht die innen liegende Schicht aus einer stark gedämmten opaken Ebene mit hohen Wärme- und, wo erforderlich, Schallschutzqualitäten. Über Konferenz- und Ausstellungsräumen ist der Aufbau transluzent. Durch die Ausleuchtung mit Zenitlicht wird eine erheblich höhere Leuchtdichte im Vergleich zu Seitenlicht erzielt. Sonnenschutz, Verdunklung und Tageslichtsteuerung erfolgen über drehbare Lamellen, die zwischen Membran und Verglasung angeordnet sind. An Tagen mit zu hoher solarer Einstrahlung werden sie computergesteuert dem Sonnenstand nachgeführt. Eine vollständige Verdunklung im Konferenzraum ist bei Bedarf möglich.
Der Dachaufbau trägt wesentlich zur Einsparung elektrischer Beleuchtungsenergie bei. Hinzu kommt ein hoher passiver Wärmeeintrag während der Heizperiode durch die Direkteinstrahlung über Fassade und Dach. Trotzdem entsteht im Sommer aufgrund effektiver Verschattungsmöglichkeiten kein großer Kühlenergiebedarf. Für diese Konstruktion war die Zustimmung im Einzelfall erforderlich, detaillierte Modelluntersuchungen, Messungen und Simulationen gingen voraus.
Im Winter versorgt ein Blockheizkraftwerk den Neubau und das bestehende Verwaltungsgebäude mit Heizenergie. Im Sommer senkt eine mit der Fußbodenheizung kombinierte Grundwasserkühlung die Raumtemperaturen. Ein Wärmetauscher kühlt die über die Lüftungsanlage einströmende Außenluft bzw. erwärmt sie in der Heizperiode.

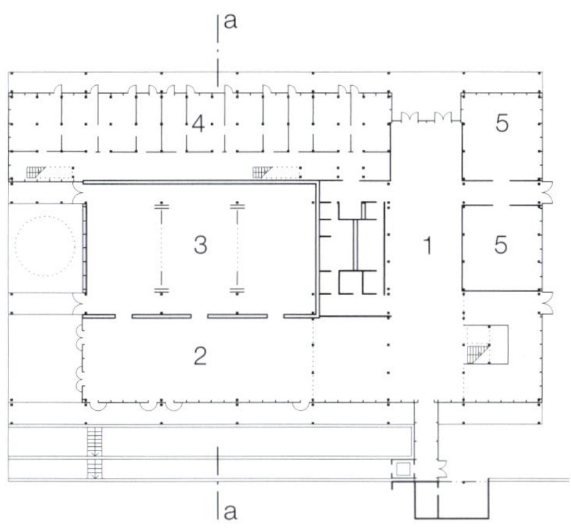
a
4
5
3
1
5
2
a

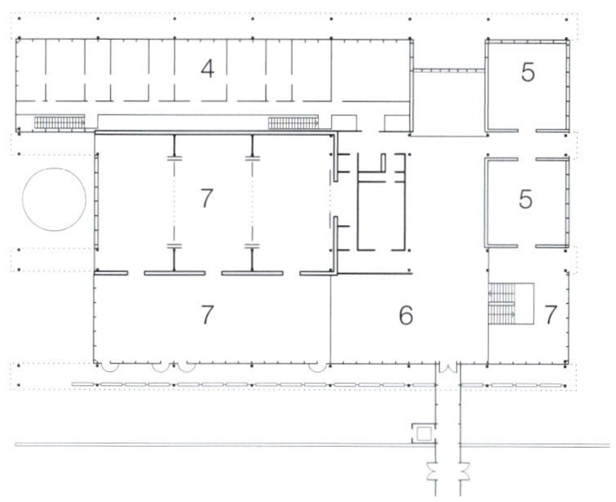
4
5
7
5
7
6
7

Schnitt Maßstab 1:750
Schema Lüftung A
Schema Grundwasserkühlung B
Schnitt Fassade/Dach
Maßstab 1:20

1 ETFE-Folie einlagig 4-seitig vorgespannt
2 Stahlrohr verzinkt ▭ 120/80 mm
3 Lamellen Aluminium drehbar für Sonnenschutz/Tageslichtsteuerung/Verdunkelung
4 Abdeckblech zur Abdunkelung
5 3-fach-Isolierverglasung
ESG 6 mm low-E beschichtet + SZR 12 mm Argonfüllung + Float 5 mm + SZR 12 mm Argonfüllung + VSG 10 mm low-E beschichtet
6 Wärmedämmung weiß kaschiert 160 mm
Furnierschichtholzplatte 39 mm
7 Fliegenschutzgitter Textilglasgewebe weiss
8 2-fach-Isolierverglasung
ESG 10 mm + SZR 16 mm Argonfüllung + ESG 6 mm low-E Beschichtung
9 Sonnenschutz fest stehend Aluminiumblech gekantet 3 mm an Edelstahlseil Ø 8 mm

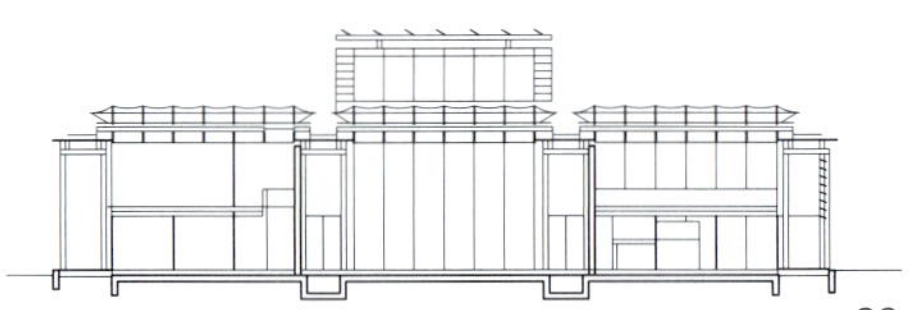

aa

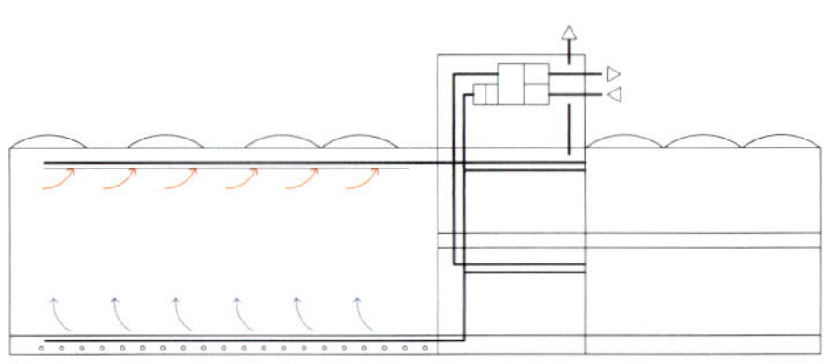

A

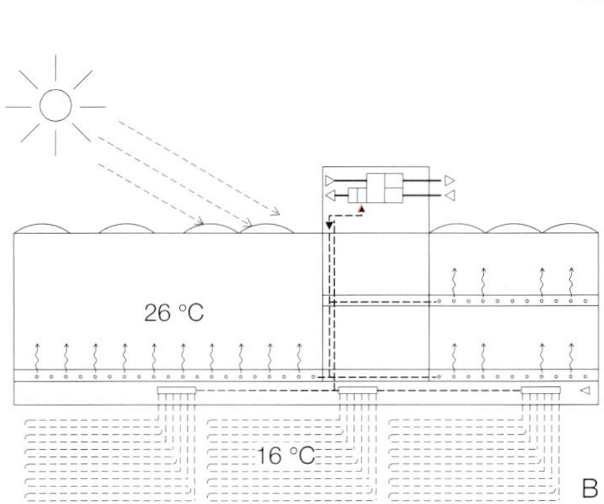

B

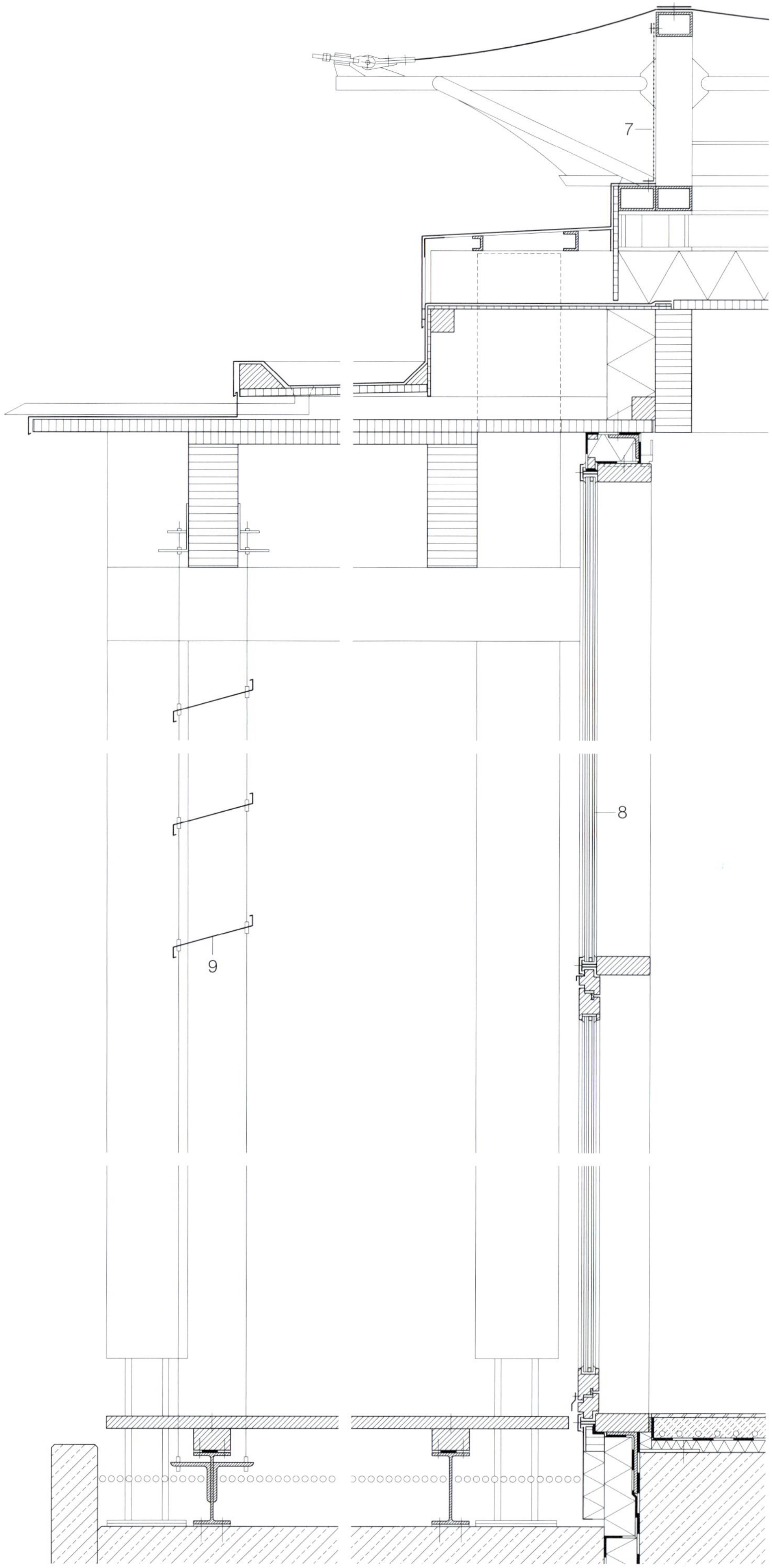

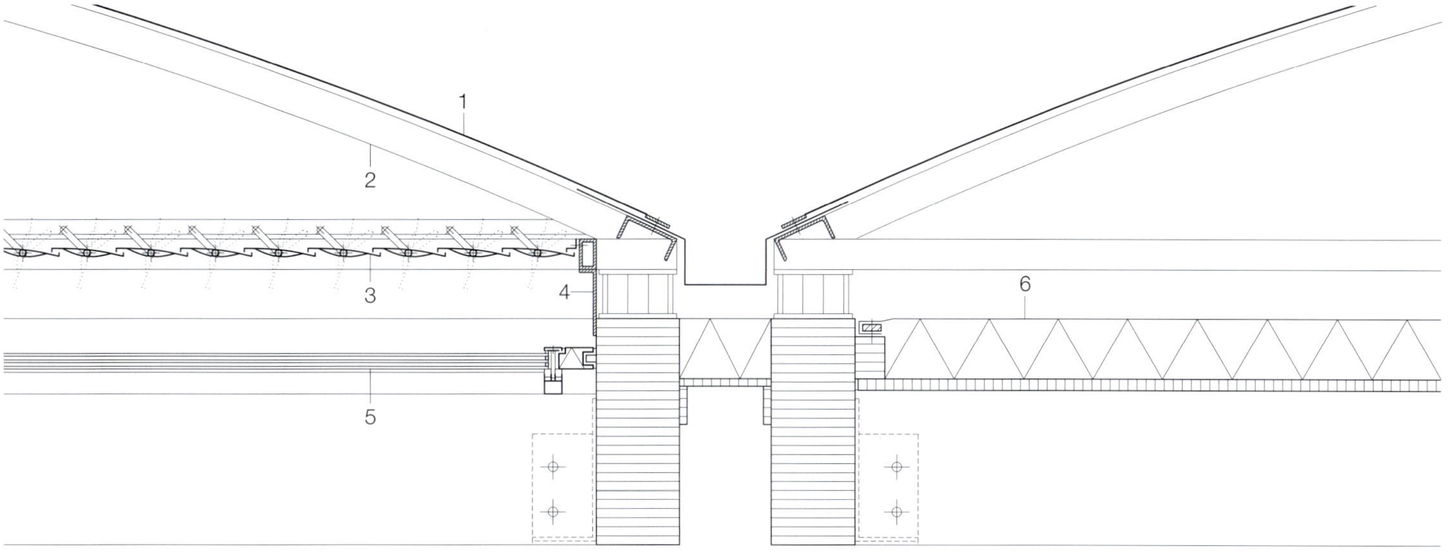

Lüftung

Neben der individuellen Lüftung über Fenster gibt es für die Büros, Konferenz- und Ausstellungsräume eine mechanische Lüftungsanlage. Ein Wärmetauscher senkt mit Hilfe der Grund-wasserkühlung auch an heißen Tagen die zuge-führte Außenluft auf ca. 23 °C ab. Über lange Zeit des Jahres ermöglicht ein kombinierter Zu- und Abluftkanal eine Wärmerückgewinnungsrate von über 80 %. In die Konferenz- und Ausstellungsräume wird die Zuluft mit geringer Geschwindigkeit von unten eingeblasen. Über dem Boden befindet sich so immer frische, im Sommer auch relativ kühle Luft. Verbrauchte, erwärmte Luft steigt auf und wird unter der Decke abgesaugt – nur der untere Teil des großen Volumens muss konditioniert werden. Die Anlage dient im Brandfall zur Entrauchung. Die Zuluftrate entspricht der hygienisch notwendigen Frischluftmenge, die Zuluft wird zentral gefiltert. Umluftbetrieb und Be- und Entfeuchtung erfolgen nicht. Technischer Aufwand und Energiebedarf sind dadurch gering, allerdings entspricht so die relative Luftfeuchte im Innern derjenigen der Außenluft – im Winter ist sie sehr niedrig, im Sommer relativ hoch.

Heizung und Kühlung

Ein Blockheizkraftwerk beheizt Neubau und bestehendes Verwaltungsgebäude, erhebliche Wärmegewinne bringt die direkte Sonneneinstrahlung auf die Fassade und vor allem das Dach. Durch effektive Verschattungsmöglichkeiten entsteht im Sommer kaum Bedarf an Kühlenergie. Eine Grundwasserkühlung erbringt die nötige Kühlleistung: Wasser wird durch Schläuche im oberflächennahen Grundwasser unterhalb der Sohlplatte gepumpt und über die Rohrleitungen der Fußbodenheizung im Gebäude verteilt. Wassertemperaturen um 20 °C kühlen die Räume auf ca. 26 °C ab. Bei der nächtlichen Wärmeabfuhr müssen im Vergleich zu einer Luftkühlung wesentlich geringere Volumenströme bewegt werden, auch in längeren Hitzeperioden können die Raumtemperaturen relativ niedrig gehalten werden.

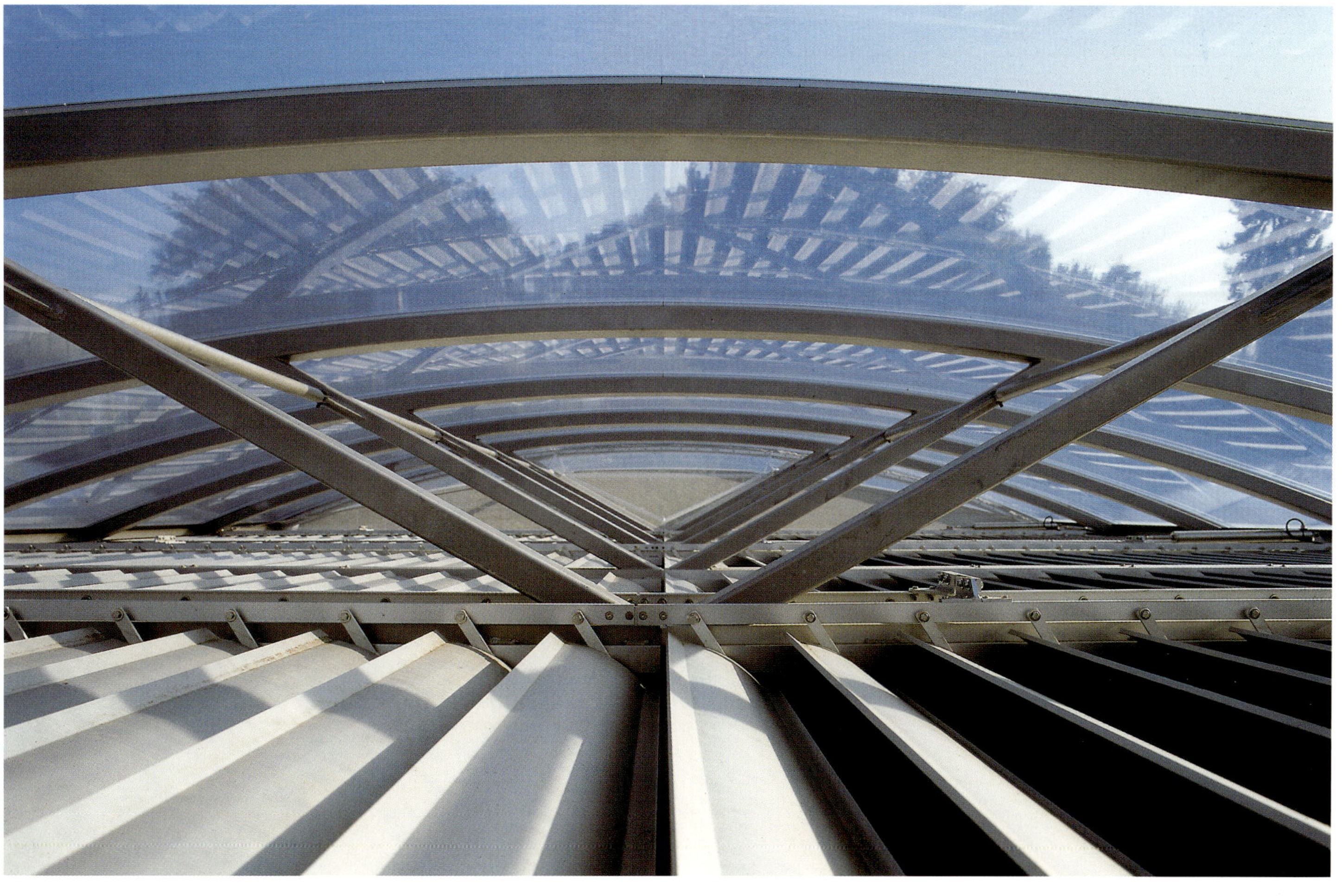

Bürogebäude in Solihull

Architekten: Arup Associates, London

Mit der neuen Arup-Niederlassung in Solihull bei Birmingham realisierten die Architekten ein auf den ersten Blick schlichtes, pragmatisch konstruiertes Gebäude, an dem sie im Laufe der Jahre entwickelte Strategien für energieeffizientes Bauen optimieren konnten. Besonderen Wert legten sie auf natürliche Belichtung und Belüftung, Form und Konstruktion sind daraus abgeleitet. Die weitgehend offen durchlaufenden Raumvolumen im Innern der kompakten, tiefen Gebäudeflügel sind flexibel nutzbar und unterstützen die interdisziplinäre Zusammenarbeit der Planungsteams. In den zentralen Längsachsen der Baukörper sind beide Stockwerke über Deckenausschitte miteinander verbunden. Akustisch wirksame »Flügel« an den Deckenlampen und Teppichböden sorgen für die nötige Schalldämpfung in den großen Volumen.
Y-förmige Stahlstützen tragen die markanten Dachaufbauten. Diese »Solarkamine« belichten und entlüften die Büroräume und ermöglichen damit die Gebäudetiefe von 24 m. Über die nach Norden orientierte Schrägverglasung der Aufbauten gelangt Tageslicht in die Gebäudemitte. Automatisch gesteuerte Klappen auf der gegenüberliegenden Seite gewährleisten im Zusammenwirken mit Lüftungsklappen in den Fassaden die überwiegend natürliche Belüftung der Räume. Allein Computerzentrale und Auditorium werden auf Basis eines Verdrängungssystems klimatisiert, über den Großteil des Jahres wird dazu Außenluft verwendet. Integraler Bestandteil des Energiekonzepts ist die differenzierte Gestaltung der Fassaden und des Sonnenschutzes: fest stehende Aluminiumlamellen vor den Giebelfenstern, innen liegende Jalousien an den Verglasungen der Nordwestfassade, außen liegende Holzläden nach Südosten. Lüftung und Sonnenschutz sind automatisch gesteuert, die Schiebefenster und Holzläden können von den Mitarbeitern auch manuell bedient werden. Decken- und Dachplatten aus vorgefertigten Stahlbeton-Hohlelementen mit unverkleideten Untersichten dienen als thermische Speichermasse vor allem für die im Sommer über automatisch gesteuerte Klappen einströmende kühle Nachtluft. Im Betrieb hat sich das Gebäude bisher gut bewährt, auch während der Rekordhitze im August 2003 mit Außentemperaturen bis 35 °C. An kalten Wintertagen ist durch den großen Temperaturunterschied in den hohen Raumvolumen und dem Kaltluftabfall an den Fassadeninnenseiten die Behaglichkeit allerdings eingeschränkt. Die laufenden Kosten liegen weit unter denjenigen konventionell klimatisierter Bürobauten: Nach zweieinhalb Jahren Betrieb rechnet das Büro mit jährlichen Einsparungen von £ 80 000 bei Energie- und £ 70 000 bei Wartungskosten.

Lageplan
Maßstab 1:3000

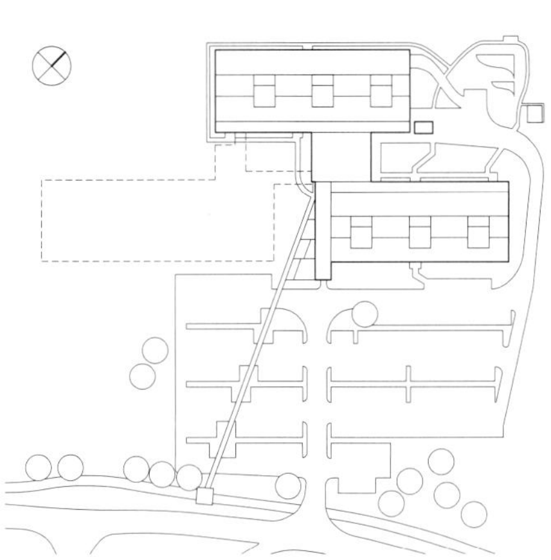

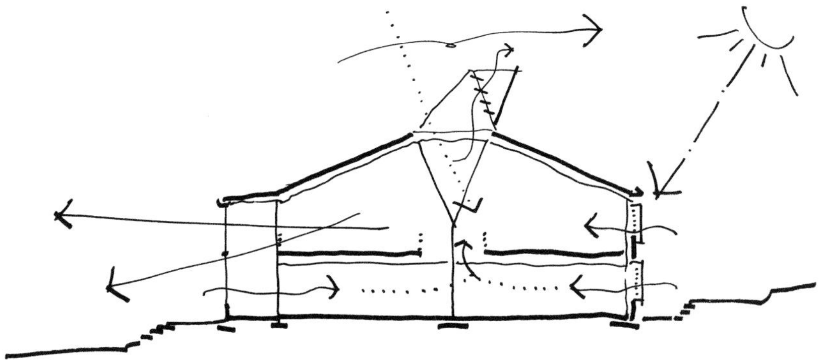

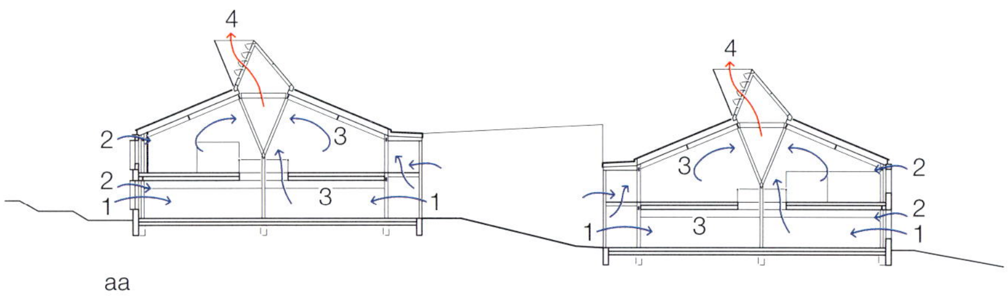

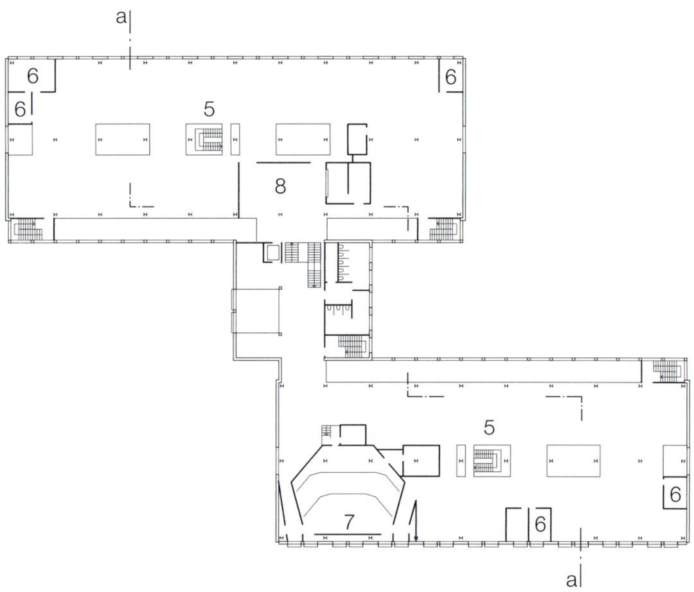

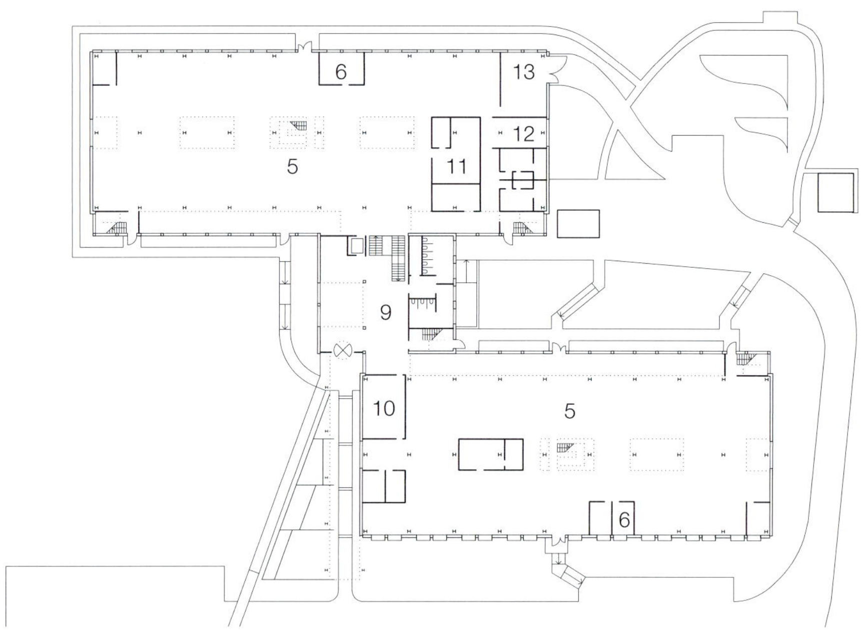

Schnitt
Maßstab 1:750

1 Zuluft
2 mechanische Nacht-/Winterlüftung
3 Speichermassen
4 Abluft

Obergeschoss
Erdgeschoss
Maßstab 1:1000

5 Großraumbüro
6 Zellenbüro
7 Auditorium
8 Café
9 Eingangshalle
10 Konferenzraum
11 Computerzentrale
12 Fitnessraum
13 Prüfwerkstatt

Schnitt
Südostfassade
Maßstab 1:20

14 Zarge Sperrholz 13 mm, mit Aluminiumblech verkleidet
15 Fensterladen Rotzeder 45 mm
16 mechanischer Antrieb
17 Lüftungsklappe gedämmt automatisch gesteuert für Nacht/Winterlüftung
18 Wandaufbau:
Schalung Rotzeder 20 mm
Luftzwischenraum 50 mm
Unterspannbahn, diffusionsoffen
Sperrholz 18 mm
Mineralwolle 120 mm
Dampfsperre
MDF-Platte 12 mm

Passivkonzept mit hohem Tageslichtanteil, wirksamem Sonnenschutz, natürlicher Belüftung, kompakter Gebäudehülle

Solarkamine belichten über nach Norden orientierte Schrägverglasung die Mittelzone und entlüften über automatisch gesteuerte Klappen die gesamten Raumvolumen (Kaminwirkung). Sie ermöglichen damit tiefe Grundrisse und kompakte Baukörper.

Fassaden und Sonnenschutz sind differenziert ausgebildet: nach Nordwesten innen liegende Jalousien, nach Südosten außen liegende Holzläden, jeweils mit automatisch gesteuerten Klappen für Nacht- und Winterlüftung. Fest stehende Aluminiumlamellen verschatten die Giebelfenster (Nordost/Südwest). Lüftung und Sonnenschutz sind automatisch gesteuert, Schiebefenster und Holzläden manuell bedienbar.

Deckenplatten aus Betonfertigteilen mit unverkleideten Untersichten stellen thermische Masse bereit und speichern im Sommer die kühle Nachtluft.

Die verschraubten Teile der tragenden Stahlkonstruktion sind wiederverwendbar ebenso die Deckenelemente aus Betonfertigteilen (keine Verbundbauweise).

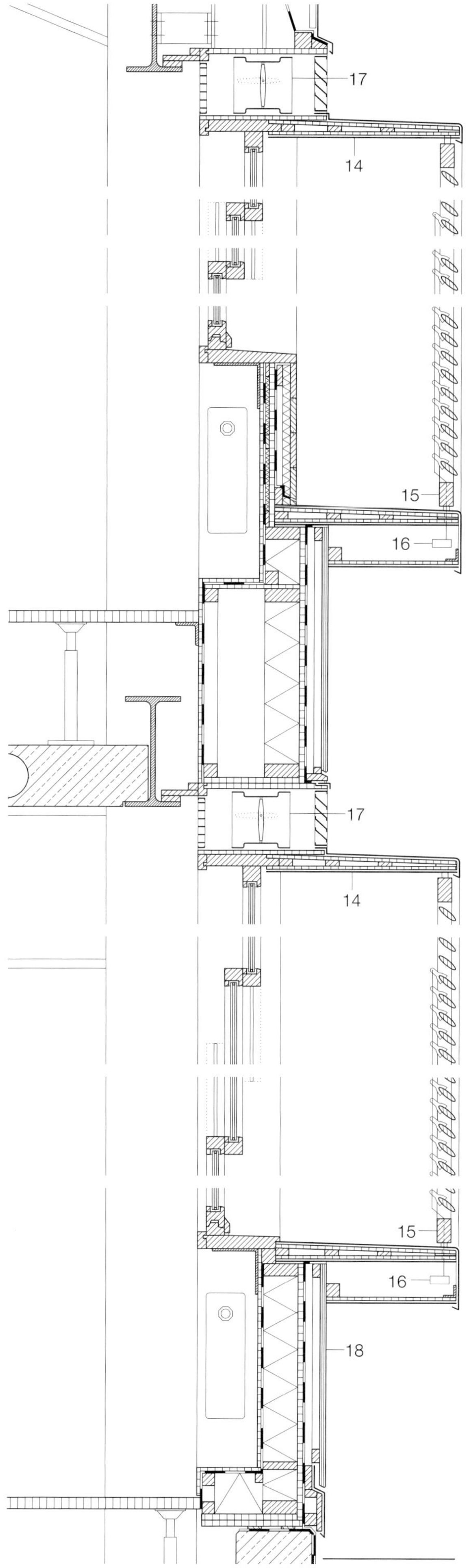
17
14
15
16
17
14
15
16
18

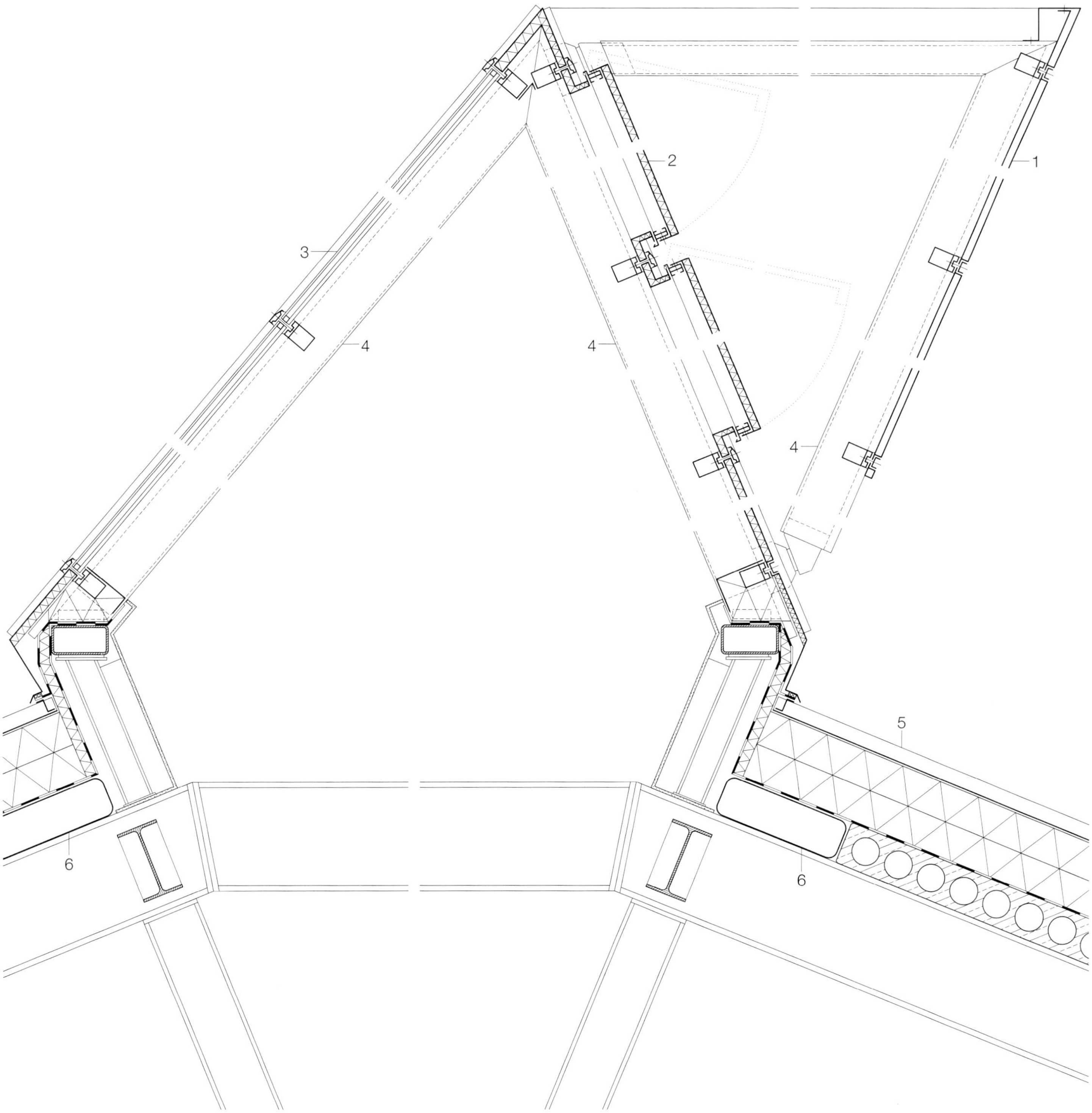

Schnitt Solarkamin
Maßstab 1:20

1 Windleitpaneel Aluminium pulverbeschichtet 40 mm
2 Lüftungsklappen Aluminiumpaneel gedämmt 40 mm
3 Wärmeschutzverglasung ESG 6,4 mm + SZR 22 mm mit vertikalen Sonnenschutzlamellen + VSG 10,8 mm
4 Stahlrohr ▭ 150/50/6 mm mit Aluminiumblech verkleidet
5 Dachaufbau:
Stahlblech beschichtet 0,6 mm
Mineralwolle 260 mm
Dampfsperre
Hohldeckenelement 150 mm
6 Kabelkanal

Verwaltungsgebäude in Recanati

Architekten: MCA Mario Cucinella Architects, Bologna
Haustechnik: Ove Arup & Partners, London
Tageslichtstudien: École Polytechnique, Lausanne

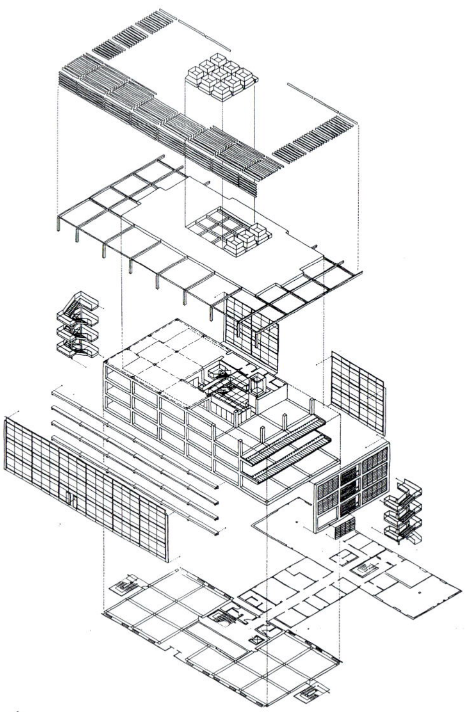

A

Im Gegensatz zu den Regionen Nord- und Mitteleuropas geht es im trockenen, heißen Klima Südeuropas vor allem um eine ausreichende Gebäudekühlung- und lüftung bei gleichzeitig optimaler Versorgung mit Tageslicht. Die an ein existierendes Gebäude anschließende Hauptniederlassung eines Leuchtenherstellers in Recanati ist für maximales Tageslichtangebot und natürliche Ventilationsmöglichkeit während der meisten Zeit des Jahres konzipiert. Der rechteckige Verwaltungsbau mit einer Grundfläche von 40 × 19,3 m bietet auf vier um ein zentrales, bepflanztes Atrium organisierten Geschossen offene Büroflächen mit abtrennbaren Bereichen. Im ersten Geschoss befindet sich die Verwaltung, auf der obersten Etage die Direktionsräume. Ihnen ist eine Dachterrasse vorgelagert. Die Serviceeinrichtungen sind im Verbindungstrakt zum bestehenden Gebäude untergebracht.
Das 100 m^2 große Atrium versorgt die innen liegenden Büros mit Tageslicht. Ihm sind die Treppe und der Aufzug, die als lichtdurchlässige Metall-Glas-Konstruktionen ausgeführt sind, zugeordnet. Glasbrüstungen und -wände zum Atrium tragen zusätzlich zu Transparenz und Tageslichtverteilung in diesem Bereich bei. Über dem Atrium sind zwölf Oberlichter in die Dachfläche integriert, die Licht in das Gebäudeinnere führen. Ihre Form unterstützt die natürliche Lüftung. Sie sorgen als zentrale Entlüftung für eine natürliche Ventilation in den Geschossen. Gleichzeitig wird das einfallende Tageslicht so gelenkt, dass an den Arbeitsplätzen in der Nähe des Atriums weder Blendungen noch Verschattungen auftreten können.
Die Südfassade des Gebäudes ist vollständig verglast. Ein Sonnenschutzdach mit fest stehenden Aluminiumlamellen schützt die dahinter liegenden Büroflächen vor Überhitzung. Ost- und Westfassade sind transluzent ausgeführt.

A Axonometrie
B Schnitt
Maßstab 1:500
C Systemskizzen
Ventilation • Besonnung • thermische Massen

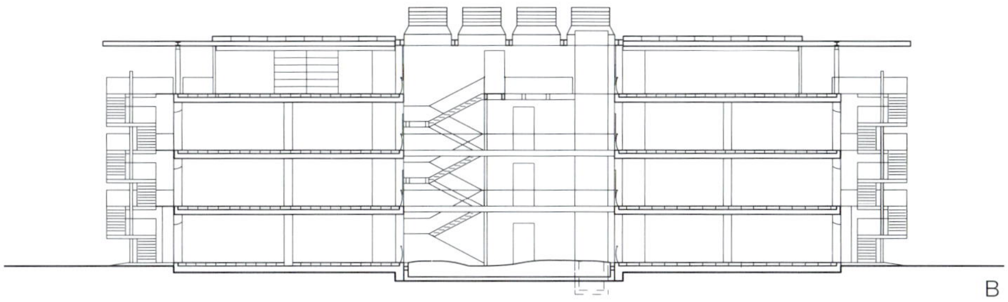

B

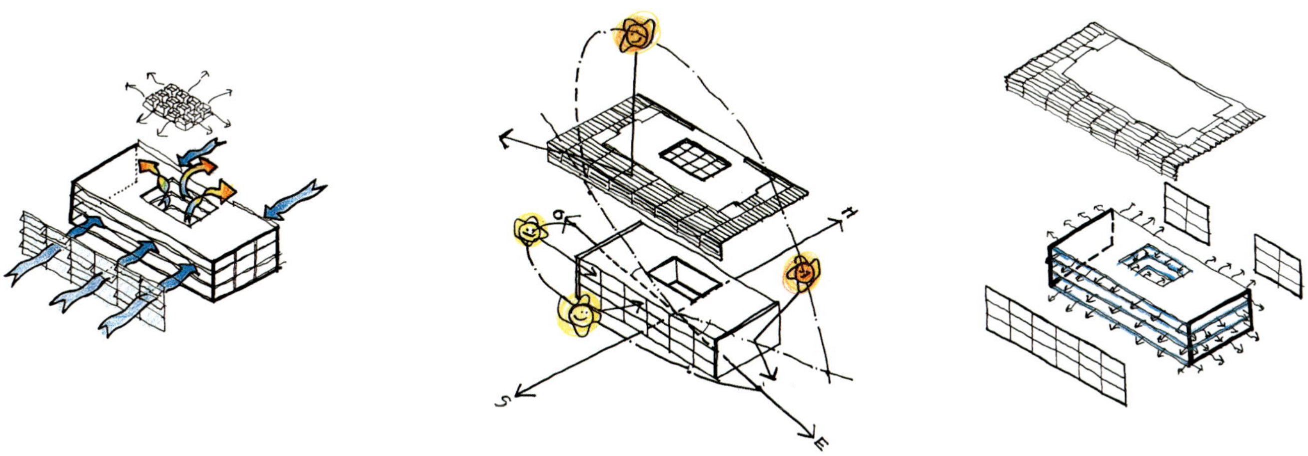

C

Um Tageslichtversorgung und Lüftungskonzept zu optimieren, wurden während der Entwurfs- und Ausführungsphase Messungen durchgeführt:

A Tageslichtstudien
Für die Ausführung von Dachoberlichtern, Sonnenschutzdach, Fassaden und Atrium ergaben die Messungen einen Tageslichtquotient von 10,3–6,1 % für bedeckten Himmel ohne und von 10–5,7 % mit Sonnenschutzdach. Entsprechend wurden für den klaren, unbedeckten Himmel 13–7,4 % bzw. 12,7–7,4 % ermittelt. Damit sind die für Arbeitsplätze in Bürogebäuden geforderten 300–500 Lux in allen Bereichen nachgewiesen. In den Bürozonen um das Atrium wurden die höchsten Werte ermittelt. Um Blendungen zu vermeiden sind hier individuell regelbare Sonnenschutzblenden installiert.

B Sonnenschutz Südfassade
Anhand von Tageslichstudien am 1:50 Modell an der École Polytechnique Lausanne (EPFL) wurde die Effektivität des Sonnenschutzes überprüft. Die durchgeführten Messungen haben ergeben, dass die Fassade im Sommer zu 100 % verschatten werden muss, in den Übergangszeiten zu 80 %. Dementsprechend wurde Verteilung und Größe der Aluminiumlamellen festgelegt. Die horizontal befestigten Lamellen des 6,7 m vor der Fassade liegenden vertikalen Sonnenschutzdachs sind über eine Höhe von 3,7 m verteilt und im Achsabstand von 50 cm fixiert. Im Dachbereich sind sie in einem Winkel von 45° an der Tragkonstruktion befestigt. Am dichtesten liegen sie in der Mitte des Daches (Achsabstand 40 cm), diese Zone schützt die Fassade vor der steil einfallenden Sommersonne.

C Natürliche Lüftung und Gebäudekühlung
Das Konzept wurde in Zusammenarbeit mit Ove Arup & Partners optimiert.
In den Fassadenfeldern der Südfassade sind jeweils zwei Fenster im unteren und oberen Bereich zu öffnen. Frischluft strömt durch die geöffneten unteren Fenstern ein und entweicht über Oberlichter bzw. die oberen Öffnungen der Fassade. An windstillen Tagen entsteht durch die Verteilung der Luftschichten im Atrium eine Art Kamineffekt, der die verbrauchte Luft über die Oberlichter aus dem Gebäude führt. Steigen die internen Lasten an extrem heißen Sommertagen, kann eine unterstüzende Ventilator-Lüftung zugeschaltetet werden. Kühlen im Sommer und Heizen im Winter werden durch die unverkleideten Stahlbetondecken und die Außenwände (Mauerwerk) unterstützt.

3. Obergeschoss
1./2. Obergeschoss
Erdgeschoss
Maßstab 1:500

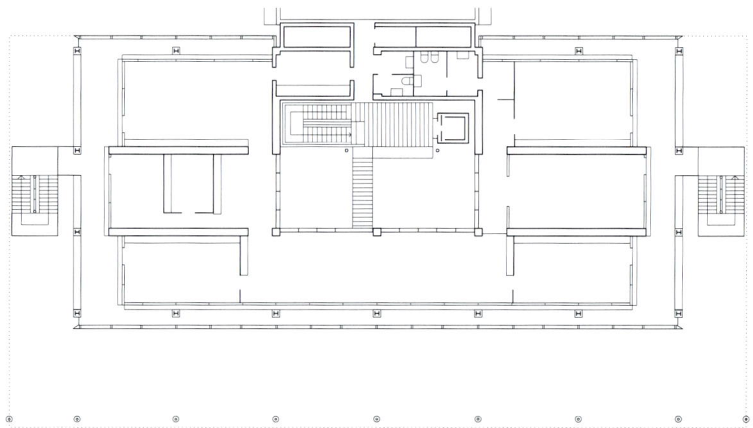

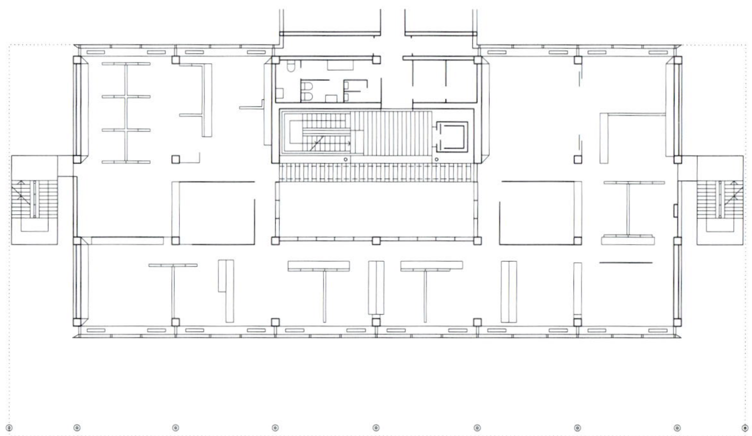

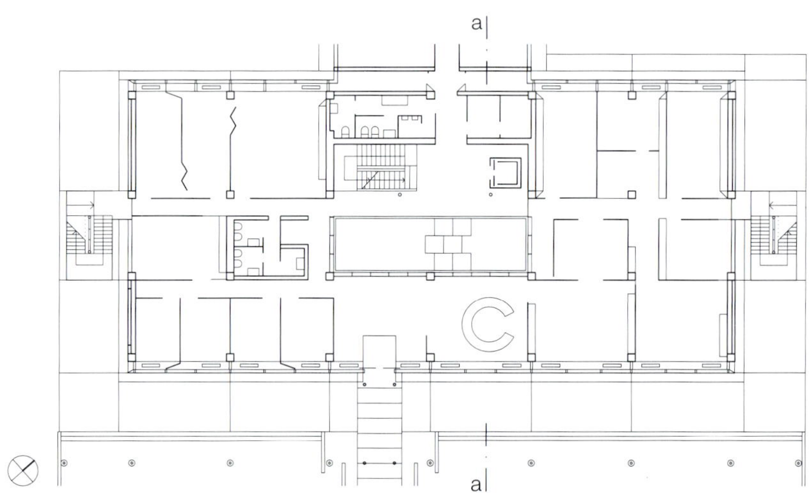

A Vertikalschnitt Dachrand/Oberlicht
B Vertikalschnitt Büroraum
Maßstab 1:20
C Horizontalschnitt
Fassadendetail
Maßstab 1:5

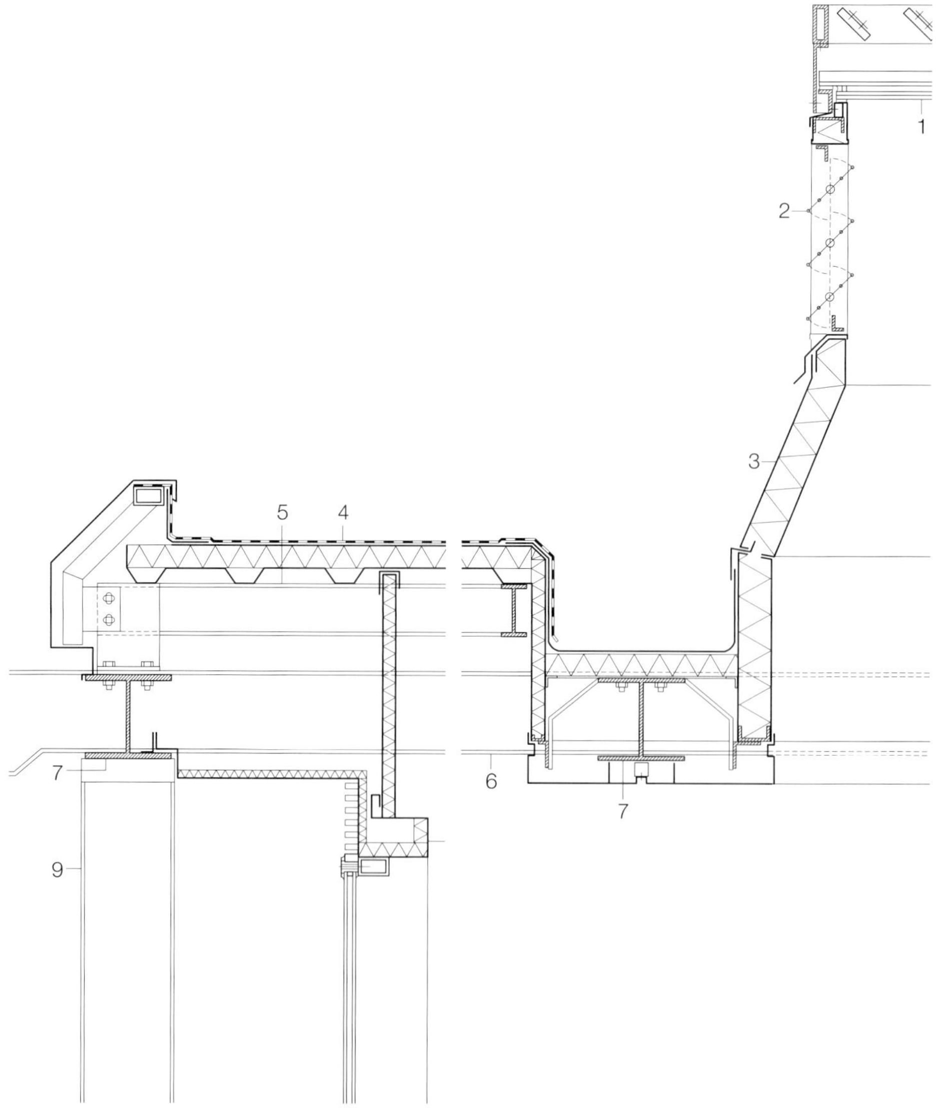

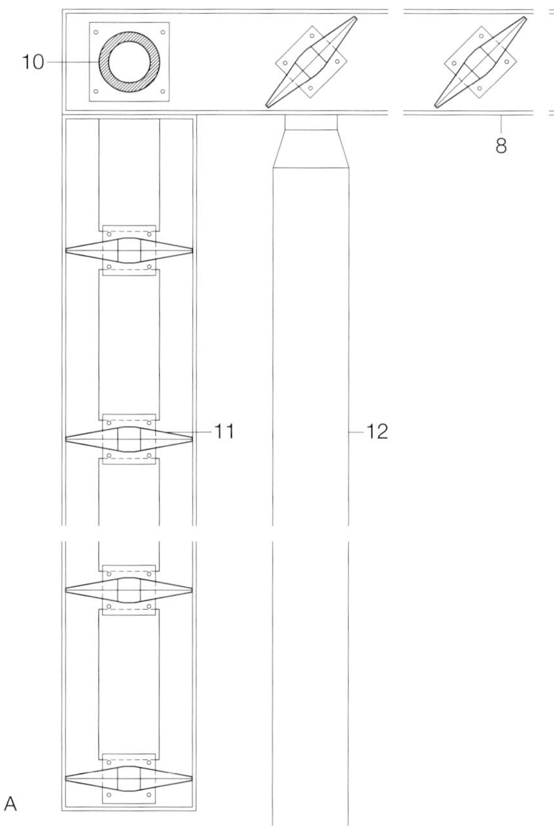

1 Isolierverglasung 12/12/10 mm
2 Lüftungsgitter aus Aluminiumlamellen
3 Aluminium-Sandwichpaneel 80 mm
4 Dachaufbau:
Dichtungsfolie PVC 2 mm
Paneel selbsttragend mit Hartschaumdämmung 50 mm bitumenbeschichtet
5 Stahlprofil IPE 140
6 Stahlprofil IPE 220
7 Stahlprofil HEA 220
8 Stahlprofil IPE 270
9 Stütze Stahlprofil HEA 240
10 Stahlrohr Ø 160/30 mm
11 Sonnenschutzlamelle Aluminiumprofil
12 Stütze Stahlrohr Ø 200/30 mm

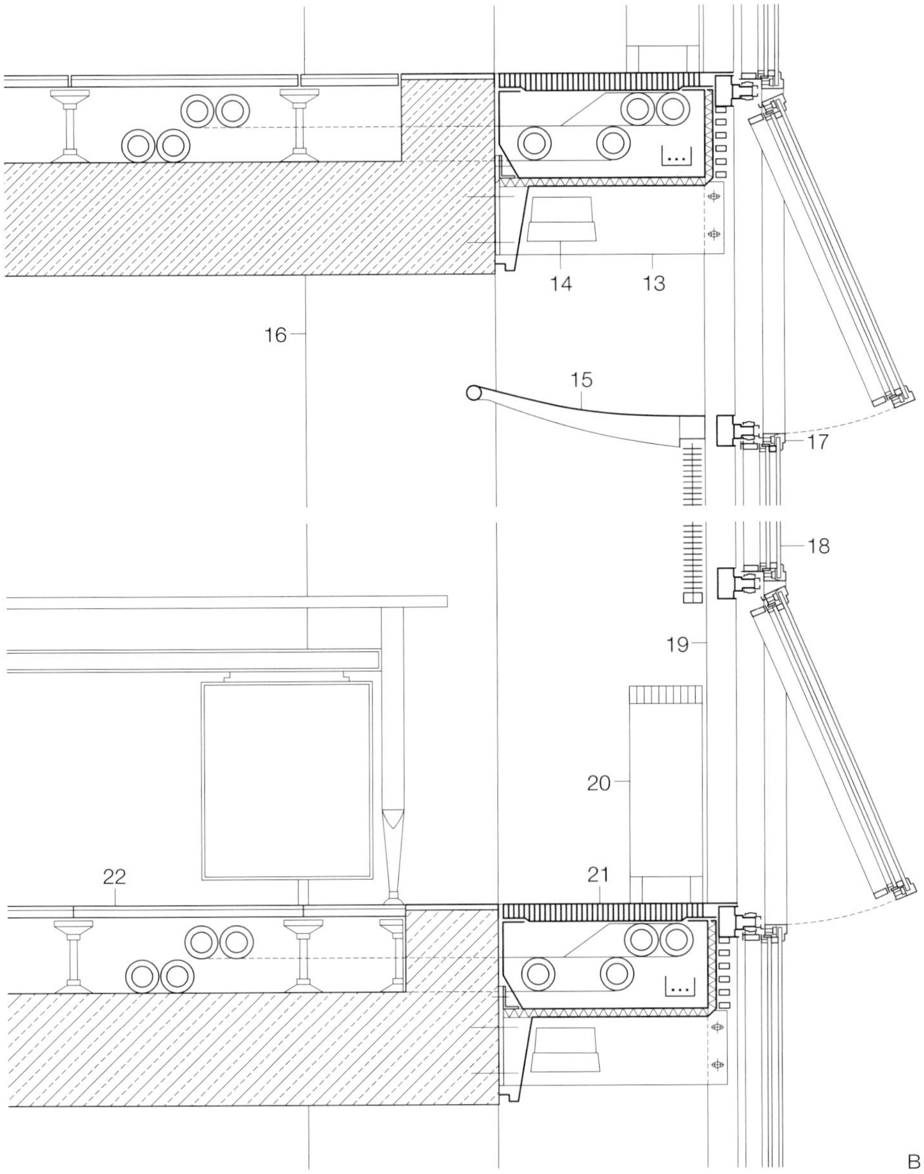

B

13 Stahlprofil ▭ 200/100/5 mm
14 Leuchte
15 Lichtlenkschild Aluminiumblech 1 mm
16 Betonstütze 550/550 mm
17 Fassadenriegel Aluminiumprofil
18 Isolierverglasung 8/12/6 mm
19 Fassadenpfosten Aluminiumprofil
20 Heizkörper
21 Installationskanal
22 Doppelbodensystem
23 Sonnenschutzlamelle Aluminium
24 dauerelastische Versiegelung
25 Aluminiumblech 1,5 mm

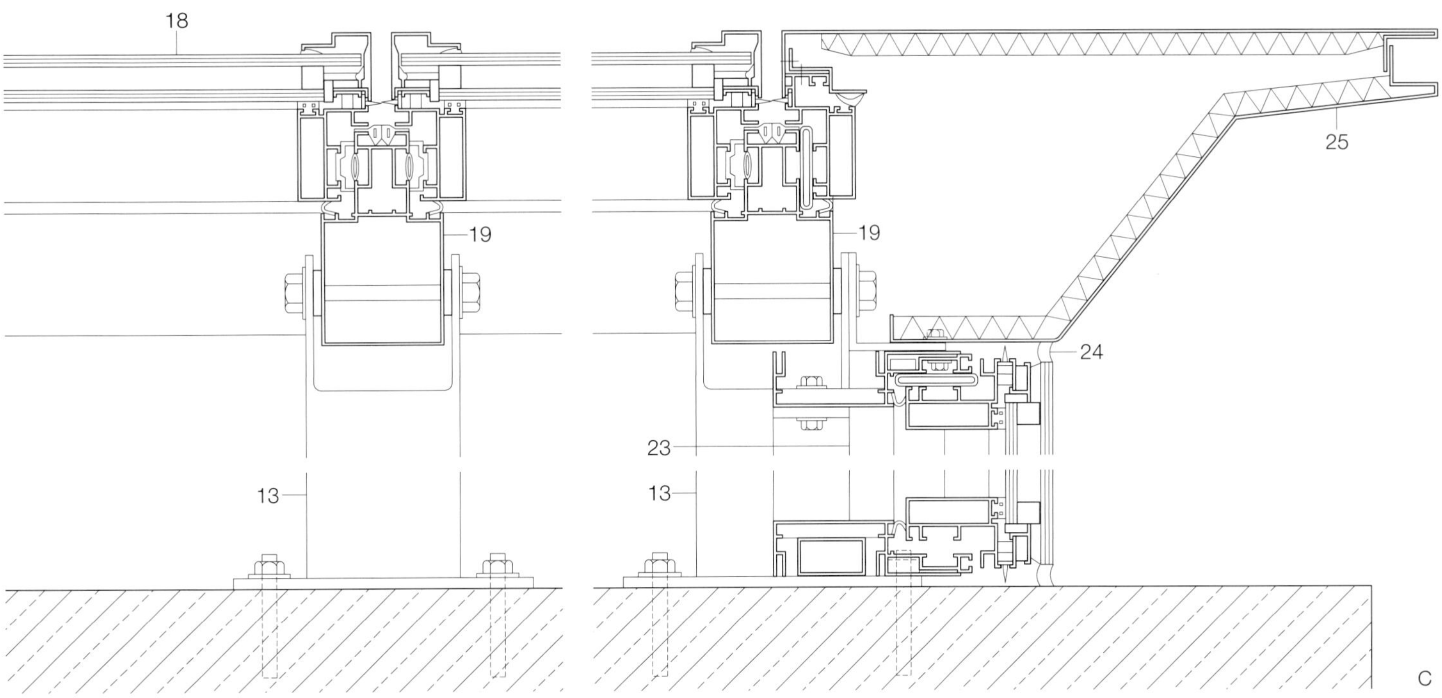

C

Verwaltungsgebäude in Landquart

Architekten: Bearth & Deplazes, Chur
Haustechnik: Andrea Rüedi, Chur

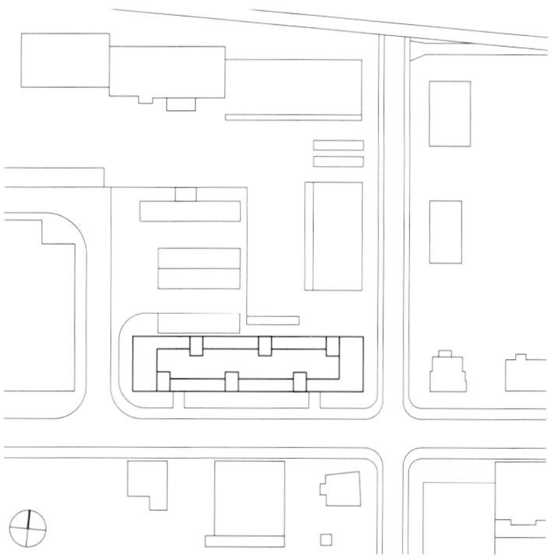

Lageplan Maßstab 1:2000

Im Bahnhofsareal des Graubündner Ortes Landquart steht ein strenger Kubus, das Verwaltungsgebäude einer Versicherungsgesellschaft. Die Umgebung wird geprägt durch ein heterogenes Gemisch aus Bauten der letzten drei Jahrhunderte, die sich in den vorgehängten Stahl-Glasfassaden des fünfgeschossigen Neubaus spiegeln. Hinter den großflächigen Verglasungen schwingt eine textile Schicht aus farbigen Vorhängen. Die beweglichen Teile der außen liegenden Verschattungselemente und der Lüftungsklappen sind flächenbündig in die Fassadenkonstruktion integriert. Bei ausgefahrenen Markisen wird das kantige Volumen des Baukörpers durch eine Vielzahl hellgrüner Segel belebt.
Der Verwaltungssitz ist als solares Direktgewinnhaus konzipiert. Zur optimalen Nutzung der Sonnenenergie ist der Bau mit seiner 50 m langen Straßenfassade nach Süden ausgerichtet. Die Sonnenwärme wird unmittelbar von den massiv ausgeführten Böden, Wänden und Decken gespeichert. Sechs Stahlbetonkerne tragen stützenfrei die Geschossdecken und nehmen Treppen, Aufzüge und Sanitärräume auf. Im Erdgeschoss befindet sich die Lobby mit dem Empfang. Darüber entwickelt sich in vier Geschossen eine abwechslungsreiche und bunte Bürolandschaft aus Großraum-, Kombi- und Einzelbüros. Im Dachgeschoss liegen die Sitzungs- und Schulungsräume sowie eine Cafeteria. Die einzelnen Geschosse sind klimatechnisch voneinander abgekoppelt und in Längsrichtung in eine nord- und eine südorientierte Zone geteilt. Im Norden reihen sich kleinteilige Einzelbüros und Gruppenräume, unterteilt durch transparente Glaswände. Auf der Südseite sind offene Arbeits- und Servicebereiche im Wechsel mit Sitzgruppen angeordnet.
Ein Gebäudeleitsystem kontrolliert das Raumklima über Sensoren und steuert die jeweiligen Komponenten der Haustechnikanlage. Es betätigt die automatischen Fallarmmarkisen und die motorisch betriebenen Lüftungsklappen der Fassade. Durch eine tageslichtgeführte Steuerung wird die künstliche Beleuchtung im Gebäude aktiviert. Im Sommer sind Abluftventilatoren zur Unterstützung der natürlichen Nachtlüftung zuschaltbar, während im Winter bei Bedarf je Stockwerk zwei getrennte Heizgruppen (Nord/Süd) zur Heizungsergänzung aktiviert werden können. Das Gebäudeleitsystem ist in das Computernetzwerk des Hauses integriert. Über ihre Rechner können die Mitarbeiter individuell in das System eingreifen und einzelne Komponenten bedienen. Die automatische Steuerung gleicht dabei kritische Manipulationen aus und hält das Raumklima im Gleichgewicht. Zur weiteren Optimierung der Energienutzung kann das System zukünftig um neue Funktionen erweitert werden.

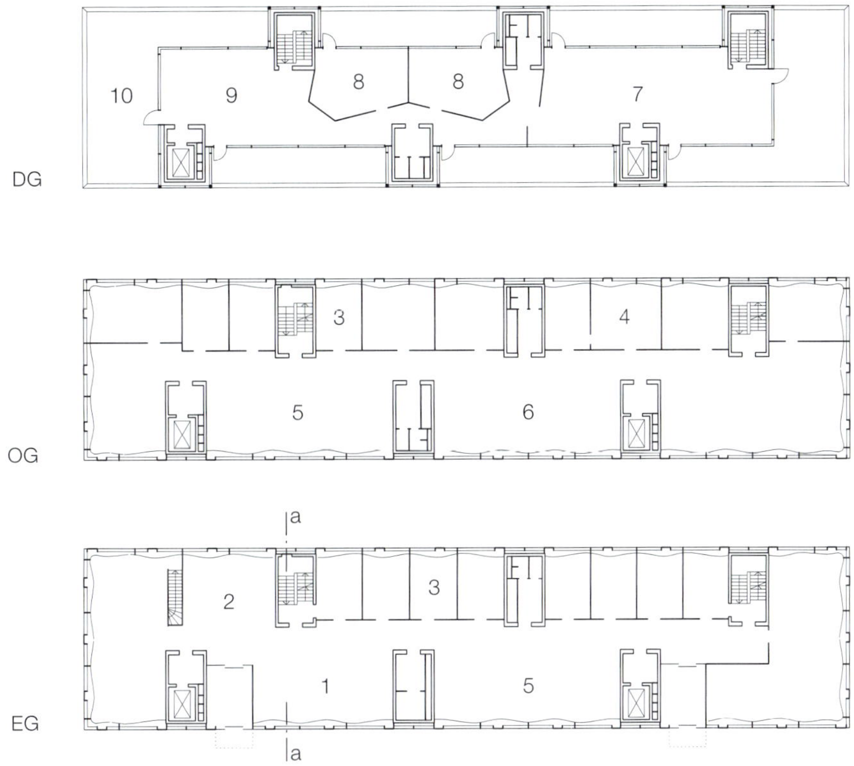

Grundrisse
Maßstab 1:500

1 Lobby
2 Empfang
3 Einzelbüro
4 Kombibüro
5 Großraumbüro
6 Aufenthalt
7 Schulungsraum
8 Sitzungsraum
9 Cafeteria
10 Dachterrasse

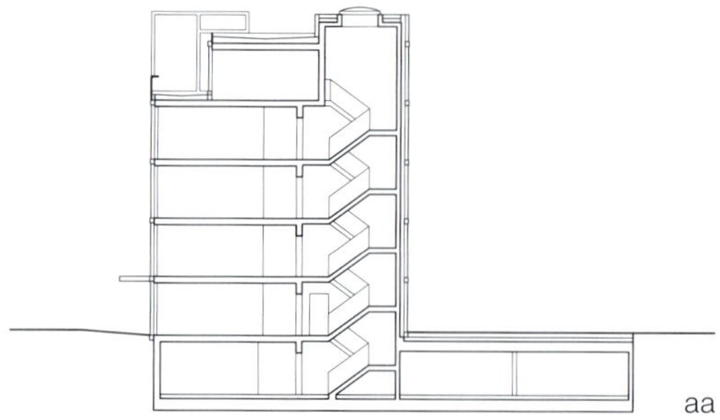

aa

	Freigabe	Abschaltung/Einzug	Bemerkungen
1. Nachtauskühlung (Mai – September):	Innentemperatur-Messung um 23.00 Uhr		
Stufe 1: Fensteröffnung	Ti > 22 °C und Ti ≥ Ta -6K	6.00 Uhr	Alle Fenster auf allen Geschossen öffnen
Stufe 2: Fensteröffnung und Dachventilatoren	Ti > 22 °C und Ti ≥ Ta -2K	6.00 Uhr	Bei starkem Wind bestimmte Fenster öffnen
DG: Lüftung mit Kühlung	Ti > 24 °C und Ti ≥ Ta -2K	6.00 Uhr	volle Kühlleistung / Fenster geschlossen
2. Außenbeschattung:	Außenstrahlungs-Messung auf Dachmast (W/m²)	Hohe Windgeschwindigkeiten, Niederschlag Oktober–April: Ti um 6.00 Uhr <22 °C	– Tagessperrung: Beschattung 24 h deaktiviert zur Aufladung der Gebäudemasse mit Sonnenwärme
Südfenster	> 200 W/m²	< 150 W/m²	
Ostfenster	> 200 W/m²	< 150 W/m²	
Westfenster	> 200 W/m²	< 150 W/m²	
3. Heizung Stockwerksweise:			Je 2 Referenztemperaturen / Durchschnittswert Nord und Süd pro Stockwerk
Gruppe Nord	z.B. 21,5 °C Durchschnittstemperatur	z.B. 22,5 °C	
Gruppe Süd	z.B. 20,5 °C Durchschnittstemperatur	z.B. 21,5 °C	
4. Geführte Fensterlüftung:			CO_2-Kontrollmessung / Erhöhung der Lüftungszeiten bei Grenzwertüberschreitung
Winter: Mitte November – Mitte Februar	Luftwechsel: 0,25 (Öffnung nach Zeituhr)	Samstag, Sonn- und Feiertag 17.00 – 7.30 Uhr	
Sommer: Mitte Juni – Ende August	wie oben	wie oben	
Übergangszeiten:	Luftwechsel 0,35 – 0,6 (Öffnung nach Zeituhr)		Lüftungsszenario bei hohen Windstärken: Fensteröffnen Süd + Nord wechselweise oder Süd nur jede zweite Klappe öffnen
Dachgeschoss (keine Tagesfensterlüftung)			
5. Lüftung im DG:	Bei Ti > 25 °C mit aktivierter Kühlung	Ti < 23,5 °C	Aktivierung mittels Schalter bei Bedarf automatische Abschaltung mittels Zeituhr

Heizung und Lüftung

Die Beheizung erfolgt im Winter hauptsächlich durch Solarstrahlung. Sie dringt durch große Isolierglasflächen (U = 0,8 W/m²K und g = 0,46) in den kompakten, südgerichteten Baukörper ein. Als Blendschutz für die Benutzer dienen die innenliegenden textilen Vorhänge. Die anfallende Wärmeleistung wird von der inneren Speichermasse absorbiert. Zuerst erwärmen sich dabei die direkt beschienenen Bauteile (Primärspeicher), wie Böden, Wände und Möbel. Nach ein bis zwei Stunden bewirken die steigenden Oberflächentemperaturen eine Erhöhung der Raumlufttemperatur, die von der Sekundärspeichermasse der nicht direkt beschienenen Wand- und Deckenflächen aufgenommen wird. Bei sonnigem Wetter steigt die Raumlufttemperatur tagsüber durch Solarstrahlung um 4 °C über die morgendliche Baumassentemperatur, allerdings kann das Leitsystem auf einen früheren Eingriff durch Lüften oder Beschatten programmiert werden. Die massiven Bauteile an der Südseite bilden den Energiespeicher, der mit Temperaturschwankungen reagiert, wobei sich die stärksten Veränderungen an einem strahlenden Schönwettertag (Erwärmung um ca. 2 °C) bzw. an einem trüben Schlechtwettertag (Abkühlung um ca. 2 °C) zeigen. Die aufgeladene Speichermasse ist in der Lage, bei Außentemperaturen um 0 °C das Gebäude ohne Zusatzheizung eineinhalb Tage warmzuhalten.

Um längere Kälteperioden zu überbrücken, sollte das Haus 2–4 °C über der angestrebten durchschnittlichen Raumtemperatur von 19 °C gehalten werden. Die über eine Gastherme und Konvektoren betriebene Zusatzheizung dient zur Aufrechterhaltung einer Gebäudemassen-Grundtemperatur von 20 °C.

Das Speicherverhalten der Bauteile beeinflusst auch im Sommer die Raumtemperaturen. Die Wärmelasten von Elektrogeräten, Personen und diffuser Sonneneinstrahlung werden von den massiven Bauteilen aufgenommen. Die Innenlufttemperatur steigt dabei etwas über die Baumassentemperatur. Die tagsüber erwärmte Baumasse wird durch die natürliche Nachtlüftung über geöffnete Fensterklappen wieder abgekühlt. In Nächten mit hohen Außenlufttemperaturen schaltet das System zusätzlich Abluftventilatoren ein. Ein Unterkühlen der Speichermasse wird vom Leitsystem durch Schließen der Lüftungsklappen vermieden. Im Sommer werden überwiegend Innenraumtemperaturen unter 25 °C erwartet. Bei Hitzeperioden können diese allerdings auf das Niveau der Außentemperaturen ansteigen. Zur Kühlung werden dann im Dachgeschoss automatisch Abluftventilatoren in Betrieb genommen.

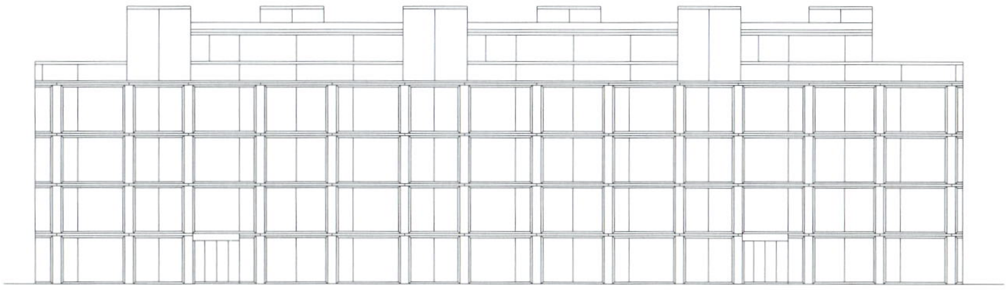

Schnitt • Ansicht
Maßstab 1:500
Leitsystem-Parameter
Ti = Temperatur innen
Ta = Temperatur außen

Vertikalschnitt Fassade
Maßstab 1:20

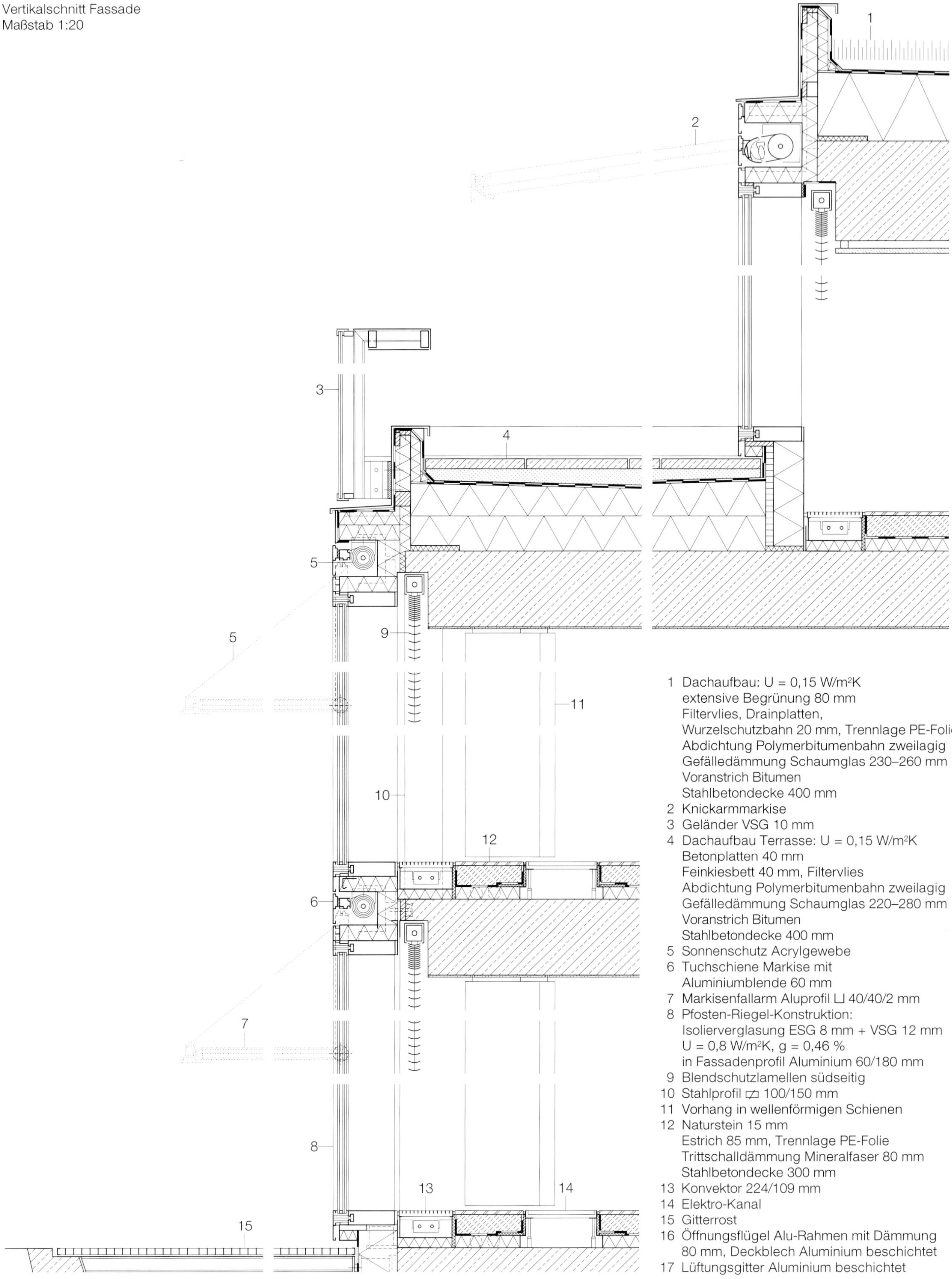

1 Dachaufbau: U = 0,15 W/m²K
extensive Begrünung 80 mm
Filtervlies, Drainplatten,
Wurzelschutzbahn 20 mm, Trennlage PE-Folie
Abdichtung Polymerbitumenbahn zweilagig
Gefälledämmung Schaumglas 230–260 mm
Voranstrich Bitumen
Stahlbetondecke 400 mm
2 Knickarmmarkise
3 Geländer VSG 10 mm
4 Dachaufbau Terrasse: U = 0,15 W/m²K
Betonplatten 40 mm
Feinkiesbett 40 mm, Filtervlies
Abdichtung Polymerbitumenbahn zweilagig
Gefälledämmung Schaumglas 220–280 mm
Voranstrich Bitumen
Stahlbetondecke 400 mm
5 Sonnenschutz Acrylgewebe
6 Tuchschiene Markise mit
Aluminiumblende 60 mm
7 Markisenfallarm Aluprofil ⊔ 40/40/2 mm
8 Pfosten-Riegel-Konstruktion:
Isolierverglasung ESG 8 mm + VSG 12 mm
U = 0,8 W/m²K, g = 0,46 %
in Fassadenprofil Aluminium 60/180 mm
9 Blendschutzlamellen südseitig
10 Stahlprofil ⏥ 100/150 mm
11 Vorhang in wellenförmigen Schienen
12 Naturstein 15 mm
Estrich 85 mm, Trennlage PE-Folie
Trittschalldämmung Mineralfaser 80 mm
Stahlbetondecke 300 mm
13 Konvektor 224/109 mm
14 Elektro-Kanal
15 Gitterrost
16 Öffnungsflügel Alu-Rahmen mit Dämmung
80 mm, Deckblech Aluminium beschichtet
17 Lüftungsgitter Aluminium beschichtet

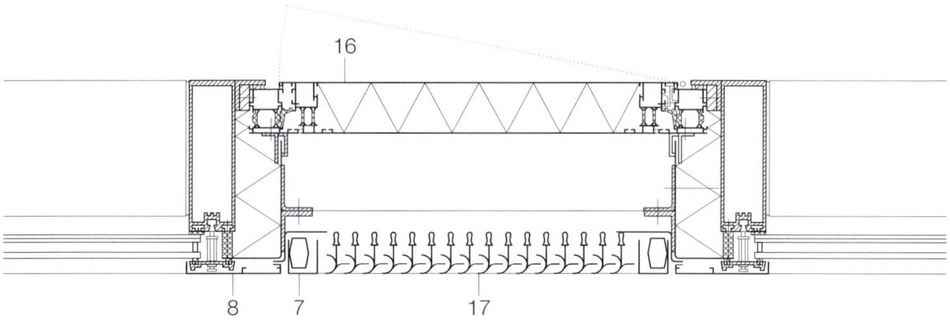

Horizontalschnitt
Lüftungsklappe
Maßstab 1:10

Verwaltungsgebäude in Würzburg

Architekten: Webler und Geissler, Stuttgart
Haus- und Gebäudeleittechnik:
Ingenieurgesellschaft Püttmer IGP, Ludwigsburg

Bei der Hauptverwaltung eines Fassadenherstellers wurden Baukörper, Konstruktion und Hülle sowie Anlagenbau und Gebäudeleittechnik konsequent aufeinander abgestimmt. Das gesamtheitliche solare Energiekonzept gewährleistet gleichzeitig eine hohe Arbeitsplatzqualität und schafft einen transparenten Innenraum. Fossile Brennstoffe dienen nur noch zur Deckung von Bedarfspitzen.
Die beiden 4,10 m hohen Geschosse sind als Großraum konzipiert, Einzelräume sind durch rahmenlos ausgeführte Glastrennwände abgeteilt. Baulicher und visueller Mittelpunkt ist das bepflanzte Atrium mit Wasserbassin und verschiebbarem Glasdach.
Wesentlicher Bestandteil des Energiekonzepts ist die als Klimapuffer wirkende zweischalige Fassade. Sie ist außen als festverglaste Pfosten-Riegel-Konstruktion ausgeführt. In der inneren Elementfassade sind manuell zu betätigende Schiebetüren und motorisch betriebene Kippflügel zur Belüftung integriert. Die Luftzufuhr erfolgt über einen 60 cm breiten Zwischenraum. Klappen im Sockel- und Attikabereich der Außenschale regulieren die natürliche, vertikale Konvektion. Axialgebläse an den Gebäudeecken erzeugen horizontale Luftströmung zur Verteilung vorgewärmter Zuluft. Leichtmetall-Jalousien reflektieren das Sonnenlicht nach außen oder über die zur Verbesserung der Raumakustik baumwollbespannten Deckenpaneele in die Tiefe des Gebäudes. Gleichzeitig wirken sie als Blendschutz. Auf der Süd- und Westseite ist jeweils der untere Teil der Lamellen einseitig dunkel beschichtet. Bei entsprechender Winkelstellung – sie ist unabhängig vom oberen Teil steuerbar – wird so deutlich die Wärme-Absorptionsfähigkeit der Jalousie erhöht. Gleichzeitig erwärmt sich während der kalten Jahreszeit die vorbeiströmende Zuluft. Konvektive Durchlüftung kühlt im Sommer bei geschlossenen Jalousien und offenen Lüftungsklappen das Gebäude. Die Nachtauskühlung erfolgt zusätzlich über Kippflügel und Atriumdach. Eine 200 m^2 große Kollektoranlage produziert bei Kühlbedarf über eine Adsorptions-Wärmepumpe Kaltwasser. Damit werden Kühldeckenpaneele im Bereich der Glasfassade und des Atriums beschickt. Bei Bedarf liefert die Anlage auch Energie für die bereichsweise regelbare Fußbodenheizung. Sollte diese nicht ausreichen, sorgt ein Blockheizkraftwerk für elektrische und thermische Energie. Da sowohl Kühldecke als auch Fußbodenheizung mit Wasser beschickt werden, sind beide Kreise alternativ nutzbar: Im Winter wird mit der Kühldecke geheizt, im Sommer mit der Fußbodenheizung gekühlt. Über 250 Sensoren messen alle relevanten Kennwerte. Anhand dieser Informationen kann die Leitzentrale über 500 Aktoren entsprechend reagieren. Der einzelne Nutzer hat die Möglichkeit über seinen PC einzugreifen.

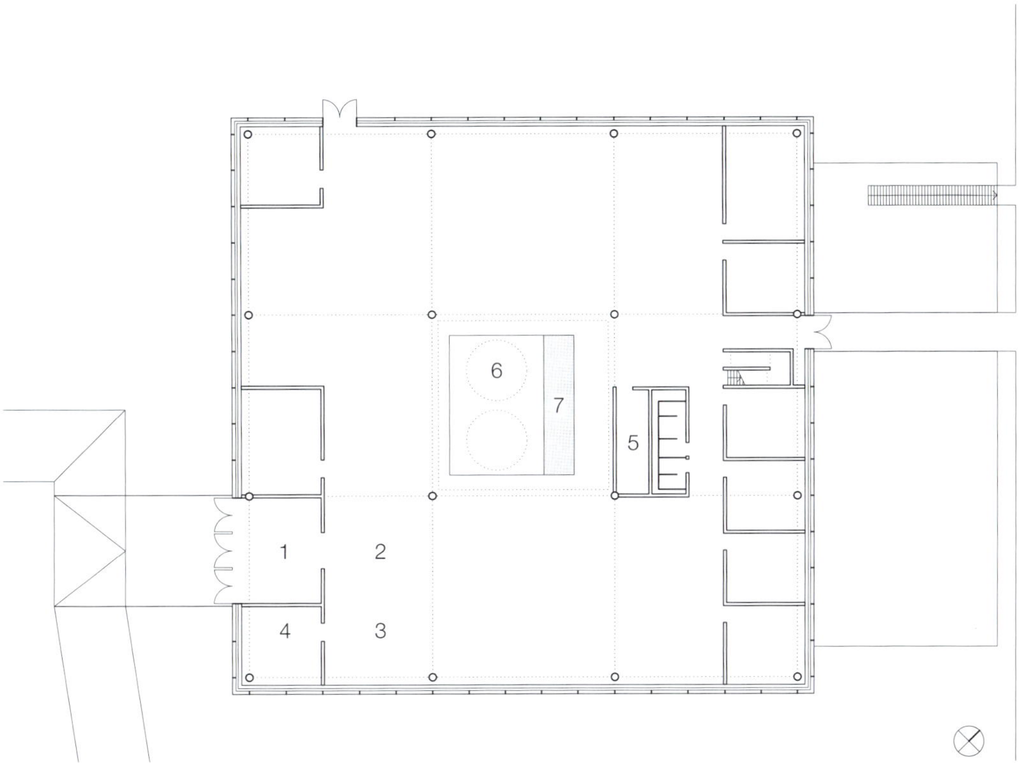

Grundriss
Erdgeschoss
Maßstab 1:500

1 Eingang
2 Empfang
3 Wartebereich
4 Besprechung
5 Teeküche
6 Bepflanzung
7 Wasserbasin

Energetisches Verhalten
Das Energiekonzept des Gebäudes wurde mit verschiedenen Messreihen untersucht. Wie die Auswertung zeigt, wird über das Jahr nur rund ein Viertel des Energiebedarfs herkömmlicher Bürogebäude benötigt.
Vor allem in den Sommermonaten ist das Einsparungspotenzial hoch, da der Energieverbrauch zur Kälteerzeugung minimal ist. Der Sonnenschutz im Fassadenzwischenraum zeigt mit seiner stark reflektierenden Seite nach außen, so dass ein Großteil der auftreffenden Sonnenstrahlung zurückgeworfen wird, bevor sie das Gebäude erwärmen kann. Der Wärmedurchgangskoeffizient der Gesamtfassade liegt dabei unter 0,1 W/m²K. Im Sockel- und Attikabereich der Sekundärfassade sind die Lüftungsklappen prinzipiell geöffnet. Die gute Durchlüftung des Fassadenzwischenraums schließt einen Wärmestau aus. An heißen, sonnenreichen Tagen wird das Gebäude zusätzlich mit Solarenergie gekühlt. Ein thermisch nachgeführter Sonnenkollektor liefert heißes Wasser für die Adsorptionskältemaschine, die daraus Temperaturen von 15–18 °C erzeugt. Bei geringerer Kühllast stellt ein adiabatisch betriebenen Rückkühlwerk Kaltwasser bereit, mit die Kühldecken beschickt werden. Diese sind als Aluminium-Rasterverbund konzipiert, die Standardrastergröße beträgt in allen drei Dimensionen 80 mm. Aufgrund des konstruktiven Aufbaus ist die Energieaustauschfläche rund viermal höher als die belegte Deckenfläche, die spezifische Kühlleistung der Rasterkühldecke beträgt 163,9 W/m².
Weiterer Bestandteil des sommerlichen Kühlkonzeptes ist die Nachtabkühlung des Gebäudes und die Nutzung der thermischen Speichermassen. Durch die verwendeten Materialien wie Naturstein im Bodenbereich oder konstruktive Lösungen wie die Rasterkühldecke und die luftdurchlässige Baumwollspanndecke kann die thermische Speicherfähigkeit des Gebäudes optimal genutzt werden. Das Gebäude erreicht gegen 7:00 Uhr morgens, bei Arbeitsbeginn, seine minimale Temperatur. Die Erwärmung erfolgt dann sehr träge mit einer Amplitude von 3 °C und erreicht erst gegen 15:30 Uhr den Höchstwert.
In den Wintermonaten reduziert die Doppelfassade die Transmissionswärmeverluste, an sonnenreichen Wintertagen werden sie durch die Nutzung der solaren Strahlung noch weiter minimiert. Bei einer Außentemperatur von −2 °C herrschen an einem sonnigen Wintertag in der Südfassade von 38 °C (bei geschlossenen Zu- und Abluftklappen und aktivierten, absorptiven Sonnenschutzlamellen). Auf der sonnenabgewandten Nordseite des Gebäudes beträgt die Temperatur im Fassadenzwischenraum nach Betätigung der Umluftgebläse 8 °C. Dieser zusätzliche Wärmepuffer reduziert den Heizenergiebedarf des Gebäudes.

Natürliche Lüftung
Das bewegliche Glasdach des Atriums ist der wichtigste Bestandteil der natürlichen Lüftung. Es wird täglich automatisch viermal angehoben, um Stoßlüftungen durchzuführen. Dies geschieht in den frühen Morgenstunden vor Arbeitsbeginn, zur Frühstücks- und Mittagspause sowie am Nachmittag. Bei einer Dachgröße von 12 × 12 m und einer Öffnungshöhe von 20 cm ergibt sich dabei ein Lüftungsquerschnitt von 9 m². Bei Niederschlägen, Windgeschwindigkeiten über 70 km/h und sehr niedrigen Außentemperaturen bleibt das Dach geschlossen bzw. wird die Öffnungszeit reduziert. Unabhängig von der Automatik erfolgt bei geeigneten Witterungsbedingungen zusätzlich ein nutzergesteuertes Öffnen des Daches.

1

2

Beleuchtung
Ein weiterer wichtiger Bestandteil des Energiekonzeptes ist die Optimierung der Beleuchtung, da in einem konventionellen Bürogebäude rund 40 % der eingesetzten Energie für Kunstlicht benötigt wird. Durch die komplett transparenten Fassaden kann das natürliche Sonnenlicht optimal genutzt werden. Die Aluminiumlamellenelemente im Fassadenzwischenraum lenken das Tageslicht auf die Baumwollspanndecken und diese reflektieren es wiederum direkt auf die Büroarbeitsplätze. In den Deckenelementen sind künstliche Beleuchtungseinheiten integriert. Energiesparlampen werden über Bewegungsmelder und Lichtsensoren arbeitsplatzspezifisch gesteuert. In Abhängigkeit vom vorhandenen Tageslicht werden die Leuchten bei Anwesenheit am Arbeitsplatz stufenweise geregelt. Ist der Arbeitsplatz nicht besetzt bzw. das Tageslicht ausreichend, wird die künstliche Beleuchtung automatisch abgeschaltet. Im Fall der analysierten Beleuchtungseinheit bedeutet dies einen Energieverbrauch von 270 Wh im Gegensatz zu 1008 Wh, wenn die Beleuchtung den ganzen Arbeitstag aktiv gewesen wäre. Das entspricht einem Einsparungspotenzial von rund 73 %.
Diese Art der Steuerung garantiert eine ständig optimale Beleuchtung der Arbeitsplätze bei minimalem Einsatz an elektrischer Energie.

1 Rasterkühldeckenelement 2300/2300 mm aus Aluminium-Gitterrost h = 80 mm und endlos verlegtem Kupferrohr
2 Stoffdeckenelement 2300/2300 mm Aluminiumrahmen mit federgespanntem Baumwolltuch

alle Deckenelemente nach unten klappbar

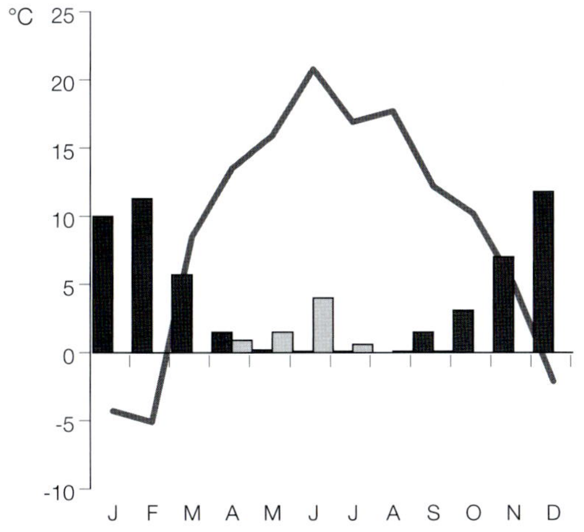

■ Wärmeenergieverbrauch in kWh/m² im Monat
■ Kälteenergieverbrauch in kWh/m² im Monat
— Außentemperatur im Monatsmittel in °C

A Axonometrie mit Schema der Klimatechnik
B Schnitte mit Energiekonzept für Sommer und Winter (Tag und Nacht)

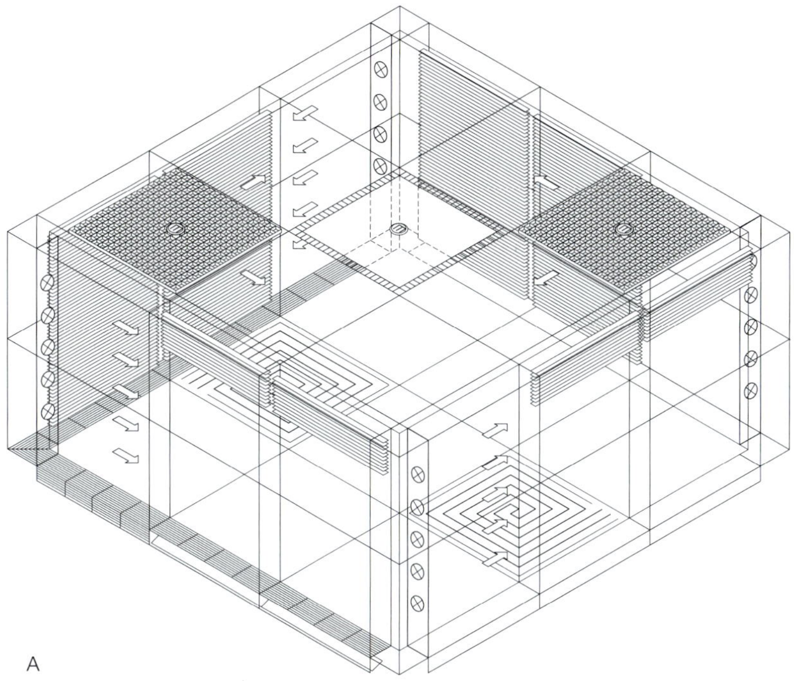

A

B

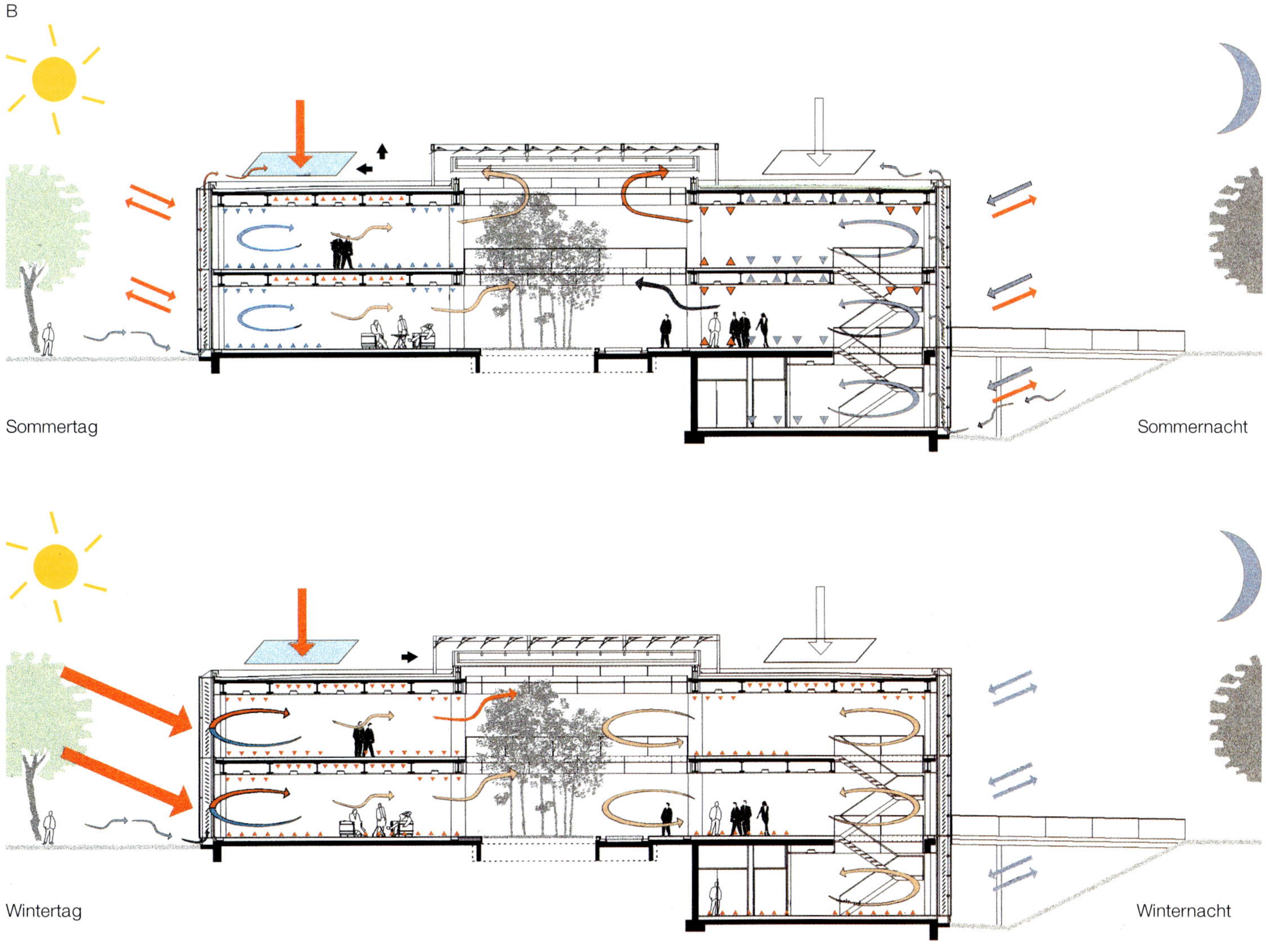

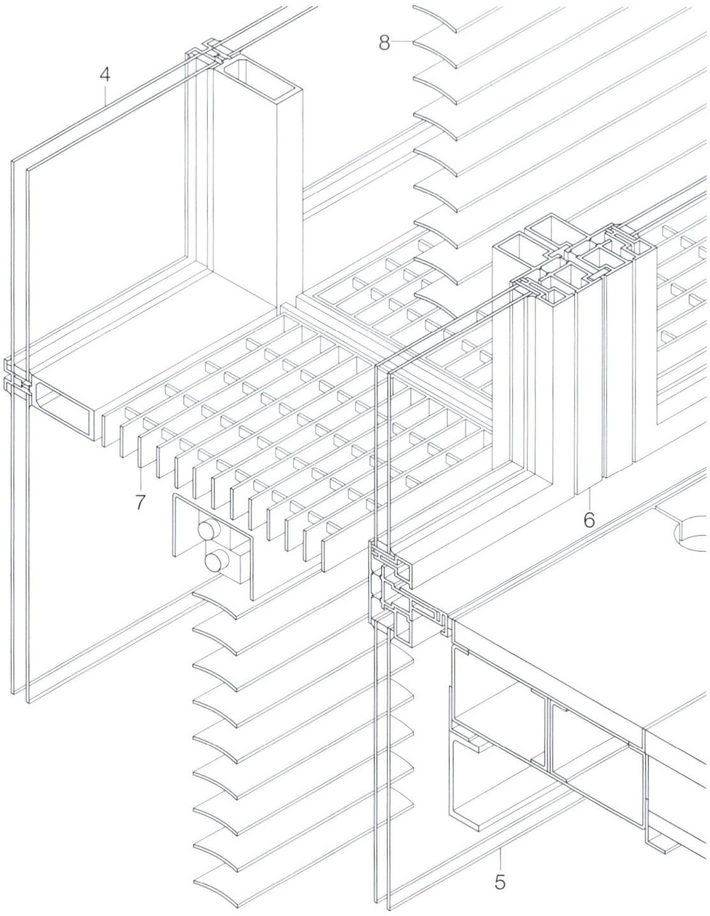

Axonometrie Fassadenschnitt
Fassadendetail Maßstab 1:10

1 Aluminiumblech antidröhnbeschichtet
2 obere Lüftungsklappe mit seitlichen Dichtungsbürsten
3 Aluminiumlüftungslamellen mit Fliegengitter
4 Außenverglasung:
ESG 8 mm (außen)
SZR 22 mm mit Edelgasfüllung
Floatglas 6 mm low-E beschichtet
5 Innenverglasung:
ESG 6 mm (außen)
SZR 16 mm mit Edelgasfüllung
Floatglas 6 mm low-E beschichtet
6 Rahmenkonstruktion Aluminium thermisch getrennt
7 Aluminium-Gitterrost
8 Jalousie aus perforierten Leichtmetalllamellen,
oberer Teil beidseitig weiß beschichtet,
unterer Teil einseitig dunkel beschichtet,
beide Teile unabhängig voneinander steuerbar
9 untere Lüftungsklappe

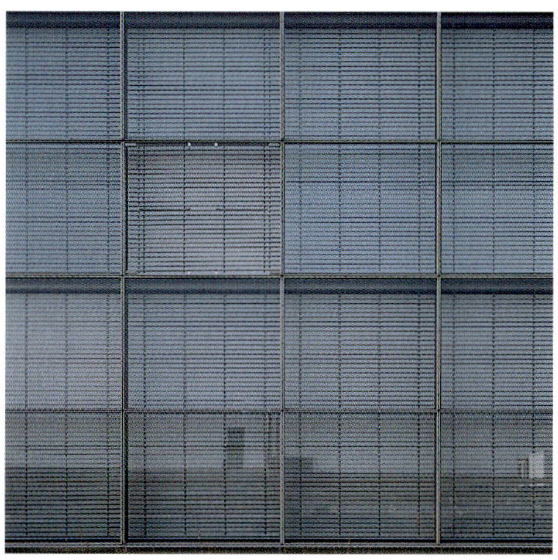

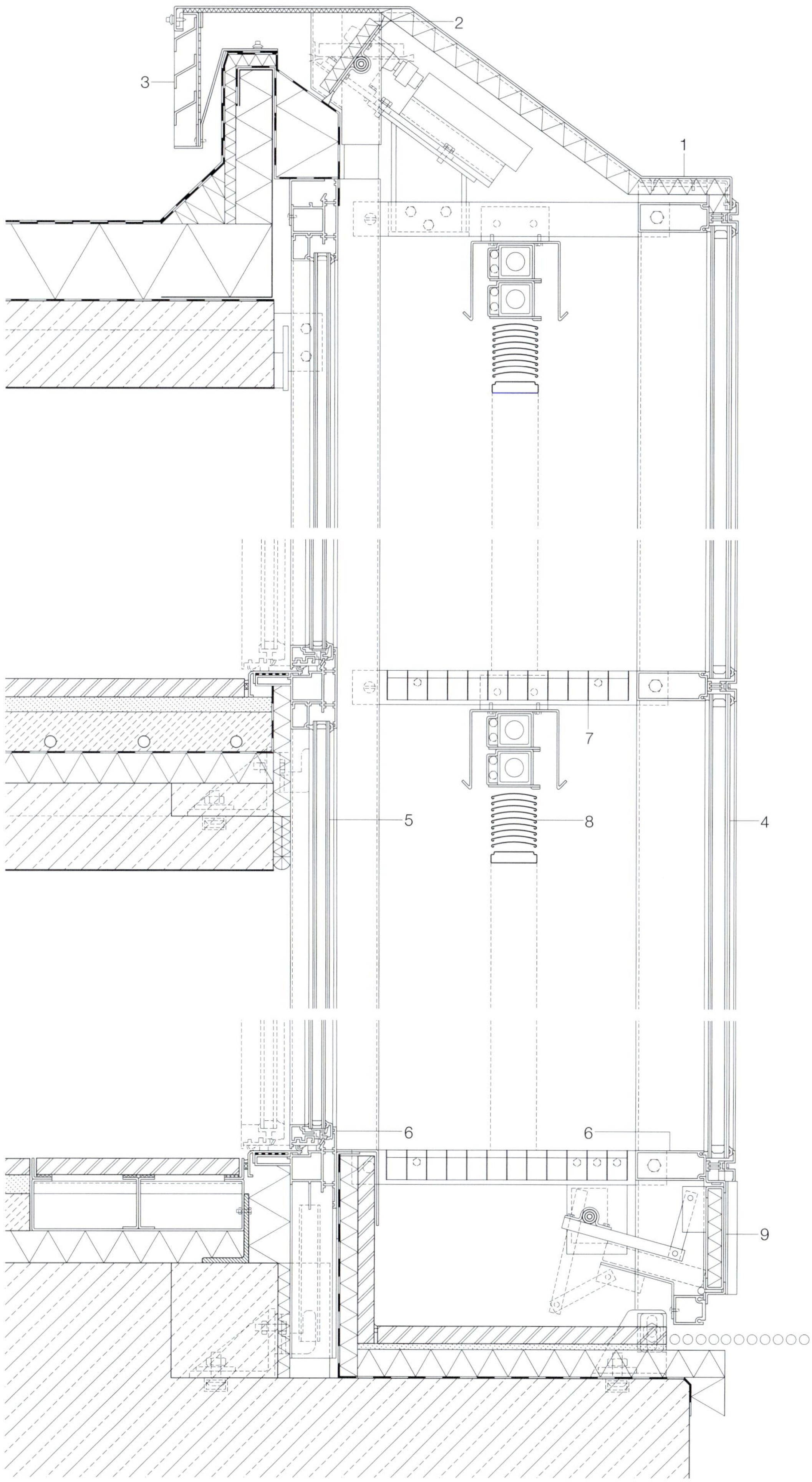
1
2
3
4
5
6
6
7
8
9

Solarfabrik in Braunschweig

Architekten: Banz + Riecks, Bochum
Haustechnik: Solares Bauen, Freiburg

Schnitt
Maßstab 1:750
Grundrisse
Maßstab 1:1500

Unweit des Mittellandkanals im Norden der Stadt Braunschweig liegt der Firmensitz eines Solaranlagenherstellers. Die Ausweitung des Geschäfts und die damit verbundene Neuorganisation der Arbeitsabläufe führten zum Neubau des Verwaltungs- und Industriegebäudes. Ein außen liegendes Stahltragwerk mit großflächigen Solaranlagen stellt das markante Merkmal der Produktionshallen dar. In das kompakte, rechteckige Gebäudevolumen (A/V-Verhältnis 0,36) ist ein Innenhof eingeschnitten, um den sich die Büros der Verwaltung gruppieren. Ein zentraler Gang in der Gebäudelängsachse verbindet die Produktion mit der Verwaltung. Der Erschließungsgang und der Bürobereich sind in Stahlbeton ausgeführt und dienen als thermische Speichermasse der nächtlichen Rückkühlung im Sommer über die Lüftungsanlage. Im Erdgeschoss ist eine eingeschossige Nebenraumzone integriert, die Gebäudetechnik befindet sich sichtbar auf der Galerie im ersten Obergeschoss. Der Zentralbereich dient zugleich als Aufenthaltsraum und Treffpunkt. Auf der tragenden Stahlbetonkonstruktion stehen sieben A-förmige Stahlböcke, von denen über Zugstangen die Dachkonstruktion abgehängt ist. Ein horizontaler Stahlrahmen über der Dachebene nimmt die Druckkräfte aus der Abhängung auf und trägt die Holzbinder der Dachkonstruktion. Das außen liegende Tragwerk verringert das thermisch relevante Raumvolumen bei gleichem Lichtraumprofil der Halle um 15 % gegenüber den alternativ untersuchten, innen liegenden Brettschicht- oder Fachwerkträgern. Die Holzleichtbaukonstruktion überspannt die Fertigungs- und Lagerbereiche stützenfrei. Die Fassaden in den äußeren Längsachsen bestehen aus hoch wärmegedämmten Holzrahmen. Zur weiteren energetischen Optimierung trägt die Einbindung der Anlieferung in die Gebäudehülle bei. Die Nullemission wird durch intelligente Reduktion des Strom- und Wärmebedarfs bei Heizung, Kühlung, Lüftung und Büroausrüstung sowie durch den Einsatz regenerativer Energiequellen erzielt. Solarkollektoren und eine Photovoltaikanlage erreichen eine Deckungsrate des Gesamtenergiebedarfs von bis zu 30 %. Die benötigte Restenergie wird über ein Rapsöl-Blockheizkraftwerk bereitgestellt. Das Konzept der Anlage ermöglicht den Bertrieb bei einem Primärenergiebedarf von 90 kWh/m²a ohne Emission von Treibhausgasen.

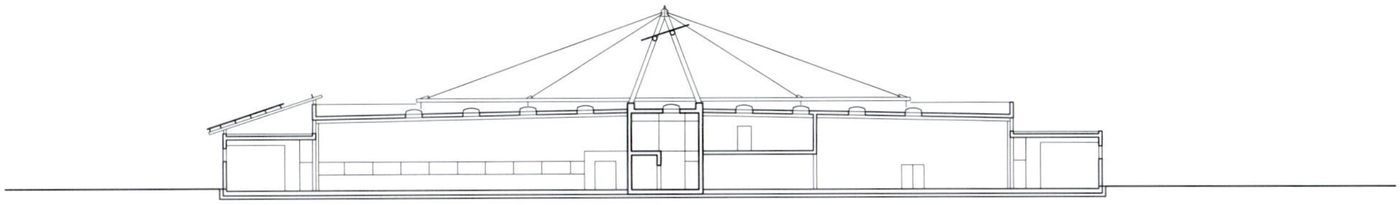

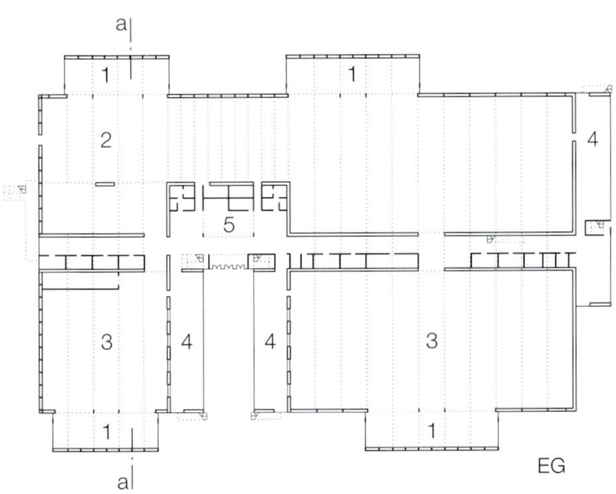

1 Anlieferung
2 Lager
3 Produktion
4 Verwaltung
5 Aufenthalt
6 Entwicklung

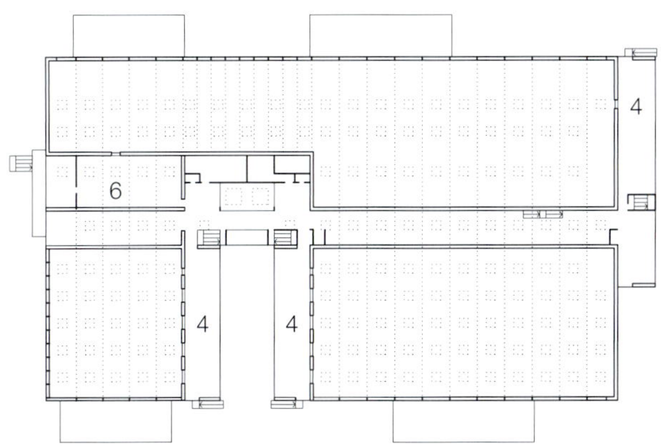

Tageslichtnutzung und Belichtung
Die Büros im Verwaltungsbereich werden über die Fassaden zum Innenhof belichtet. Der Anteil transparenter Flächen wurde durch gekoppelte Licht- und Raumklimasimulationen optimiert (ø-Tageslichtquotient 4,5 %). Mattierte Fensterflächen und Öffnungsflügel mit Vakuumdämmpaneelen begrenzen den sommerlichen Wärmeeintrag. Die Hallenbereiche werden über Oberlichter mit Tageslicht versorgt (ø-Tageslichtquotient 3 %). Durch die optimierte natürliche Belichtung wird der Kunstlichteinsatz im Gebäude reduziert. Eine zentrale tageslichtabhängige Steuerung regelt die künstliche Beleuchtung durch sparsame TL5-Leuchten über dimmbare elektronische Vorschaltgeräte. Trotz aller Maßnahmen zur Energieeinsparung werden immer noch über 40 % der elektrischen Energie für die Beleuchtung benötigt.

Heizung und Lüftung
Zur Reduktion des Heizwärmebedarfs sind alle Bauteile hoch gedämmt. Der kontrollierte Luftwechsel erfolgt über vier Lüftungsgeräte mit Wärmetauscher. Um auszuschließen, dass ein Luftaustausch unkontrolliert über die zahlreichen Elementstöße der vorgefertigten Holzkonstruktion erfolgt, wurden Anschlussdetails entwickelt, die über eingelegte Dichtbänder in einem Stufenfalz geschlossen sind. Bei der Differenzdruckprüfung nach Fertigstellung wurden sehr niedrige Mengen unkontrolliert abfließender Luft gemessen (n_{50} = 0,22 h^{-1} / Passivhaus-Standard: $n_{50} \leq 0{,}6\ h^{-1}$). Durch die Dichtheit der Gebäudehülle wird bei der Lüftung ein Wärmerückgewinnungsgrad von bis zu 80 % erreicht. Getrennte Lüftungssysteme für Büro- und Hallenbereiche sorgen für eine an die jeweiligen Erfordernisse angepasste Heizung und Belüftung.

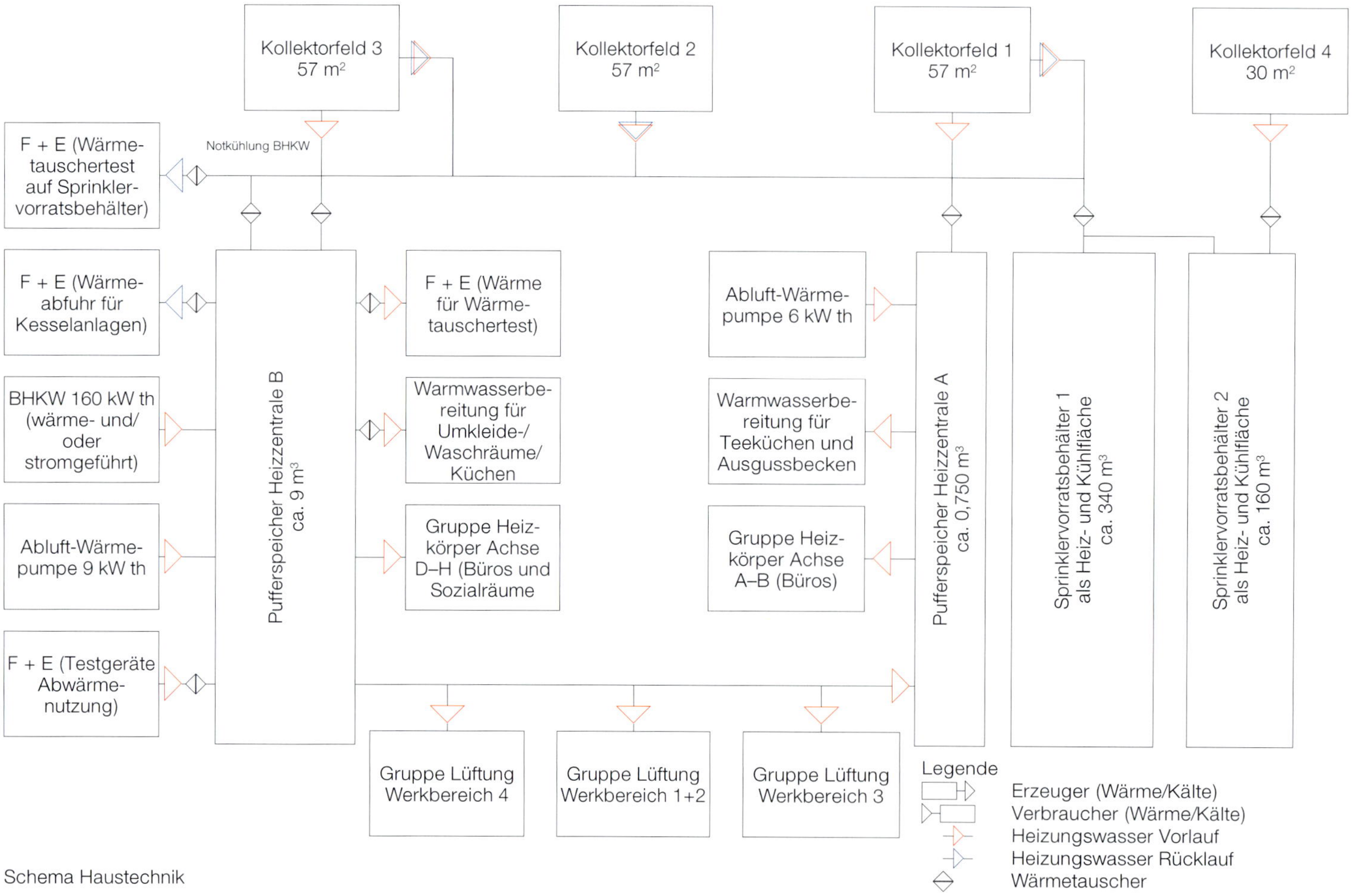

Schema Haustechnik

Jeder der drei Hallenbereiche wird von einem eigenen Lüftungsgerät versorgt. Die Beheizung auf mindestens 17 °C erfolgt vollständig über Zuluft. Im unteren Bereich der Halle (bis 2 m) ist eine Luftwechselrate von 2 h^{-1} notwendig, um die Luftqualität während der Produktion und bei liefernden LKWs zu sichern. Der Gesamtluftwechsel liegt bei niedrigen 0,35 h^{-1}. Der spezifische Leistungsbedarf der Lüftungsgeräte beträgt durch die Querschnittsoptimierung der Kanäle lediglich 0,45 Wh/m^2. Im Sommer wird über eine zentrale Steuerung durch Öffnung der Oberlichter und Tore gelüftet. Um Entwärmung durch Querzug zu verhindern, lässt sich im Winter immer nur ein Tor öffnen. Ungedämmte Sprinklertanks in den Hallen dienen als Pufferspeicher der Kollektoren und wirken als Niedertemperatur-Strahlungsheizung. Die Abwärme der EDV-Zentrale unterstützt im Winter die Heizung der Lagerhalle.

Im Bürobereich übernimmt ein einfaches Abluftsystem mit Wärmerückgewinnung neben Heizung und Belüftung die Nachtkühlung. Über drei Dachventilatoren wird die Abluft aus den Büros abgesaugt. Wärmepumpen in den Technikzentralen entziehen der Abluft die Wärme und speisen sie in die Pufferspeicher. Frischluft strömt über Ventile im Brüstungsbereich der Fassade nach. Diese Zuluftelemente sind zentral gesteuert und können bei Bedarf verschlossen werden. Um Zuglufterscheinungen zu vermeiden, wird die Frischluft über einen Lüfterschrank unter den Fenstern verteilt. Zur Nachtlüftung wird die Drehzahl der Ventilatoren erhöht, der größere Volumenstrom kühlt im Sommer die Gebäudemasse. Im Winter werden die Büros über Radiatoren vor den Lüfterschränken auf 20 °C beheizt. Die über das Zuluftelement einströmende Frischluft vermischt sich mit der vom Radiator erwärmten Luft.

Energiebilanz

Das Ziel einer emissionsfreien Jahresbilanz wird durch den ausschließlichen Einsatz regenerativer Energiequellen zur Versorgung erreicht. Die Wärmeversorgung erfolgt über ein monovalentes Rapsöl-Blockheizkraftwerk (180 MWh/a), über thermische Solarkollektoren (20 MWh/a) und durch die Nutzung der Abwärme aus der Entwicklungsabteilung (20 MWh/a). Der Strombedarf wird über eine Photovoltaikanlage (45 MWh/a) und über das Blockheizkraftwerk (115 MWh/a) gedeckt.

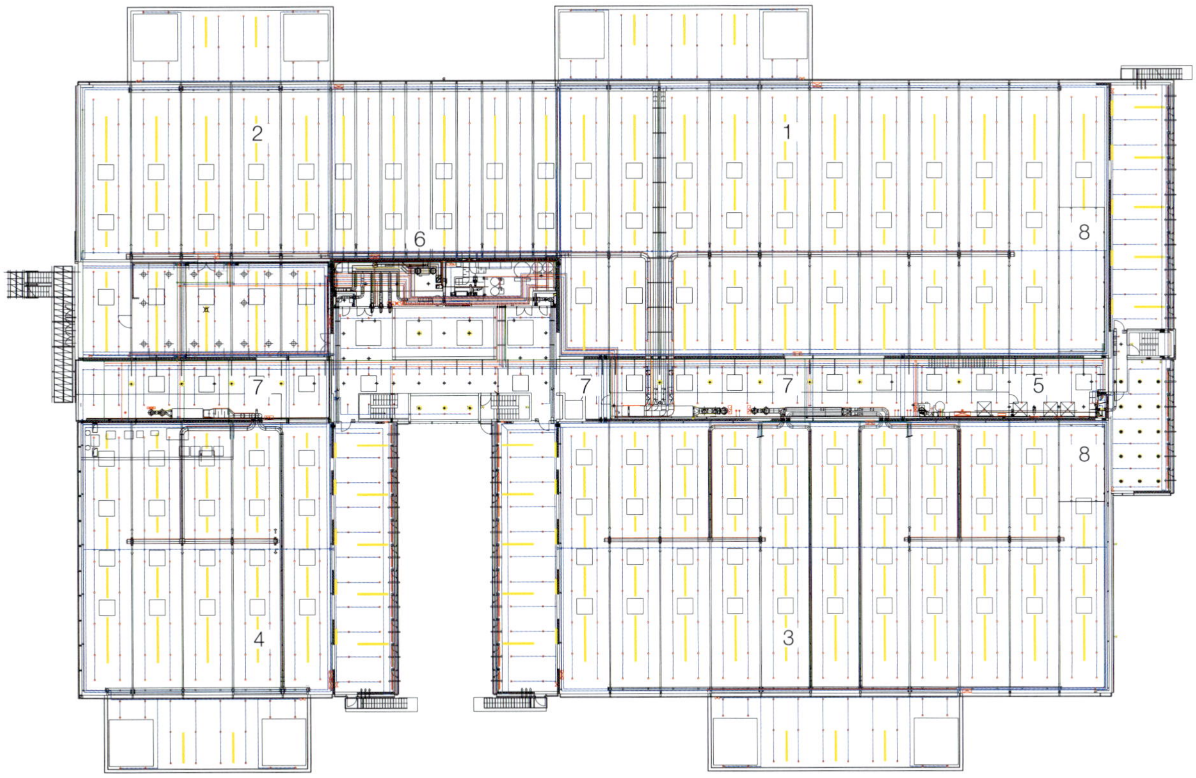

Haustechnikplan
Maßstab 1:750

1–4 Hallenbereiche
5 Technikzentrale A
6 Technikzentrale B
7 Lüftungsgeräte
8 Sprinklertanks

rot Zuluft
braun Fortluft
cyan Sprinkler
blau Elektro
gelb Leuchten

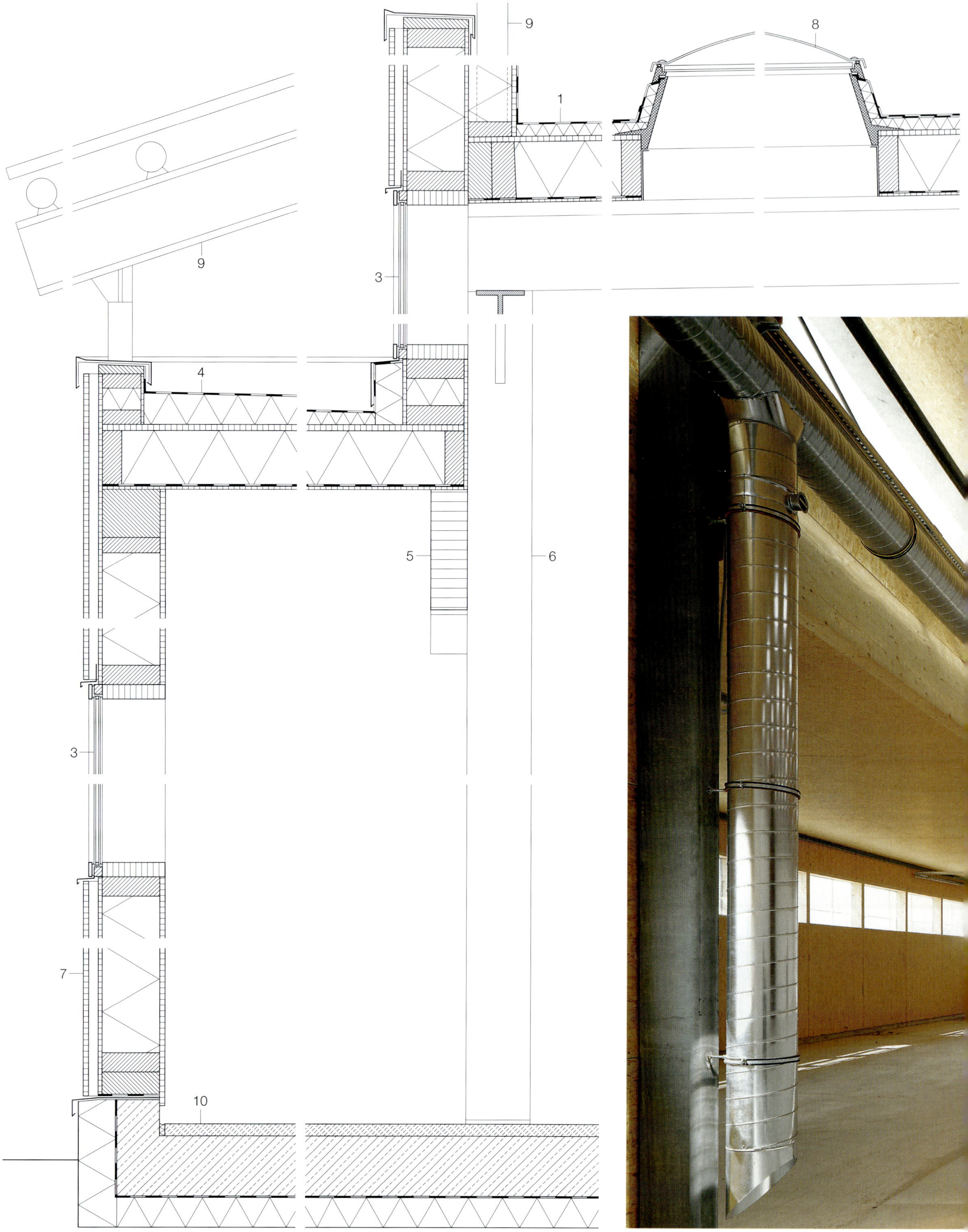
9
8
1
9
3
4
5
6
3
7
10

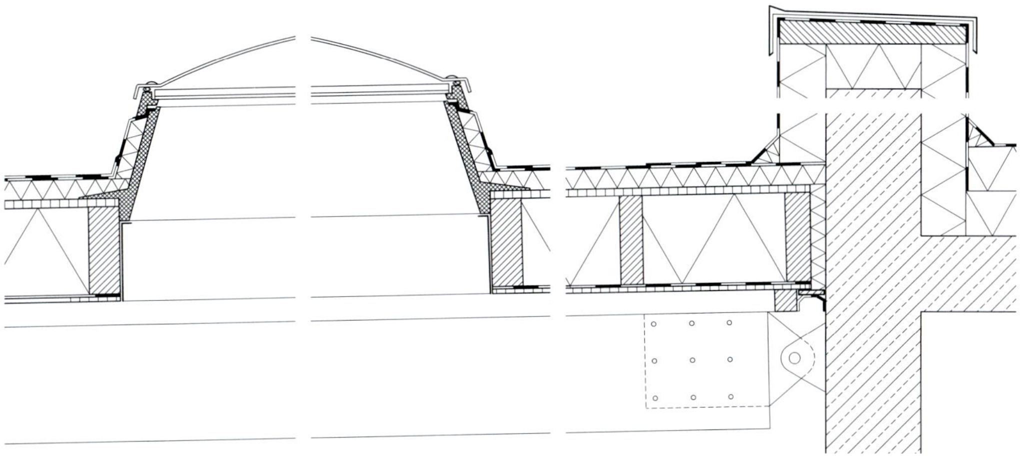

Schnitte
Maßstab 1:20
Elementstoß
Maßstab 1:5

1 Dachaufbau Halle: U = 0,16 W/m²K
Abdichtung Kunstoffbahn 1,8 mm
Wärmedämmung Steinwolle 40 mm
OSB-Platte 22 mm
Wärmedämmung Mineralwolle 240 mm
Dampfbremse feuchtevariabel 0,23 mm
OSB-Platte 12 mm
Brettschichtholzbinder 140/620 mm
2 Kompriband 2–3 mm
3 2-Scheiben-Festverglasung auf
Brettschichtholz-Konstruktion
U = 1,4 W/m²K, g = 58 %
4 Dachaufbau Anlieferung:
Abdichtung Kunstoffbahn 1,8 mm
Gefälledämmung Polystyrol 130–20 mm
OSB-Platte 25 mm
Brettschichtholz 118/233 mm
Wärmedämmung Mineralwolle 220 mm
Dampfbremse feuchtevariabel 0,23 mm
OSB-Platte 12 mm
5 Brettschichtholzbinder 160/500 mm
6 Stahlprofil ⏢ 18/26
7 Wandaufbau: U = 0,20 W/m²K
Fassadenplatte Hochdrucklaminat
Holzunterkonstruktion 40 mm
Holzwerkstoffplatte 16 mm
Holzständer 240 mm
Wärmedämmung Mineralwolle 240 mm
OSB-Platte 22 mm
8 Oberlicht: U = 1,50 W/m²K, g = 50 %
Außenschale Acrylglas transluzent
Transluzente Wärmedämmung 16 mm
Trägerplatte Acrylglas
9 Photovoltaikanlage
Photovoltaikmodul 850/1400 mmm
Stahlprofil Ø 127/7,1 mm
Stahlprofil IPE 300 auf Unterkonstruktion
Stahlkreuz auf Stahlprofil Ø 127/6,3 mm
10 Bodenaufbau Halle: U = 0,30 W/m²K
Verbundestrich 50 mm
Stahlbeton 200 mm
PE-Folie zweilagig
Dämmung Polystyrol-Hartschaum 120 mm

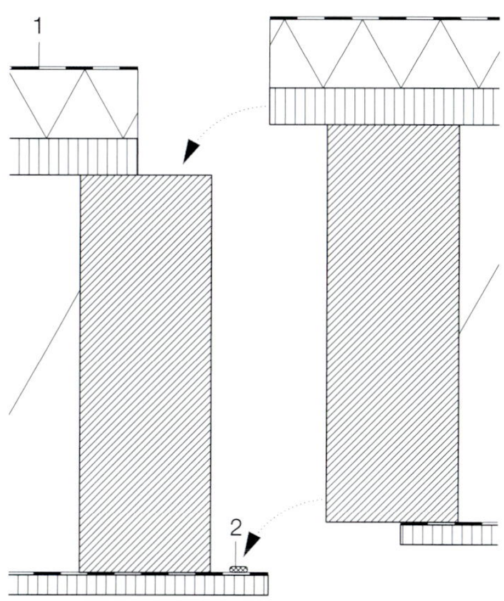

Akademie in Herne

Architekten: Jourda Architectes, Paris
Hegger Hegger Schleiff Architekten, Kassel

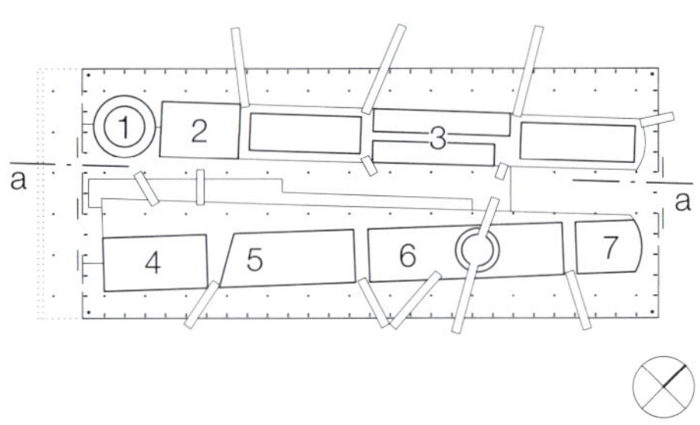

Grundriss
Maßstab 1:3000

1 Bibliothek
2 Stadtteilverwaltung
3 Hotel
4 Bürgersaal
5 Restaurant
6 Akademie
7 Verwaltung Akademie

Mit der Fortbildungsakademie Mont-Cenis des Bundeslandes Nordrhein-Westfalen wurde ein ganzer Stadtteil neu gestaltet. Das Areal von 25 ha umfasst neben der Akademie einen großen Landschaftspark und ein 5 ha großes Wohngebiet. Die gläserne Gebäudehülle der Akademie mit einer überbauten Grundfläche von 16000 m² beherbergt sowohl Verwaltungs- und Seminarbereiche als auch ein Hotel, Wohnungen, ein Restaurant und die Stadtteilverwaltung mit Bibliothek und Bürgersaal. Die einzelnen Häuser sind als eigenständige Baukörper in die Hülle gestellt. Witterungsschutz und passivsolare Energieeinträge bewirken eine klimatische Verschiebung, welche die Halle als Außenraum mit mildem Klima nutzbar macht: Die Klimadaten ähneln im Sommer wie im Winter den Temperaturen von Nizza. Vergleichbar einem riesigen Wintergarten gibt es unter der Hülle einen angelegten bepflanzten Garten. Holzterrassen und Wasserflächen erzeugen ein mediterranes Flair und bieten Tagungsteilnehmern der Akademie sowie den Anwohnern einen inspirierenden Aufenthaltsbereich. Die Hüllflächen der eingestellten, holzverkleideten Gebäude müssen weder wind- noch regendicht sein und sind in einfacher Bauweise ausgeführt. Beheizte Fläche wird eingespart, da große Teile ihrer Erschließung in der Halle liegen.
Die im Glasdach integrierten 2,5–3,2 m² großen Photovoltaikmodule dienen nicht nur der Stromerzeugung, sie regulieren durch Zellart und Belegungsdichte auch die Verschattung und das Klima in der Hülle und vermeiden Überhitzung. Mit einer Modulfläche von 9300 m² auf dem Dach und zusätzlichen 800 m² an der Süd-Westfassade befindet sich in Herne das weltgrößte gebäudeintegrierte Solarkraftwerk. Es erreicht eine Gesamtleistung von bis zu 1 MW und ein Energieangebot von ca. 750000 KWh/a. Aus der Idee, durch eine große Glashalle mit wolkenartiger Dachstruktur als »mikroklimatische Hülle« Solarenergie passiv nutzbar zu machen, entwickelten die Architekten in enger Zusammenarbeit mit Fachplanern, Ingenieuren und Gutachtern die Photovoltaikanlage, die durch die unterschiedliche Dichte der einzelnen Module den Wolkeneffekt erlebbar macht. Im Bereich der eingestellten Gebäuderiegel sind die Module mit einer Dichte von 86 % verlegt und sorgen so für den nötigen Sonnenschutz. Am Übergang zu den klaren Glasflächen wurden die Abstände bis auf 58 % vergrößert, der Helligkeitskontrast ist abgemildert, eine fein differenzierte Lichtstimmung in der Halle entsteht. Die mittlere Zone des Glasdachs ist, um ausreichend Tageslicht einfallen zu lassen, ohne Solarzellen ausgeführt und mit zahlreichen Öffnungsflügeln versehen. Die Entlüftung kommt sowohl dem Raumklima als auch dem Wirkungsgrad der Solaranlage zugute, der bei starker Aufheizung sinken würde. Der Dach-

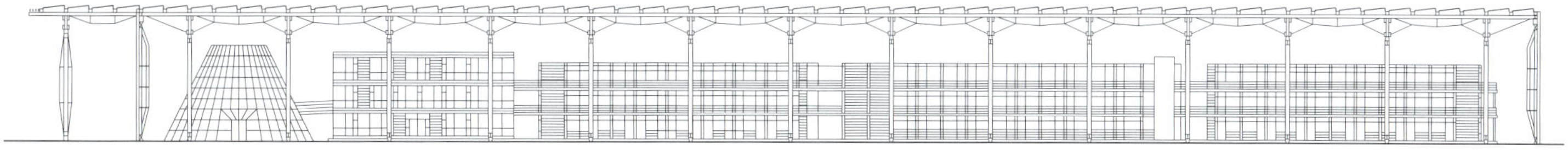

Längsschnitt Fassade
Maßstab 1:1000

Solarkraftwerk
Mit der Fortbildungsakademie entstand weltweit die erste Solaranlage, bei der die einzelnen Photovoltaikmodule nicht aufmontiert sind, sondern tatsächlich die Dachfläche bilden. Die eigens dafür entwickelten Module bestehen aus mono- und polykristallinen Photovoltaikzellen unterschiedlicher Hersteller. Sie sind jeweils in einer 2 mm dicken Schicht eines hochtransparenten Gießharzes zwischen zwei Einscheibensicherheitsglasscheiben (ESG) eingebettet. Die eisenarmen Gläser mit Stärken vom 4 mm (äußere, der Sonnen zugewandte Seite) bzw. 8 mm (Innenseite) besitzen besonders hohe Transmissionen im Spektralbereich von Siliziumzellen.
Rund 600 dezentrale modulare Pulswechselrichter mit niedriger Sättigungsspannung und kurzen Schaltzeiten wandeln den photovoltaisch erzeugten Gleichstrom in Wechselstrom um und bündeln ihn.

Dachfläche gesamt:	12600 m²
Modulflächen Dach:	9300 m²
Modulflächen Fassade:	780 m²
PV-Dach Standardmodul:	1,16 m × 2,78 m
PV-Fassade Standardmodul:	1,16 m × 2,40 m
Anzahl PV-Dachmodule:	2905
Anzahl PV-Fassadenmodule:	280
Anzahl modulare Wechselrichter:	ca. 600
Wirkungsgrad monokristalline Solarzellen:	12,8 %
Wirkungsgrad polykristalline Solarzellen:	16,0 %
Neigung Dachmodule:	5°
Neigung Fassadenmodule:	90°
Leistung je Modul:	250–416 Wpeak
Gesamtleistung:	1 MWpeak
Kohlendioxid(Co_2) Erspanis:	ca. 450 Tonnen/a
Mittlere Einstrahlung:	975 kWh/m²a
Energieangebot:	750 000 kWh/a

rand ist von dezentralen modularen Wechselrichtern gesäumt, die den Solarstrom in 220 Volt Wechselstrom umwandeln. Um die Gesamtleistung von einem Megawatt zu erreichen und gleichzeitig den gewünschten Effekt amorpher Wolken in der Dachaufsicht zu erzielen, wurden Solarzellen unterschiedlicher Hersteller, Leistung und Größe eingesetzt. An ausgewählten Stellen sind holografisch-optische Elemente in die Dachfläche integriert, die Tageslicht in die konischen Bauteile von Bibliothek und Empfangsbereich lenken und in unterschiedlicher Weise in seine Spektralfarben auflösen.
Das Konzept der »mikroklimatischen Hülle« wurde vor Beginn der Ausführungsplanung anhand von Berechnungen und Computersimulationen optimiert. Auch die Verteilung der PV-Module ist mit Hilfe von Simulationen festgelegt, damit in jedem Bereich die erforderliche Tageslichtqualität gewährleistet werden kann. Die an den Fenstern der Häuser angebrachten Lichtschaufeln lenken Tageslicht in die hinteren Raumbereiche.
Um Überhitzung zu vermeiden, sind im Sommer zur Durchlüftung der Hülle die Dach- und Fensterelemente geöffnet. Natürlich und mechanisch belüftbare Erdkanäle leiten Frischluft in die »Innenhäuser«. Die warme Luft, die sich unter dem Glasdach staut, verringert im Winter den Heizenergiebedarf, der durch die Lüftungsanlage mit Wärmerückgewinnung zusätzlich reduziert wird. Die von den Innengebäuden abgegebene Wärme heizt die angesaugte Frischluft vor.
Die Energieeinsparung liegt gegenüber Bauten mit gleichem Dämmstandard, die nicht unter einer Klimahülle stehen, bei ca. 23 %. Gegenüber einem vergleichbaren klimatisierten Gebäude werden ca.18 % CO_2-Emissionen vermieden.
Der Jahresheizwärmebedarf beträgt weniger als 50 kWh, der Gesamtenergiebedarf kann bei optimaler Steuerung der Anlagen bei ca. 32 kWh/m²a liegen. Tragwerk und Fassadenkonstruktion bestehen aus dem nachwachsender Rohstoff Holz. Die Konstruktion ist bewusst nicht filigraner ausgebildet, um eine deutlich raumbegrenzende Wirkung zu erzielen. Senkrecht zur Fassade gesehen erweitert sich die Halle optisch in die Parklandschaft, während aus schrägem Blickwinkel das Prinzip vom Raum im Raum deutlich wird. Die Fortbildungsakademie ist Bestandteil eines komplexen ökologischen und sozialen Gesamtkonzepts. In einem Blockheizkraftwerk wird Grubengas, das aus den ehemaligen Bergwerkschächten strömt, zur Stromerzeugung genutzt. Da bei sonnenloser Tiefdruckwetterlage besonders viel Gas anfällt, gleicht die Anlage dann die geringeren Erträge des Solarkraftwerks aus.

Schnitte • Lüftungsschema

Temperatur- und Strömungsverlauf in der Glashülle

A Grundriss, Schnittsequenz

c Temperatur-und Strömungssimulationen in Schnittdarstellung
d Temperatur-und Strömungssimulationen in Grundrissdarstellung

B Querschnitt

a heißer, windstiller Sommertag
b kalter Wintertag, Windgeschwindigkeit 3,5 m/s

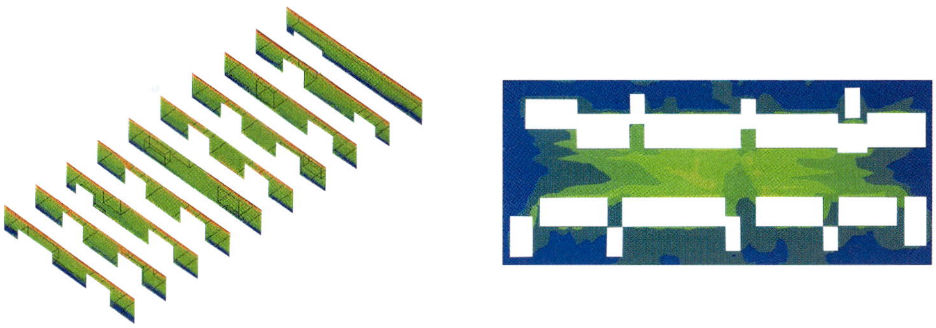

A

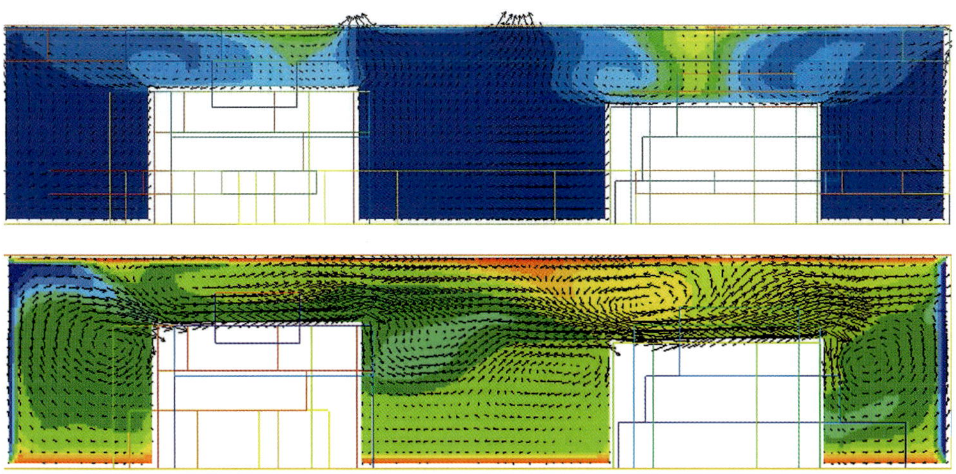

B

Lüftungsschema
Die Lüftung der Glashülle wird zentral und automatisch gesteuert. Eine Wetterstation und ein Messfühler liefern aktuelle Klimadaten.

Sommer
Die großen Schiebetore an den Stirnseiten der gläsernen Hülle sorgen für natürliche Ventilation. Warme Luft steigt auf, entweicht durch die Dachöffnungen und saugt über die Lüftungsklappen im unteren Fassadenbereich Frischluft an. Vegetation und Wasserflächen sorgen für zusätzliche Kühlung. Die Photovoltaikmodule auf der Süd-Westfassade und auf dem Dach gewährleisten Sonnenschutz. Die Innenhäuser sind natürlich und mechanisch belüftbar. Über sieben Erdkanäle mit jeweils 1 m Durchmesser wird Frischluft aus Außenbereichen angesaugt, abgekühlt und in die Innenhäuser eingeleitet.

Winter
Die Gebäudehülle mindert den Wärmeverlust durch Konvektion, schützt vor Wind, Niederschlag und Außenlärm. Angesaugte Frischluft wird durch Sonneneinstrahlung und die von den innen liegenden Gebäuden abgegebene Wärme sowie durch Wärmerückgewinnung aus der verbrauchten Luft (Lüftungsanlage) vorgeheizt. Der Jahresheizwärmebedarf liegt unter 50 kWh/m², das sind 23 % weniger Energie als bei Gebäude mit gleichem Dämmstandard. In den Erdkanälen wird die Luft auf ca. 8 °C vorgewärmt und anschließend in die Innenhäuser eingebracht.

Übergangszeit
Über die Mikroklimahülle werden die Häuser mit Frischluft versorgt. Sie strömt über Zulüftungen im unteren Fassadenbereich ein. Die verbrauchte Luft entweicht über die oberen Lüftungsklappen.

Energiekonzept
Der photovoltaisch erzeugte Strom wird in Blei-Säure-Batterien mit einem Energiegehalt von insgesamt 1,2 MWh und einer Leistung von 1,5 MVA gespeichert. Die Batterien unterscheiden sich von konventionellen Blei-Säure-Batterien durch konstruktive Verbesserungen und neuartige Verbindungstechnologie, wodurch Lebensdauer, energetischer Wirkungsgrad und Hochstromkapazität optimiert werden. Die Nutzung von Grubengas für die beiden BHKW-Module mit je 253 kWel, die ca. 1,9 Mio. kWh/a Strom und 2,7 kWh/a Wärme erzeugen, entspricht einer Erdgaseinspeisung von 630 000 m³/a und einer Co_2-Reduktion von 10 000 t/a. Der erfolgreiche Betrieb der Anlage hat zu einer Erhöhung der Grubengasnutzung geführt: Seit 2000 wird eine um 1 MWel und 1,2 MWth vergrößerte Anlage betrieben.

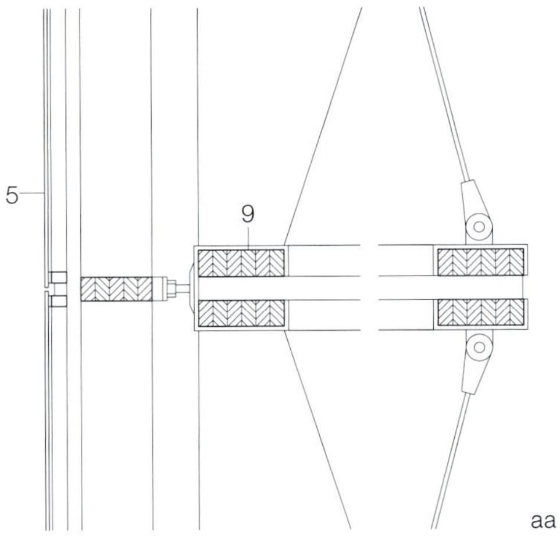

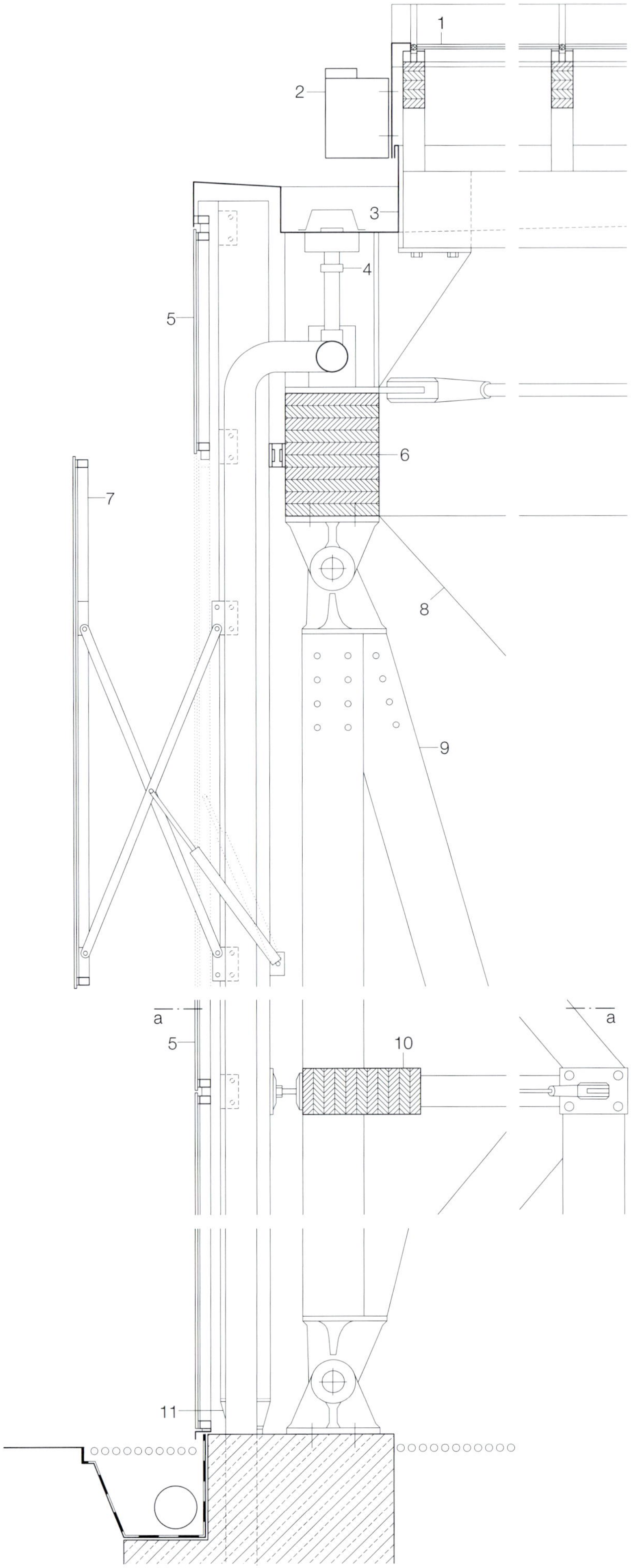

Fassadenschnitte Hülle • Innenhäuser
Maßstab 1:20

1 Dachverglasung VSG aus Weißglas TVG 6 mm + Photovoltaikzellen in Gießharz 2 mm +TVG 8 mm
2 Wechselrichter
3 Stahlrinne verzinkt
4 Regenwasser Schnellablaufsystem
5 Fassade:
ESG 18 mm in Alu-Adapterrahmen an Fassadenpfosten BSH 160/60 mm
6 Randträger BSH 300/400 mm
7 Öffnungsflügel
8 Dachträger Holzfachwerk
9 Pfosten Holzfachwerk
10 Riegel BSH 380/140 mm
11 Pfosten Stahlhalterung
12 Dachaufbau:
Furniersperrholz 22 mm
Gummigranulat
Dichtungsbahn
Wärmedämmung Mineralwolle 160 mm
Dampfsperre
Decke STB 200 mm
13 Lichtreflektor Holz weiß furniert
14 Isolierverglasung innere Scheibe VSG 27 mm
15 Wandaufbau:
Dreischichtplatte Fichte 20 mm
Dichtungsbahn
Wärmedämmung Mineralwolle 100 mm
Dampfsperre
Dreischichtplatte Fichte 20 mm
16 Rost aus Holzlatten 40/120 mm auf Stahlträger I100 mm

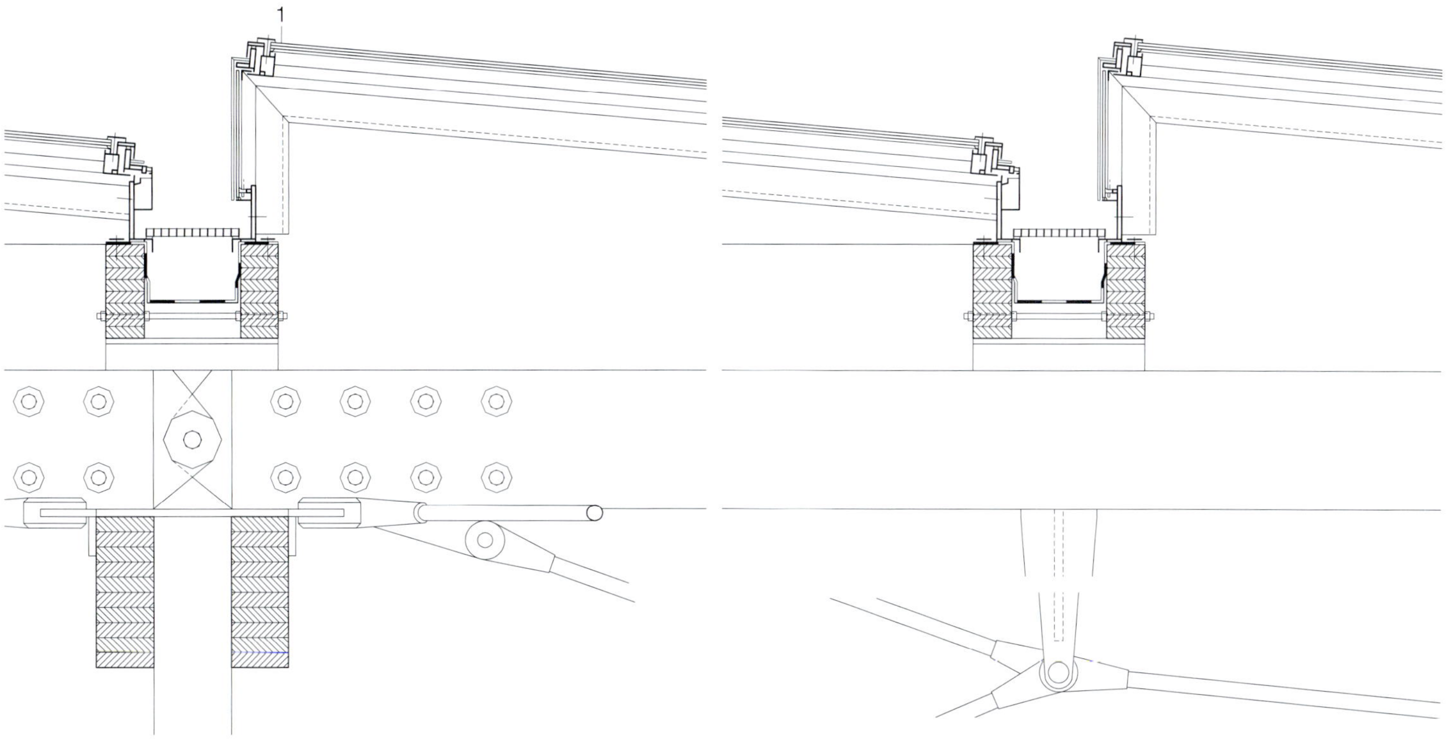
1

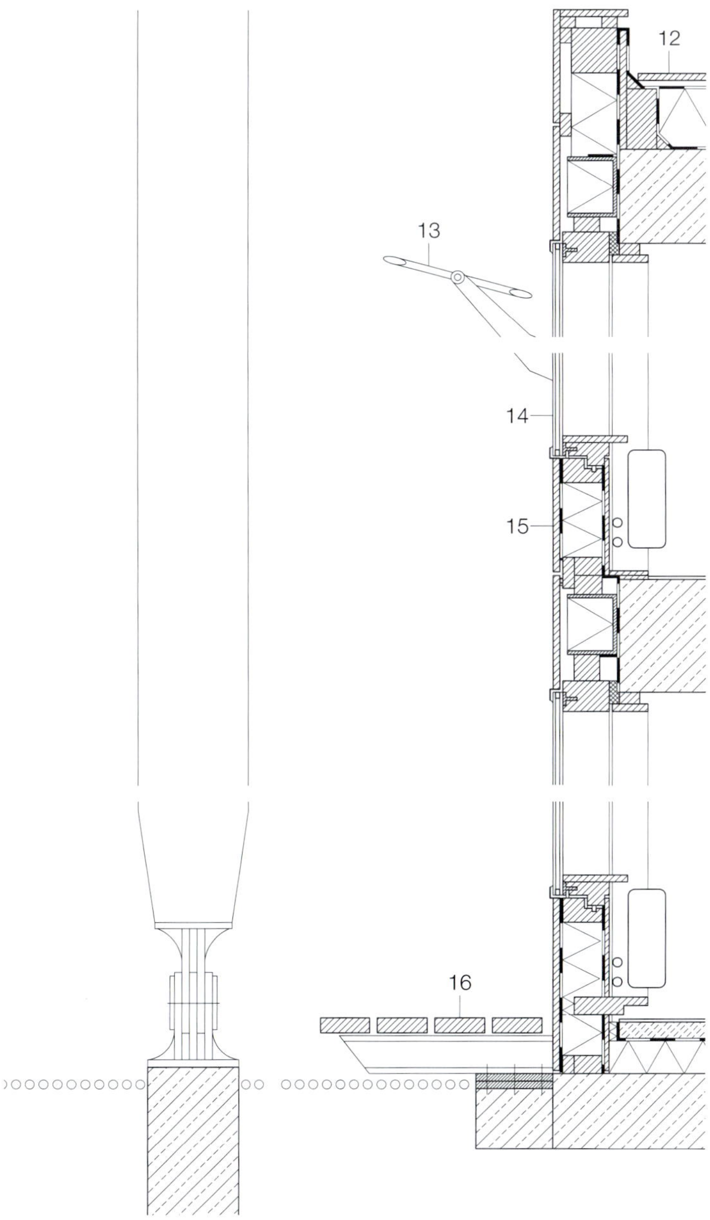
12
13
14
15
16

Umbau des Reichstagsgebäudes zum Deutschen Bundestag in Berlin

Architekten: Foster und Partner, London
Haustechnik: Kühn Bauer Partner, München

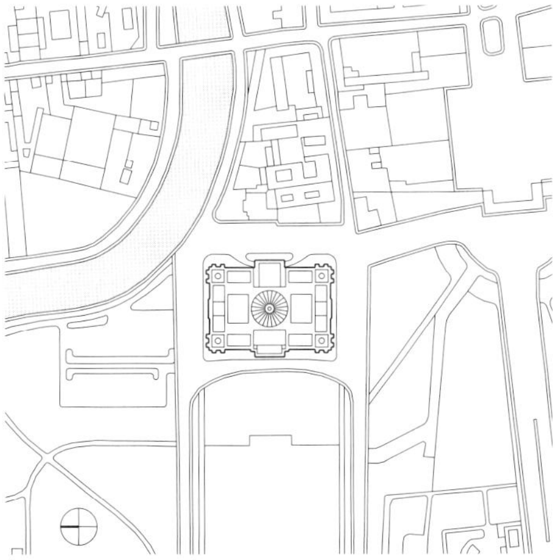

Lageplan Maßstab 1:10000
Schnitt Maßstab 1:1500

Das Reichstagsgebäude von Paul Wallot ist nach dem Umbau zum modernen Parlamentssitz das zentrale Symbol der Bundeshauptstadt Berlin. Neben der inneren Neuordnung und Umgestaltung, dem Einbau eines neuen Plenarsaals sowie einer vollständig verglasten Kuppel darüber steht die ressourcenschonende Energieversorgung im Mittelpunkt des Gebäudekonzepts. Die Planung für den neuen Parlamentssitz sieht eine deutliche Einsparung von Energie verbunden mit einer Reduzierung des Verbrauchs fossiler Brennstoffe und damit der CO_2-Emissionen vor. Das Modell knüpft an das bereits vor 100 Jahren angewandte System der Haustechnik an. Das Reichstagsgebäude ist aufgrund der großen Massen durch dicke Wände und der großen Luftvolumina durch hohe Räume selbst ein Energiespeicher. Ganzjährig wird mit minimal zugeführter Energiemenge zum Heizen oder Kühlen ein gleichmäßiges Raumklima hergestellt. Durch Bauteilheizungen wird der Wärmebedarf im Winter auf Niedertemperaturniveau gedeckt. Im Sommer führt Bauteilkühlung kontinuierlich die Wärme aus dem Gebäude ab. Die Konstruktion der Kuppel ist das weithin sichtbare Zeichen der Erneuerung des ansonsten äußerlich weitgehend unveränderten Gebäudes. Sie stellt keine bloße Wiederherstellung der historischen Kuppel dar, sondern ist mit einer Besucherrampe in Form einer Doppelhelix und einer Aussichtsplattform öffentlich zugänglich und erlaubt durch eine gläserne Decke den Blick in den Plenarsaal. Gleichzeitig ist sie ein wichtiges Element zur Tageslichtnutzung und im Heizungs- und Lüftungssystem. Die 24 Kuppelrippen mit dreiecksförmigem Querschnitt wechselnder Tiefe werden auf dem Gebäudedach von einem ringförmigen Kastenträger getragen. Sie sind über aufgeschweißte Stahlgussknoten mit 17 horizontal umlaufenden Profilen verbunden und am oberen Ende mit einem Ringträger verschweißt. Die schindelartige Verglasung der gesamten Kuppeloberfläche erfolgte mit Verbundsicherheitsgläsern in Aluminiumrahmen. Eine 300 m^2 große Photovoltaikanlage mit einer Spitzenleistung von 40 kW versorgt die Lüftungstechnik und den Antrieb des Sonnenschutzes in der Kuppel mit Energie. Zwei mit Pflanzenöl betriebene Motorheizkraftwerke erzeugen in Kraft-Wärme-Kopplung die elektrische Energie für den Verbund der Parlamentsbauten. Die Abwärme aus der Verbrennung wird in einen saisonalen Speicher geleitet und bei Bedarf wieder abgerufen. Diese Kombination verschiedener, sich gegenseitig ergänzender Maßnahmen reduziert den CO_2-Ausstoß von etwa 7000 t auf 1000 t im Jahr.

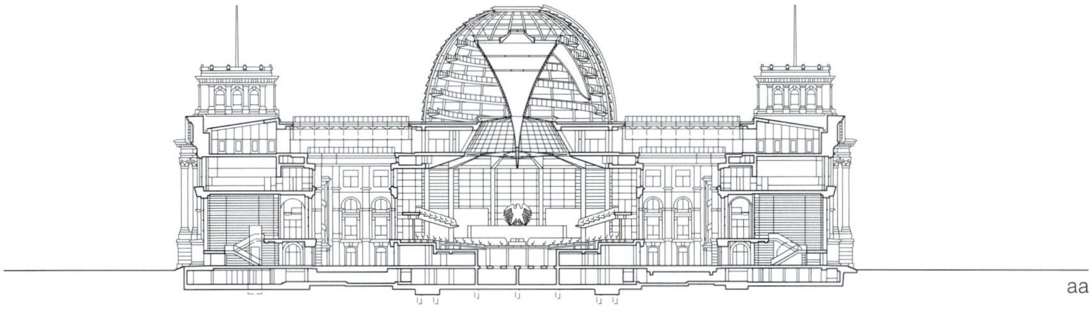

aa

Sonnenenergie und Energiespeicher
Die Energieversorgung des Reichstagsgebäudes erfolgt in einem Technikverbund mit weiteren Parlamentsbauten am Spreebogen. Im Zentrum dieses Versorgungskonzepts stehen dezentrale, zum öffentlichen Netz parallel arbeitende Motorheizkraftwerke (MHKW). Diese Stromgeneratoren arbeiten nach dem Prinzip der Kraft-Wärme-Kopplung. Sie erzeugen Strom und nutzen gleichzeitig die beim Verbrennungsprozess entstehende Abwärme zum Heizen oder Kühlen. Brennstoff der Generatoren ist Pflanzenölmethylester (Biodiesel). Durch die Verwendung dieses regenerativen Energieträgers vermindern sich die CO_2-Emissionen gegenüber fossilen Brennstoffen um mehr als 50 %. Mit ca. 3,2 MW decken die MHKWs etwa 80 % des Strombedarfs der Gebäude, mit ihrer Abwärme etwa 90 % des Wärmebedarfs.

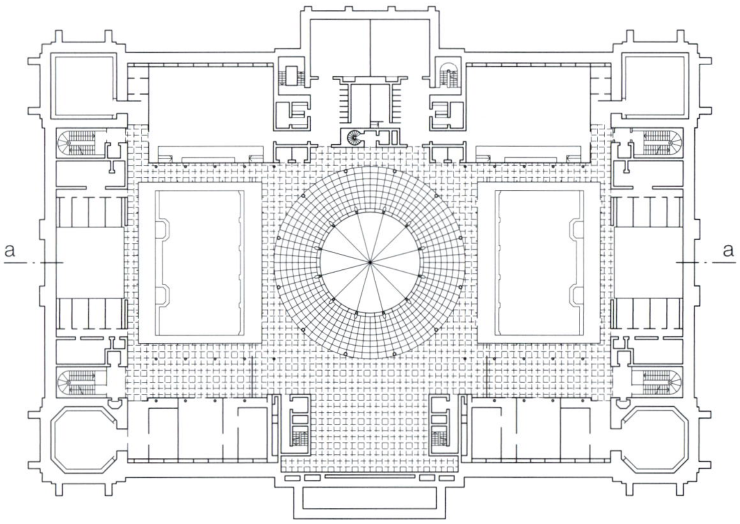

4

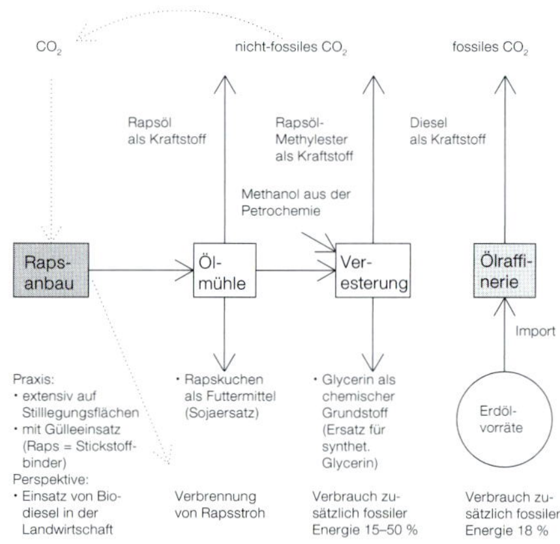

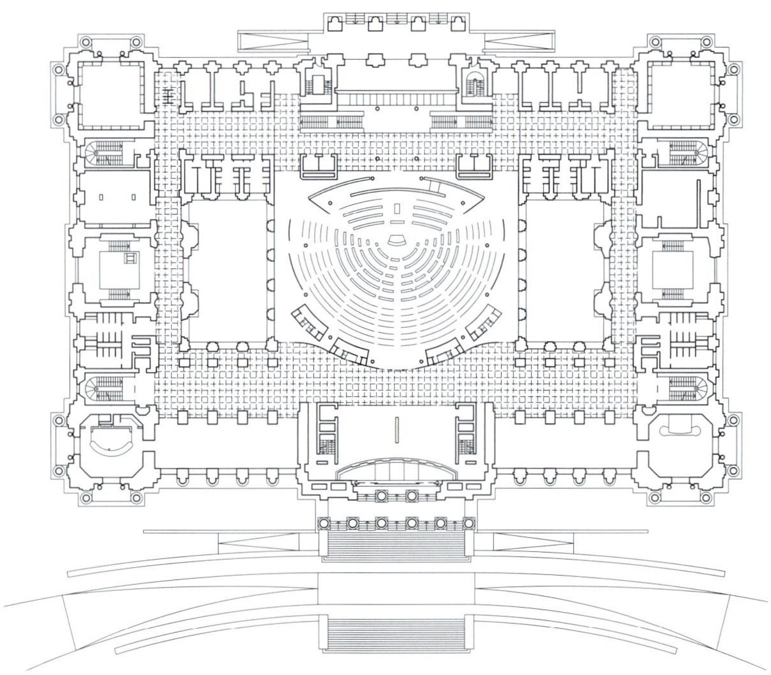

4. Obergeschoss
Erdgeschoss
Maßstab 1:1500
Einsatz von Pflanzenöl als nachwachsender Rohstoff zur Energieversorgung
Energiespeicherung in Aquiferspeichern
A Temperaturverlauf Kältespeicher
B Temperaturverlauf Wärmespeicher

Wird weder Wärme noch Kälte, sondern nur Strom benötigt, fließt die Prozesswärme in Form von heißem Wasser (ca. 70 °C) in den 300 m tief gelegenen so genannten Aquiferspeicher. Dieser besteht aus zwei ca. 800 m voneinander entfernten Bohrungen. Über eine Bohrung wird Solewasser mit seiner natürlichen Temperatur von 20 °C nach oben gefördert, mit der Abwärme der MHKWs auf ca. 70 °C erwärmt und über die zweite Bohrung wieder nach unten gepumpt. Die maximale Fördermenge beträgt dabei 100000 l/h. Geschiebemergel oberhalb der warmen Grundwasserzone verhindert als Isolator, dass Wärme an die Oberfläche gelangt. Ein seitliches Abdriften der Wärme ist nicht möglich, da keine Grundwasserströmung vorhanden ist. Im Winter steht die Wärmeenergie im Aquiferspeicher dann wieder zur Wärmeversorgung auf Niedertemperaturniveau (ca. 65 °C) bereit. Dazu wird die Förderrichtung umgekehrt. Das Wasser gibt seine Wärme über Wärmetauscher an das Gebäude ab und wird anschließend mit einer Temperatur von ca. 20 °C zurückgepumpt. Um Wasser mit einer mittleren Temperatur von ca. 50 °C speichern zu können, werden die Salzwasser führenden Schichten bei 300 m Tiefe genutzt. Eine Rupeltonschicht sorgt für eine natürliche Isolierung zwischen der aufgeheizten unteren Schicht und kühlen, Wasser führenden Schichten im oberen Bereich. Mit der aus dem Speicher zurückgewonnenen Temperatur des warmen Wassers werden z. B. Lufterwärmungs-register und Fußbodenheizungen betrieben. Reicht das Temperaturniveau nicht aus, wird eine FCKW-freie Wärmepumpe zugeschaltet. Zur Gebäude- und Luftkühlung im Sommer wird parallel aus einem zweiten flacheren Aquiferspeicher Grundwasser aus 30–60 m Tiefe über mehrere Bohrungen gefördert. Die maximale Förderrate beträgt ca. 300 000 l/h. Das 5–10 °C kalte Wasser nimmt die Wärme aus dem Gebäude und die Abwärme der Kältemaschine auf und erhöht die Wassertemperatur über einen Wärmetauscher auf maximal 28–30 °C. Die Kälte für den Energieverbund wird mit geringem zusätzlichen Primärenergieaufwand erzeugt: 55% direkte Kühlung aus dem Aquifer-Kältespeicher, 40% aus Abwärme (Absorption, DEC-Verdunstung), 5% mit elektrisch betriebenen Kompressionsmaschinen. Der oberflächennahe Energiehaushalt bleibt unberührt. Da auch eine permanente Wärmezufuhr in das Grundwasser ökologisch nicht vertretbar ist, wird das erwärmte Wasser im Winter über Absorptionswärmepumpen wieder abgekühlt. Durch die Nutzung des Aquiferspeichers können die MHKWs mit optimaler Auslastung gefahren werden.

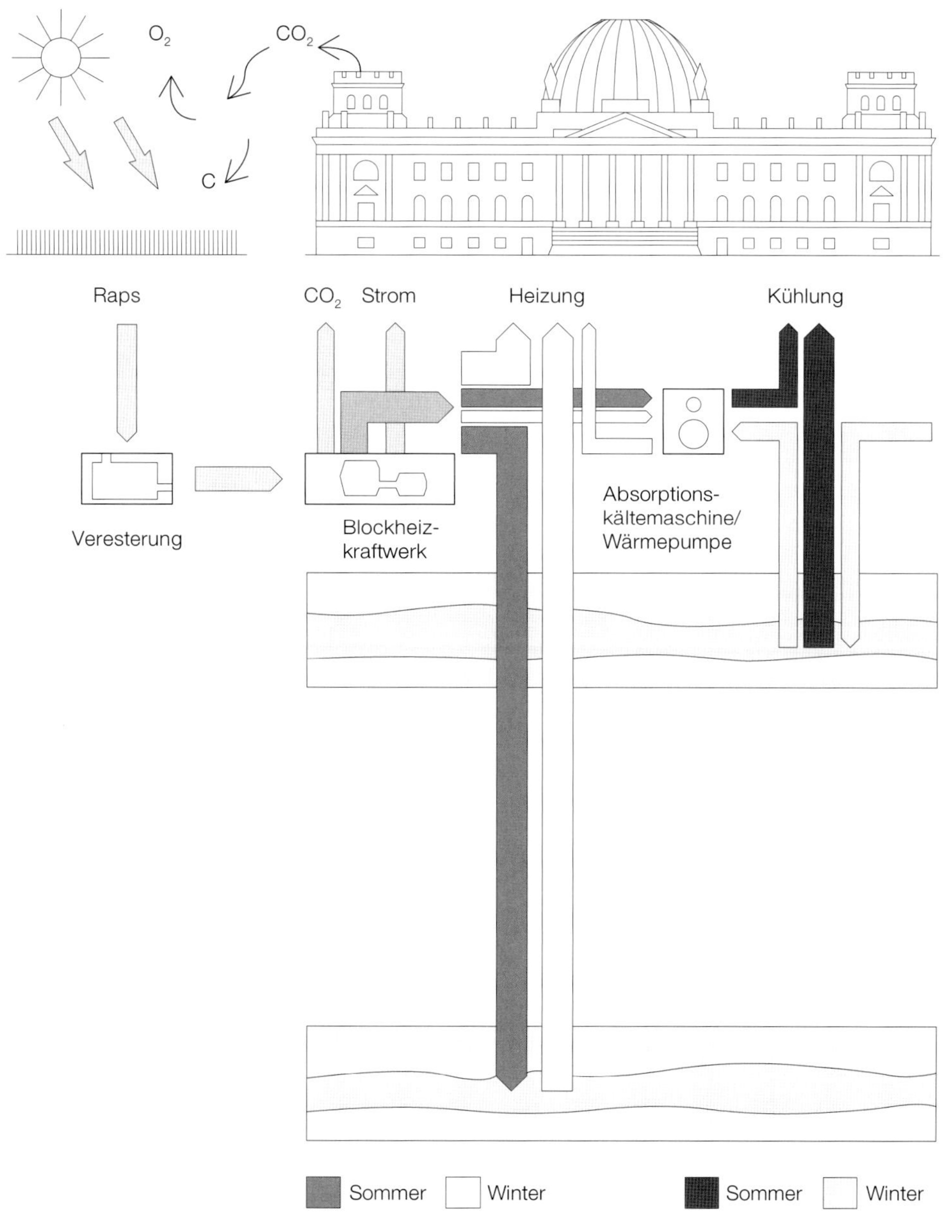

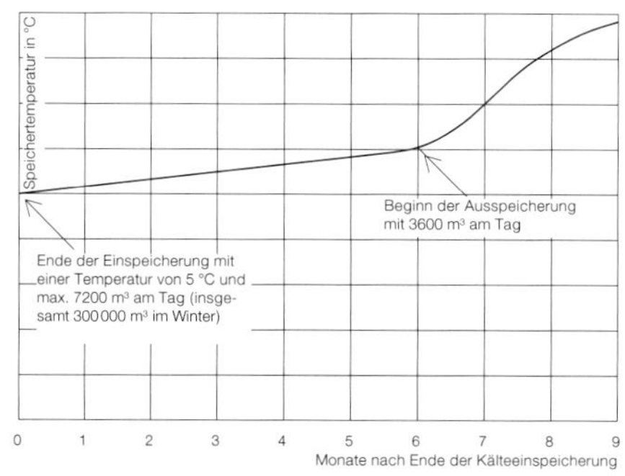

A

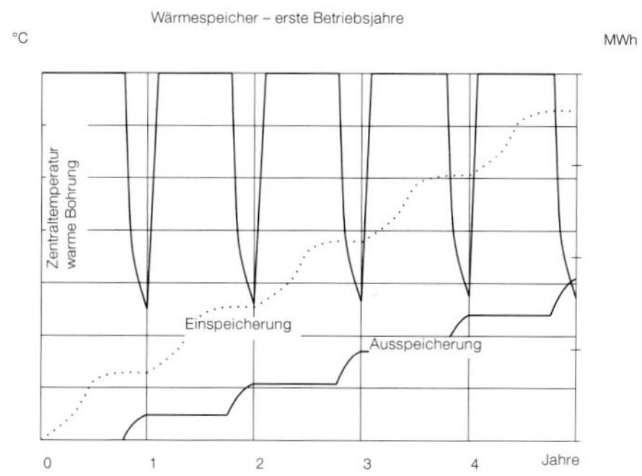

B

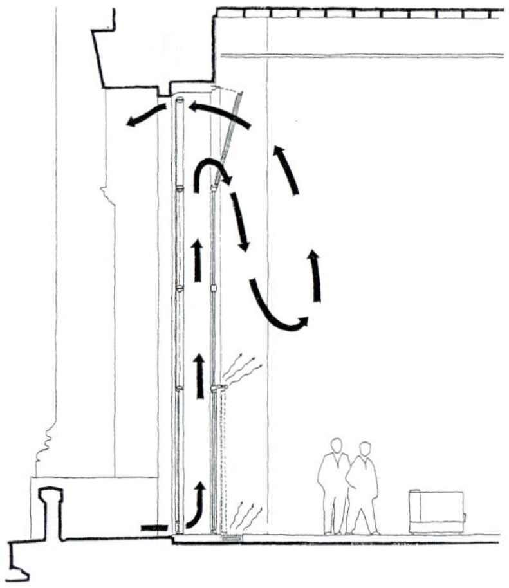

11

Natürliche Lüftung
Der Einsatz von Doppelfassaden mit motorisch und/oder manuell öffenbaren Fenstern erlaubt eine natürliche Lüftung der Räume. Die zweischichtigen Verglasungen mit elliptischen Aluminiumprofilen bestehen aus einer inneren, thermisch getrennten Verglasungsebene, einem Luftzwischenraum mit beweglichem Sonnenschutz und einer fest stehenden Außenscheibe mit umlaufender Lüftungsfuge. Je nach Außentemperatur und Windverhältnissen kann über diese Fenster stündlich das halbe bis fünffache Luftvolumen eines Raumes ausgetauscht werden. Durch Sensoren kann die Öffnung der Fenster zentral gesteuert werden. Die natürliche Lüftung ist so über einen großen Zeitraum des Jahres möglich. Zur nächtlichen Rückkühlung kann die innere Fensterebene, geschützt durch die äußere Verglasung, geöffnet bleiben.

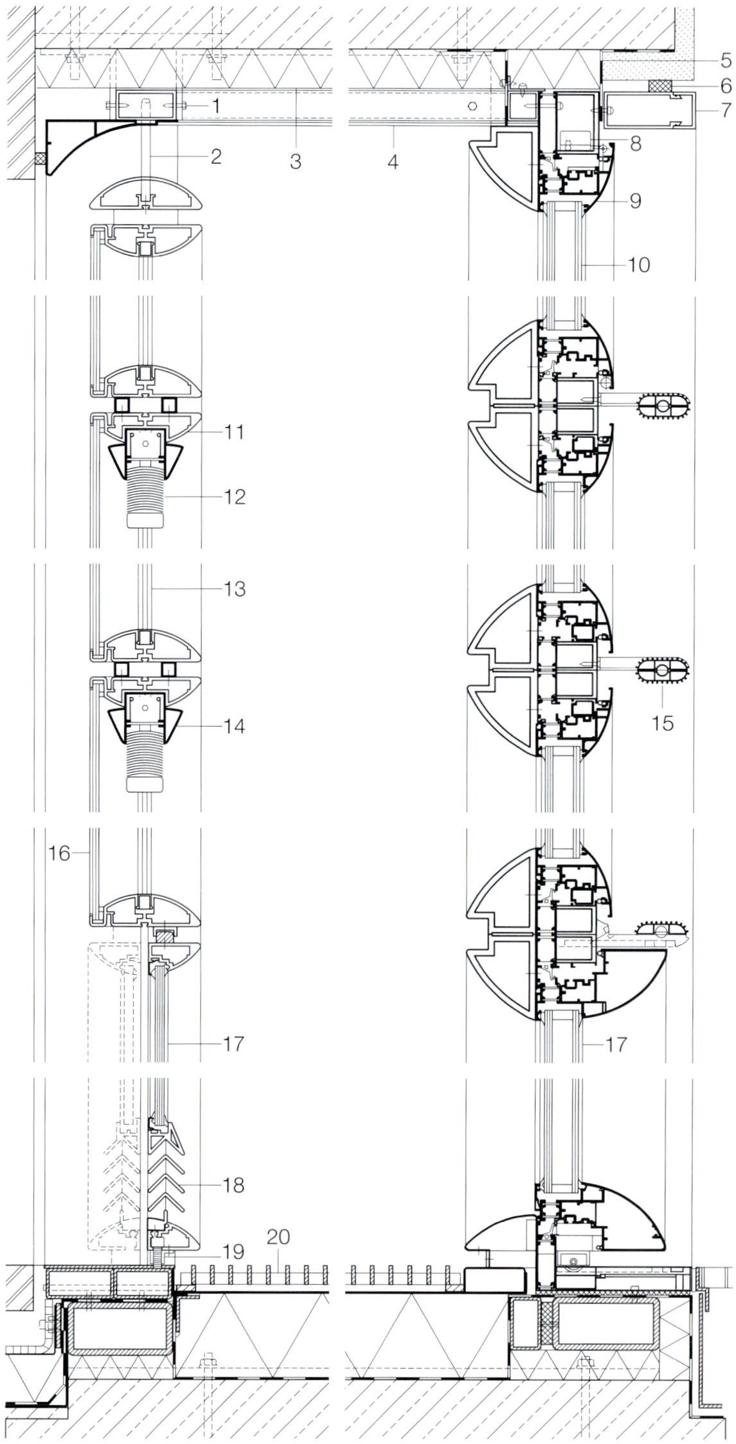

Vertikalschnitt Doppelfassade
Maßstab 1:10

1 Unterkonstruktion Stahl in drei Richtungen justierbar
2 Edelstahlspanndrähte zur Taubenabwehr
3 Wärmedämmung Steinwolle
4 Leibungsblechverkleidung Aluminium
5 Luft- und Dampfsperrfolie
6 Dichtung Silikon
7 Strangpressprofil Aluminium mit integrierter Führung für Kabel und Heizleitungen
8 Elektrischer Kettenantrieb verdeckt eingebaut
9 Strangpressprofil Aluminium thermisch getrennt Oberfläche Nasslack Silber
10 2-fach-Isolierverglasung ESG 8 mm + VSG 10 mm, U = 1,1 W/m²K
11 Rahmenprofil für Festverglasung Strangpressprofil Aluminium
12 Sonnen- und Blendschutzanlage elektrisch betrieben, Lamellenbreite 50 mm
13 Führungsschiene Kunststoffprofil
14 Kopfleistenprofil Aluminium
15 Fassadenheizelement mit Edelstahlhalterung zur Aufnahme Wasser führender Kupferrohre
16 Festverglasung ESG 12 mm mit mechanischer Glassicherung Strangpressprofil und Silikonverklebung
17 Schiebetür
18 Lüftungslamellen feststehend Strangpressprofil Aluminium
19 Laufschiene für Schiebetür
20 Edelstahlwanne mit Edelstahlgitterrost

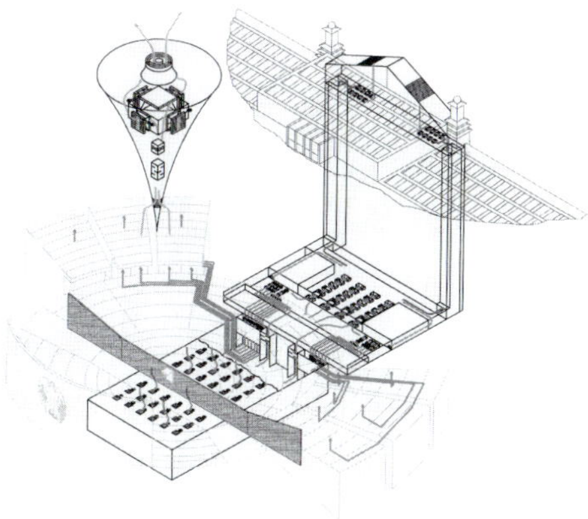

Belüftung des Plenarsaals
Zur Belüftung des Plenarsaals werden die großen, vor 100 Jahren angelegten Luftschächte genutzt. Die Außenluft wird auf der Westseite des Gebäudes oberhalb des Portikus angesaugt und durch große Schächte und Luftsammelräume geführt. Die Druckverluste des Systems reduzieren sich wegen der geringen Widerstände und Strömungsgeschwindigkeiten auf ein Minimum. Große Wärmetauscher erwärmen oder kühlen die Frischluft. Langsam drehende Ventilatoren fördern die konditionierte Luft großflächig in einen Druckboden unterhalb des Plenums. Die Zuluft gelangt als Quellluft über den Teppichboden in den Plenarsaal, verteilt sich mit sehr geringer Geschwindigkeit im Raum und steigt mit zunehmender Erwärmung auf. Die warme, verbrauchte Luft wird über Öffnungen in den Tageslichtkonus geführt. In dessen Inneren befindet sich eine große Lüftungszentrale. Die Wärme aus der Abluft wird über Wärmetauscher zurückgewonnen. Am Kopf des Konus – der Aussichtsplattform in der Kuppel – wird die verbrauchte Luft über eine zentrale Öffnung mit 9 m Durchmesser ins Freie geleitet. Das 1883 intuitiv entwickelte System der Quellüftung ist Planungsgrundlage des heutigen Lüftungskonzepts.
Zur Optimierung wurden aufwändige nummerische Simulationen durchgeführt, die das Strömungsbild im Plenarsaal in Abhängigkeit von der Belegung nachbilden.

Teilschnitt Kuppel
Maßstab 1:100

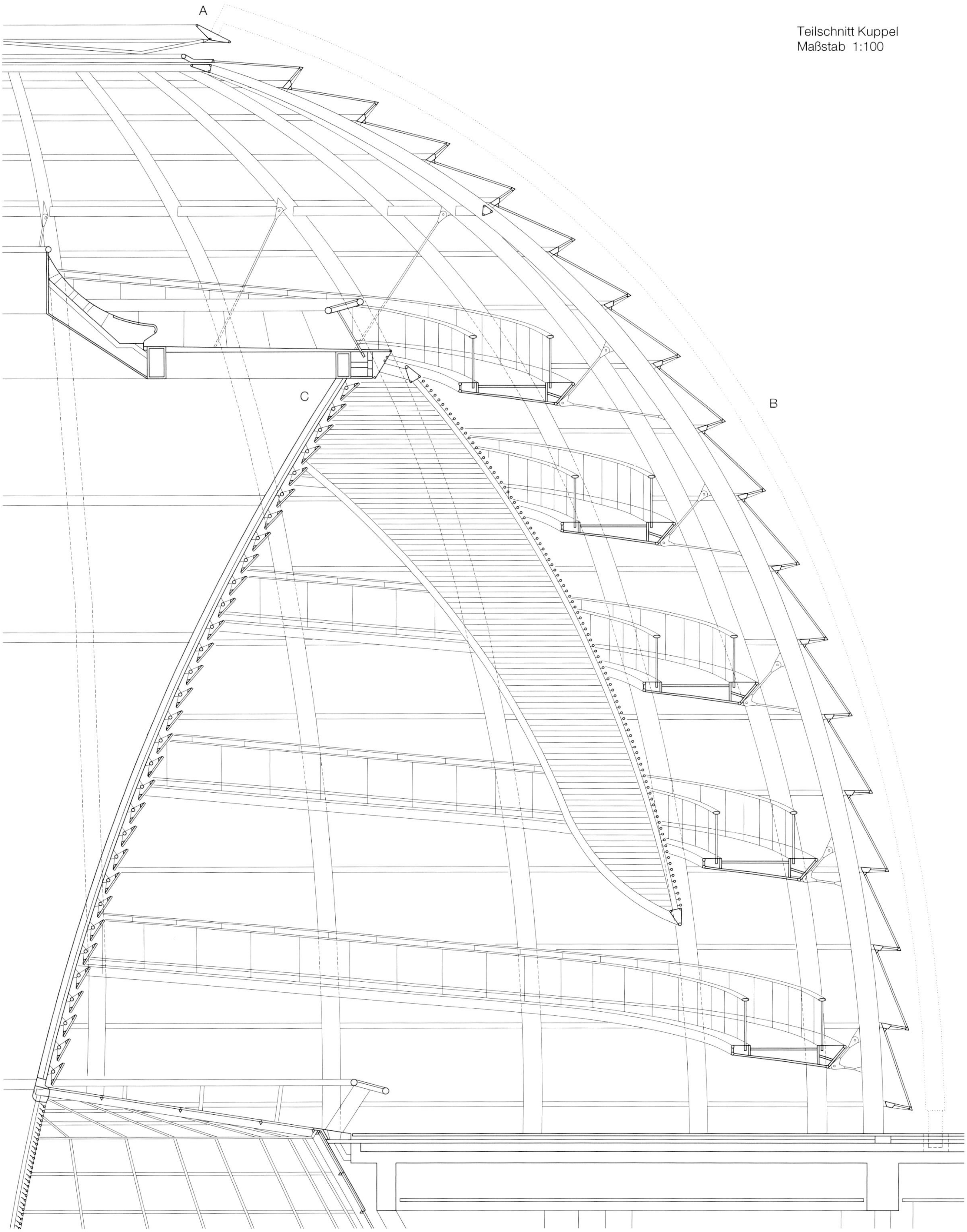

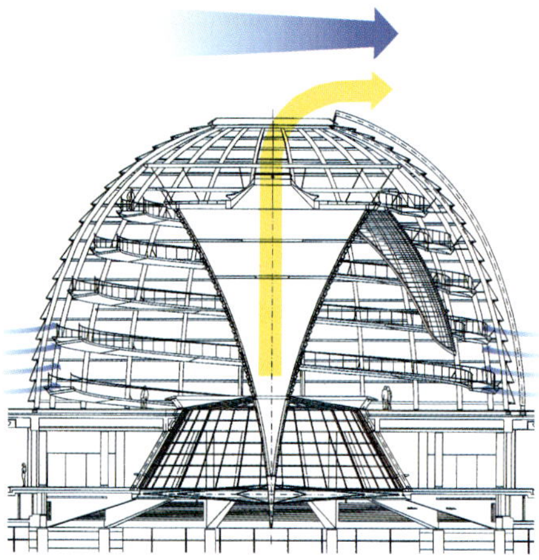

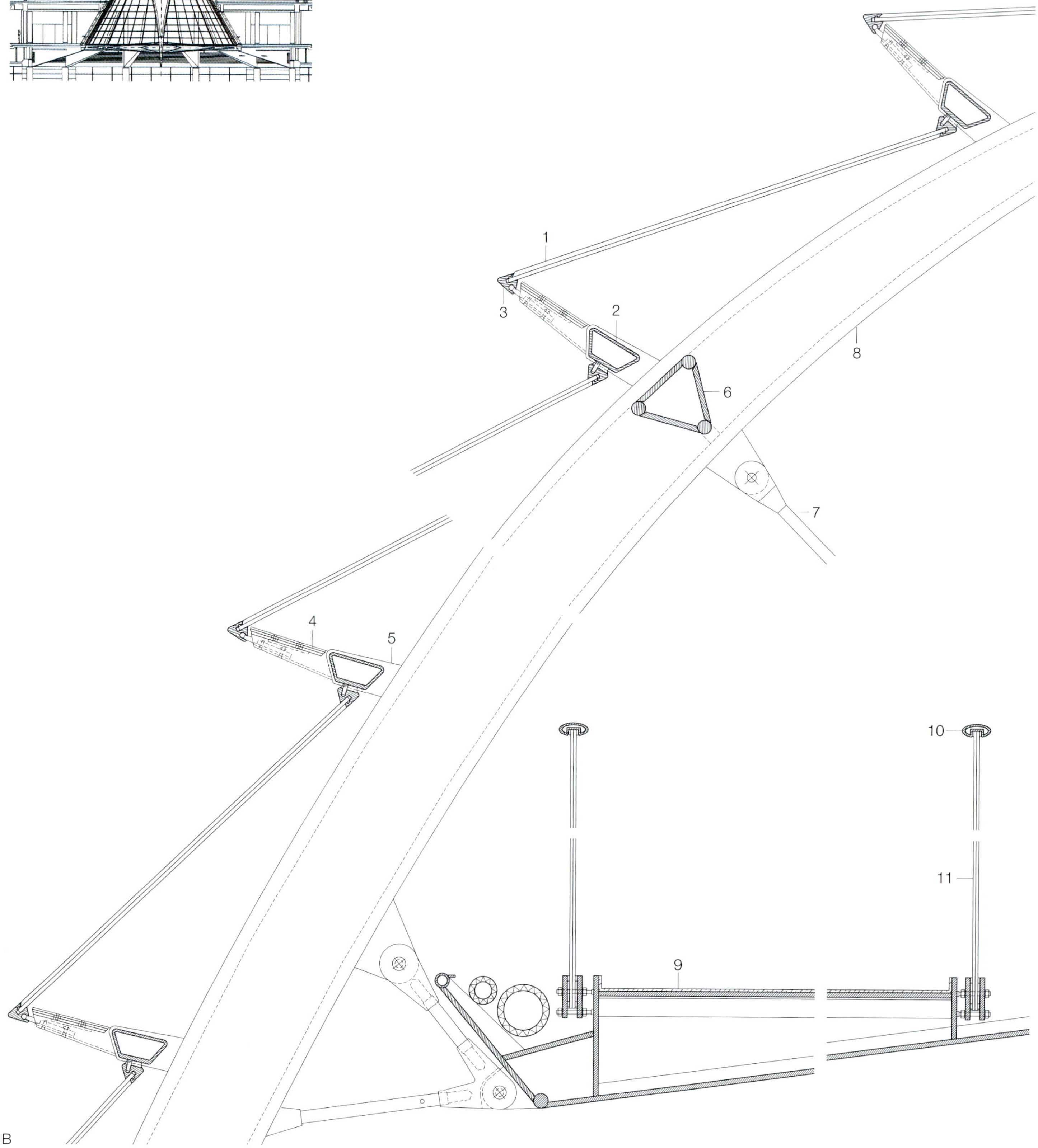

B

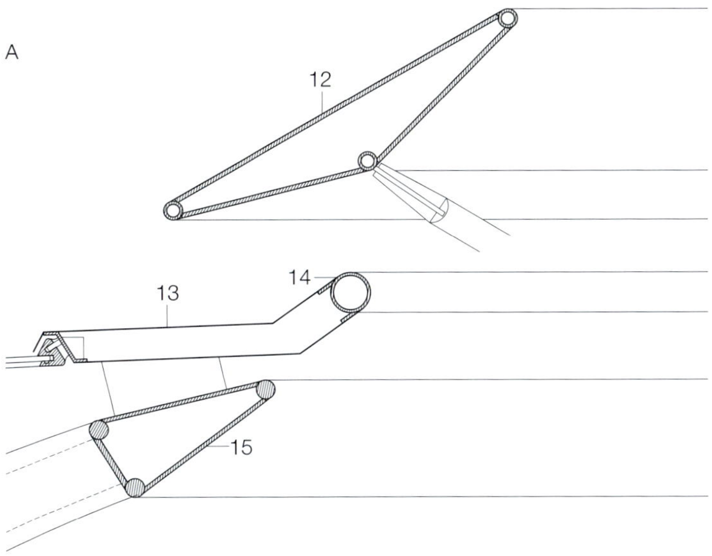

Schema
Zu- und Abluftführung Plenarsaal
Lüftungszentrale
Detailschnitt Kuppelkonstruktion
Maßstab 1:20

1 VSG aus 2× 12 mm ESG
2 Stahlprofil trapezförmig 210/100 mm
3 Alu-Glashalteprofil
4 VSG aus 2× 8 mm ESG
5 Knotenelement Stahlguss
6 Ringträger Stahlblech 20 mm, Rundstahl Ø 50 mm
7 Abhängung Aussichtsplattform Rundstahl Ø 60 mm
8 Kuppelrippe Rundstahl Ø 50 mm, Flachstahl 23 mm
9 Kunststoffmörtel 10 mm auf Stahlblech 15 mm mit untergeklebtem Dämpfungsblech 4 mm
10 Handlauf Edelstahlprofil
11 VSG aus 2× 8 mm ESG
12 Windleitprofil Stahlblech 6 mm
13 Stahlblech 3 mm
14 Stahlrohr Ø 114,3/4 mm
15 Ringträger Rundstahl Ø 50 mm, Stahlblech 10 mm

Vertikalschnitt Konus
Maßstab 1:20

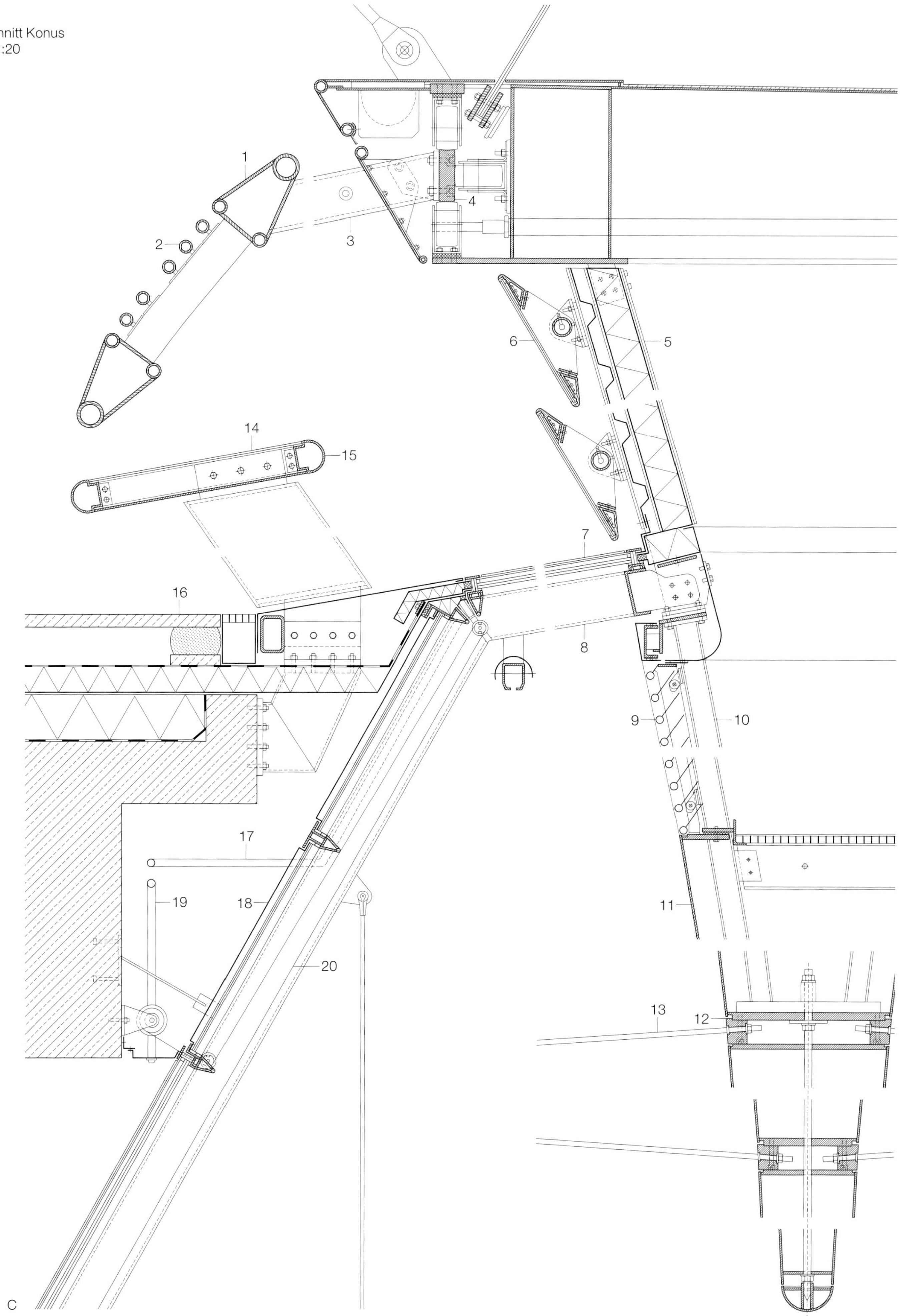

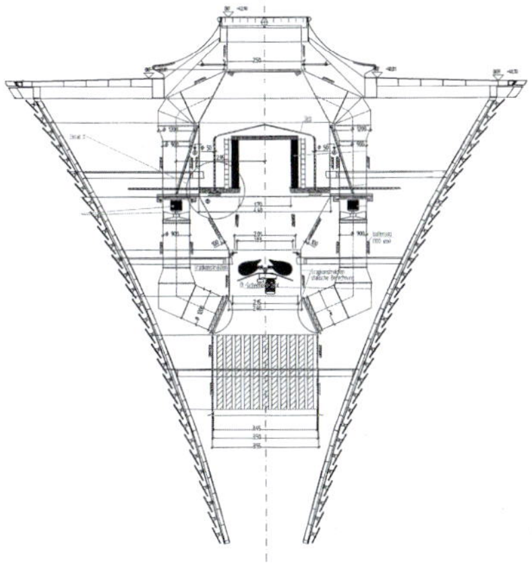

Tageslichtnutzung
Im Gegensatz zur historischen Kuppel von Paul Wallot wird die moderne Kuppel zur Tageslichtnutzung eingesetzt und ist Bestandteil des Energiekonzepts. Eine konoidförmige, mit 360 Spiegeln besetzte Stahlkonstruktion von 15 m Maximaldurchmesser im Inneren der Kuppel lenkt diffuses Tageslicht in den Plenarsaal. Ein 12 m hohes, um das Konoid drehbares Verschattungselement schützt vor Blendung und reduziert die zur Kühlung notwendige Energiemenge. Seine exakte Positionierung wird computergestützt über 24 Messstellen ermittelt. Die Lichtlenkung reduziert den Energieverbrauch zur elektrischen Beleuchtung des Plenarsaals. Zusätzlich verringert ein tageslichtgesteuerter Dimmer den Stromverbrauch. Nachts erstrahlt die Kuppel umgekehrt durch die Reflexion der Innenbeleuchtung in den Spiegeln.

1 beweglicher Sonnenschutz: Randträger, Stahlrohr Ø 51/6,3 und Ø 101,6/10 mm, Stahlblech 12 mm
2 Aluminiumrohr Ø 50/3 mm
3 Stahlprofil ⧄ 180/15 mm
4 Ringträger Stahlprofil 200/60 mm
5 Wandaufbau: geschweißtes Stahltragprofil h = 202 mm gedämmte Stahlblechkassette 120/550/1,25 mm Trapezblech 35/201 mm
6 Spiegelelement in Aluminiumrahmen
7 G 30 aus 2× VSG 55 mm
8 geschweißtes Stahlprofil Dreiecksquerschnitt 65/180/8 mm
9 Zuluftlamellen Edelstahlblech 3 mm
10 Stahlprofil HEA 100
11 Edelstahlblech 5 mm
12 Edelstahlring Ø 625,9/100 mm
13 Edelstahlstab Ø 20 mm
14 Glasabdeckung ESG 8 mm
15 Aluminiumprofil Ø 114 mm
16 Betonplatten 80 mm auf Mörtelkissen
17 Sprinklerleitung
18 Stahlblechkassette 3 mm
19 Zuleitung Profilheizung
20 Seilführung für Schalldämpfungssegel

Glossar

Umweltfaktoren

Sonne

Die Sonne ist das Zentrum unseres Sonnensystems und umfasst nahezu 98 % seiner Masse.

Masse (kg)	$1{,}989 \times 10^{30}$
Masse (Erde = 1)	332 830
Äquatorialer Radius (km)	695 000
Äquatorialer Radius (Erde = 1)	108,97
Durchschnittliche Oberflächentemperatur (Photosphäre)	6 000 °C
Durchschnittliche Kerntemperatur	15 000 000 °C

Die Strahlung der Sonne trifft mit einer Intensität von etwa 1 340 W/m² auf die Erdatmosphäre. Bei wolkenlosem Himmel verringert sich durch atmosphärischen Einfluss die Strahlungsleistung auf ca. 1 000 W/m², an trüben Wintertagen sinkt sie auf 50 W/m². In wolkenarmen, südlichen Regionen wie der Sahara werden pro Jahr 2 200 kWh/m² eingestrahlt, in Deutschland je nach Standort ca. 900–1 200 kWh/m².
Dennoch ein beachtliches Energiepotenzial: 1 000 kWh entsprechen rechnerisch dem Energiewert von 100 l Heizöl. Globalstrahlung ist die solare Strahlung, die auf der Erdoberfläche messbar ist. Sie setzt sich zusammen aus der gestreuten diffusen und der direkten Solarstrahlung.

Thermische Strömung / Wind

Thermik (thermische Konvektion) entsteht, wenn sich Flächen unterschiedlicher Beschaffenheit verschieden stark erwärmen. Während helle Flächen die Sonnenstrahlen zu einem Großteil reflektieren, werden sie von dunklen absorbiert. Diese erwärmen sich morgens schneller, Warmluftblasen lösen sich bei zunehmender Erwärmung vom Boden, und warme Luft steigt auf. Kühlere Umgebungsluft strömt von unten nach – es entsteht ein Tiefdruckgebiet. In einem Hochdruckgebiet strömt von oben kommende Luft seitlich in ein Tiefdruckgebiet. Die Luft erwärmt sich unter gleichzeitiger Erhöhung ihrer Dichte und Abnahme der Luftfeuchtigkeit. Sie zieht sich dabei zusammen. Von oben strömen neue Luftmassen nach, so dass sich keine Wolken bilden können.

Bei all diesen Vorgängen lässt sich auf der Erde eine mittlere Oberflächentemperatur feststellen. Sie entspricht nicht genau der tatsächlichen Temperatur in Bodennähe, da die atmosphärischen Bestandteile durch einstrahlende elektromagnetische Wellen in Schwingungen versetzt werden. Dieser Vorgang wird als Treibhauseffekt bezeichnet und bedroht das Temperaturgleichgewicht auf der Erde.

Erde

Masse (kg)	$5{,}976 \times 10^{24}$
Äquatorialer Radius (km)	6 378,14
Rotationsdauer (Tage)	0,99727
Rotationsdauer (Stunden)	23,9345
Umlaufdauer (Tage)	365,256
Durchschnittliche Umlaufgeschwindigkeit (km/s)	29,79
Äquatoriale Oberflächengravitation (m/s²)	9,78
Durchschnittliche Oberflächentemperatur	15 °C
Atmosphärischer Druck (Bar)	1,013

Der Durchmesser der Erde beträgt 12 756,3 km. Sie besteht aus verschiedenen Schichten mit eigenen chemischen und seismischen Eigenschaften (Tiefenangaben in km):

0–40	Kruste
40–400	oberer Mantel
400–650	Übergangsschicht
650–2 700	unterer Mantel
2 700–2 890	D-Schicht
2 890–5 150	äußerer Kern
5 150–6 378	innerer Kern

Wärme, Wasser, Luft

71 % der Erdoberfläche sind mit Wasser bedeckt. Die Wärmespeicherfähigkeit der Ozeane ist wichtig zur Stabilisierung der Erdtemperatur. Flüssiges Wasser ist verantwortlich für die Erosion und die Wetterbildung über den Kontinenten.
Die Erdatmosphäre besteht aus 7 % Stickstoff und 21 % Sauerstoff mit Spuren von Argon, Kohlendioxid und Wasser. Der winzige Anteil von 0,03 % Spurengasen in der Atmosphäre ist wichtig für die Erhaltung der Oberflächentemperatur, da Spurengase die von der Erde abgegebene langwellige Wärmestrahlung absorbieren. Dieser natürliche Treibhauseffekt hebt die globale Durchschnittstemperatur auf 15 °C. Ohne diesen Effekt wäre es auf der Erde um ca. 33 °C kälter.

Durch die Freisetzung von klimawirksamen Gasen, die sich in der Atmosphäre anreichern, wird zu dem natürlichen ein durch menschliche Aktivitäten verursachter Treibhauseffekt ausgelöst, der einen dramatischen Anstieg der globalen Temperaturen bewirkt. Diese Veränderungen führen zu vielfältigen klimatischen Auswirkungen.

Absorber
Wichtigster Teil des Solarkollektors (→ S.166), der die einfallende Sonnenstrahlung sammelt, in Wärme umwandelt und an ein Trägermedium abgibt. Der Absorber besteht in der Regel aus gut wärmeleitenden Metallblechen mit dunkler Beschichtung und integrierten Wärmeträgerrohren.

Absorptionsgrad α
Verhältnis der von einem Körper absorbierten Strahlungsintensität H_α zur insgesamt auf den Körper auftreffenden Strahlungsintensität H_o ($H_\alpha = H_o \cdot \alpha$).

Absorptionskältemaschine
Ein Gerät zur Erzeugung von Kälte in einem thermodynamischen Prozess durch Absorption. Absorption ist die Lösung von Gasen in Flüssigkeiten. Sie ist begrenzt und nimmt mit steigender Temperatur ab. Im Gerät wird ein Kältemittel erwärmt, das bereits bei sehr niedriger Temperatur siedet. Es verdampft und entzieht seiner Umgebung Wärme. Durch Verdichten gibt der Dampf im Verflüssiger die vorher aufgenommene Wärme wieder ab. Der Einsatz des Systems bietet sich an, wenn bei Kühlbedarf überschüssige Wärme mit ausreichendem Temperaturniveau zur Verfügung steht, da zur Kälteerzeugung hauptsächlich Wärmeenergie benötigt wird.

Adiabatische Kühlung / Verdunstungskühlung
Die beim Verdunsten einer Flüssigkeit auftretende Abkühlung durch den zum Verdunsten erforderlichen Abzug der »Verdunstungswärme« bezeichnet man als Verdunstungs- oder adiabatische Kühlung. Der Verdunstungsvorgang wird verstärkt, wenn der entstehende Dampf durch einen trockenen Luftzug rasch abgeführt wird, so dass ständig frische, ungesättigte Luft nachströmen kann.

Adsorption
Anlagerung und Bindung von Wassermolekülen aus der Luft an der Oberfläche eines porösen Feststoffs.

Adsorptionskältemaschine
Klimagerät, bei dem der Luft durch → Adsorption Feuchtigkeit entzogen wird. Dazu werden große Wärmeräder (Trockenrotoren) eingesetzt, die aufgrund einer Vielzahl von kleinen Kanälen eine große Oberfläche haben, durch die feuchte Luft strömt. Die Oberfläche der Kanäle ist mit einem Adsorptionsmaterial beschichtet. Im Entfeuchtungsbetrieb wird die feuchte Luft angesaugt und durch den Rotor geleitet. Das stark hygroskopische (wasseraufnehmende) Adsorptionsmaterial entzieht der Luft Feuchtigkeit und bindet sie an den Rotor. Dabei wird mit der Kondensation des Wasserdampfes latente (feuchte) Wärme in sensible (fühlbare) Wärme umgewandelt und an die Luft übertragen. Die Trockenluft tritt daher erwärmt aus dem Gerät. Ein zweiter Ventilator erhitzt Luft auf über 100 °C. Diese wird, getrennt von der feuchten Luft, ebenfalls durch den Rotor geleitet. Das im Rohr gebundene Wasser wird ausgetrieben und von der warmen Luft aufgenommen. Diese Regenerationsluft wird nach außen abgeführt. Die beiden Luftströme Prozessluft und Regenerationsluft sind durch Spezialdichtungen voneinander getrennt, wobei die ständige Drehung des Rotors den Wechsel zwischen Adsorption und Regeneration übernimmt und so einen kontinuierlichen Betrieb ermöglicht.

Aerogele
Hochporöse, homogene Strukturen aus Silikatglas, deren Wärmeleitung unter dem Wert für ruhende Luft liegt. Solare Strahlung wird an der inneren Porenoberfläche nicht reflektiert, daher eignen sich Aerogele als transparente Wärmedämmung zwischen zwei Glasscheiben.

Amorphe Zellen (→ S. 164)

Anlagenaufwandszahl e_P
Beschreibung der energetischen Effizienz eines Gesamtanlagensystems aus dem Verhältnis der von der Anlagentechnik aufgenommenen Primärenergie zu der von ihr abgegebenen Nutzwärme. Je kleiner die Aufwandszahl ist, desto höher ist der Wirkungsgrad des Systems.

Aquifer-Speicher
→ Saisonale Energiespeicher

Arbeitspunkt
Durch Spannung und Stromstärke bestimmter Punkt, an dem ein PV-Modul oder -Generator bei gegebener Einstrahlung arbeitet. Der Arbeitspunkt, an dem die höchste Leistung erzielt wird, ist der Maximum-Power-Point (→ MPP).

A/V-Verhältnis [m^{-1}]
Messwert für die Kompaktheit der Bauform aus dem Verhältnis der wärmeübertragenden Umfassungsfläche (A) bezogen auf das beheizte Gebäudevolumen (V).

Azimutwinkel ϕ
Winkelabweichung der Kollektor- oder Photovoltaikfläche von der der geographischen Südrichtung. $\phi = 0°$ bedeutet, dass die Strahlungsempfangsfläche genau nach Süden gerichtet ist (West $\phi = +90°$; Ost $\phi = -90°$).

Bauteilheizung / -kühlung
System zur thermischen Aktivierung von Bauteilen zum Heizen und Kühlen. Die Temperierung der Bauteile erfolgt meist über Fußboden-, Decken- oder Wandflächen, in denen wasserdurchströmte Rohrschlangen verlegt sind. Die Temperaturen des Trägermediums liegen dabei nahe der Raumtemperatur. Zum Heizen werden bis ca. 28 °C und zum Kühlen bis ca. 18 °C benötigt.

Beleuchtungsstärke E in Lux [lx]
Verhältnis des einfallenden Lichtstroms zur Größe der beleuchteten Fläche. Geforderte Beleuchtungsstärken sind für unterschiedliche Raumnutzungen festgelegt.

Biogas
Durch Methangärung aus Jauche oder organischen Abfällen gewonnenes brennbares Gas mit einem Energiegehalt von ca. 5 kWh/m^3. (→ Biomasse)

Biomasse
Nachwachsende Rohstoffe pflanzlichen oder tierischen Ursprungs erneuern sich gegenüber fossilen Rohstoffen in überschaubaren Zeiträumen. Biomasse wird durch biochemische Umwandlung des Sonnenlichts (Photosynthese) gewonnen und stellt somit gespeicherte Sonnenenergie dar. Wird sie energetisch genutzt, bleibt der natürliche CO_2-Kreislauf weitgehend erhalten. Biomasse ist einfach in großen Mengen speicherbar. Dies unterscheidet sie von anderen erneuerbaren Energiequellen wie Solarenergie, Wind- und Wasserkraft.

Blockheizkraftwerk (BHKW)
Ein Generator produziert in Kraft-Wärme-Kopplung elektrischen Strom und Wärme durch Verbrennung von fossilen Brennstoffen, Biogas, Raps-Methylester oder Holz. Die Nutzung der Abwärme und geringe Leitungsverluste im dezentralen Einsatz sorgen für einen hohen Wirkungsgrad.

Blower-Door-Test
Standardisiertes Messverfahren zur Bestimmung der Luftdichtheit von Gebäuden. Über einen in die Außenwand (z.B. Türöffnung) eingebrachten Ventilator wird Luft in das Gebäude geblasen. Durch den im Innenraum entstehenden Überdruck entweicht die Luft über undichte Bauteile nach außen. Dabei wird die Menge der abfließenden Luft gemessen.

Brennstoffzelle
System zur Erzeugung von Strom und Wärme, in dem mit hohem Wirkungsgrad chemisch gespeicherte Energie direkt in elektrische Energie und Wärme umgewandelt wird. Dies geschieht beispielsweise im Rahmen einer kontrollierten Reaktion von Wasserstoff (H_2) und Sauerstoff (O_2) zum Endprodukt Wasser (H_2O). Der benötigte Wasserstoff wird zuvor mittels Photovoltaikstrom elektrolytisch aus Wasser erzeugt.
Hochtemperatur-Brennstoffzellen wandeln Erdgas mit einem hohen Wirkungsgrad in elektrischen Strom um und erzeugen dabei Abgase, die zu Heizzwecken genutzt werden können.

Brennwertgaskessel
Technisch optimierter Gasheizkessel, der den Brennstoff effizient nutzt und durch Abkühlung der Heizgase die latent enthaltene Kondensationswärme zusätzlich gewinnt.

Bus / Bussytem
Das Bussystem stellt eine Verbindung zum Austausch von Daten zwischen mehreren kommunizierenden gebäudetechnischen Geräten, Sensoren und Steuerungscomputern zur Gebäudeautomation dar. Sensoren erfassen die Zustandsdaten, Aktoren geben alle registrierten Veränderungen als speziell codierte Schaltsignale an die Empfänger weiter. Zur Steuerung von Gebäudefunktionen werden meist LON- (Local Operating Network) oder EIB- (Europäischer-Installations-Bus) Systeme eingesetzt.

Bypassdiode
Schützt die Zellen eines PV-Moduls gegen thermische Zerstörung im Falle einer teilweisen Verschattung einzelner Zellen, während andere Zellen der vollen Strahlung ausgesetzt sind.

CIS-Halbleiter
Halbleiter aus Kupfer-Indium-Selen für Photozellen in Dünnschichttechnik.

DEC-Anlage
(Desiccant and Evaporative Cooling)
Anlage zur Kühlung und Entfeuchtung der Außenluft bei der Gebäudelüftung. Sie entzieht der Zuluft Feuchtigkeit durch Erwärmung der Abluft. Je wärmer die Abluft, desto mehr Feuchtigkeit wird der Außenluft im Tauscher entzogen. Die Kühlung der Luft erfolgt mittels Verdunstungsbefeuchter. Hochleistungskollektoren eignen sich zur Erzeugung der Prozesswärme. (→ Sorptionstechnik)

Diffusionsäquivalente Luftschichtdicke s_d [m]
Angabe der Diffusionseigenschaft einer Stoffschicht mit der Dicke s über die benötigten Meter ruhende Luftschicht, um den Wasserdampf-Diffusionswiderstand μ des Bauteils zu erreichen ($s_d = \mu \cdot s$).

Dünnschichttechnik
Herstellung dünner photovoltaischer Zellen durch Abscheiden von gasförmigem Silizium auf

Glas, Metall oder Kunststoff. Diese Technik wird bei der Herstellung von Zellen aus amorphem Silizium (a-Si), Cadmium-Tellurid (CdTe), Kupfer-Indium-Selen (CIS) und Galliumarsenid (GaAs) eingesetzt. (→ S. 164)

EIB-Steuerung (→ Bussystem)

Endenergiebedarf
Energiemenge zur Deckung des Jahresheizenergiebedarfs Q_P und des Brauchwasserwärmebedarfs Q_W des betrachteten Gebäudes.

Energiedach (→ Solardach)

Energieeinsparverordnung (EnEV)
Die EnEV löst in Deutschland die Wärmeschutzverordnung von 1995 (WSchV 95), die den maximalen Jahres-Heizwärmebedarf vorschreibt, und die Heizungsanlagenverordnung (HeizAnlV) ab. Erstmals wird nicht jeder Bauteil einzel betrachtet, sondern das Gebäude als Ganzes. Die EnEV regelt den Primärenergiebedarf, der für die Gebäudebeheizung, -belüftung und die Trinkwassererwärmung erforderlich ist; in diesen Wert fließen sowohl wärmedämm- als auch anlagentechnische Maßnahmen ein. Die EnEV soll zur deutlichen Reduzierung von CO_2 beitragen, entsprechend dem Kioto-Protokoll.

Energiekennzahl
Sie definiert die im Gebäude verbrauchte Endenergie. Strom- und Wärmeverbrauch werden dabei zusammengezählt.

Energiepfähle
Die Ausbildung der Gründungspfähle erfolgt mit integrierten Rohren als Wärmetauscher. Sie stehen direkt im Kontakt mit Erdreich oder Grundwasser.

Erdkollektor
Ein mit Sole gefüllter Tauscherkreislauf sammelt Erdwärme in einem Rohrsystem in Tiefen von ca. 2 m. Eine Sonderform stellt die Ausbildung der Fundamentplatte als Energieabsorber für Kühlzwecke dar.

Erdreichwärmetauscher
Außenluft wird zur Temperierung der Gebäudezuluft durch im Erdreich verlegte Rohre geführt.

Erdwärmenutzung
(→ Energiepfähle, Erdkollektoren, Erdreichwärmetauscher, Erdwärmesonden, Grundwassernutzung)

Erdwärmesonden
Erdwärmesonden werden je nach Untergrund gerammt, eingespült oder gebohrt, dabei variiert die Tiefe zwischen 8 und 30 m, in Festgestein auch tiefer (tiefere Sonden lassen sich ohne Frostschutzmittel betreiben). Durch unterschiedliche Sondenhöhen lassen sich Wärme- und Kältesenken anlegen, z.B. für Klimatisierung und freie Kühlung im Sommer. Bei guter Speicherfähigkeit des Untergrundes können über gezielte Einlagerungen von überschüssiger Solar- und → Blockheizkraftwerk-Abwärme Wärmespeicher angelegt werden. Aufgrund ihrer ganzjährigen gleichmäßigen Leistung ist die Kombination von Erdwärmesonde und Wärmepumpe sinnvoll.

ETFE-Folien
Folie aus Ethylen-Tetrafluorethylen, die bei geringem Eigengewicht (350 g/m² bei 200 µm) über eine hohe Licht- und UV-Durchlässigkeit verfügt. Sie wird als mehrschichtige, mechanisch oder pneumatisch vorgespannte Konstruktion eingesetzt.

Flachkollektor (→ S. 166)

Fossile Energieträger
Die aus der Erdkruste gewonnenen Energie-Rohstoffe Kohle, Erdöl, Erdgas und Mischprodukte wie Ölsande oder Ölschiefer. Erstere können praktisch direkt über die Verbrennung in nutzbare Wärmeenergie überführt werden. Letztere müssen unter zusätzlichem Energieaufwand zunächst von mineralischen Stoffen getrennt werden. Allen fossilen Brennstoffen gemein ist der bei der Verbrennung freigesetzte hohe Anteil von CO_2.

Fugendurchlasskoeffizient a
Maß für den Luftaustausch über die Flügel- und Blendrahmen eines Fensters in einer bestimmten Zeit bei einer bestimmten Luftdruckdifferenz (→ Blower-Door-Test). Unkontrollierter Luftaustausch ist ein bestimmender Faktor für die Wärmeverluste eines Gebäudes.

Geothermie
In Form von Wärme gespeicherte Energie unterhalb der Oberfläche der festen Erde. Quelle der Geothermie ist fast ausschließlich die beim Zerfall radioaktiver Isotope im Erdinneren frei werdende Wärme.

Gesamtenergiedurchlassgrad g
Energieanteil des einfallenden Sonnenlichts, der durch die Verglasung in den Innenraum gelangt. Zur Erzielung solarer Gewinne in der Energiebilanz sollte dieser Wert möglichst hoch sein.

Globalstrahlung
Energiemenge aus direkter und diffuser Sonneneinstrahlung auf der Erdoberfläche.

Grundwassernutzung
Grundwasser wird zur Energiegewinnung direkt entnommen. Der Aufwand ist meist hoch, da wasserrechtliche Vorschriften zu beachten und Saug- und Schluckbrunnen pflegeaufwändig sind. Wirtschaftlich interessant ist die Grundwassernutzung in einem Gebiet mit natürlichem Aquifer-Speicher, in dem über entsprechende Anordnung von Saug- und Schluckbrunnen unterirdische → saisonale Energiespeicher für Wärme und Kälte angelegt werden.

Hackschnitzel-Heizung
Maschinell zerkleinertes Abfallholz (Größe ca. 3 cm) dient als Brennstoff für moderne, automatische Holzfeuerungen. Der Energiegehalt des Hackgutes liegt bei etwa 2–5 kWh/kg, seine Verbrennung ist CO_2-neutral. (→ Biomasse)

Halbleiter
Ausgangsmaterial zur Herstellung von Solarzellen mit Leitungseigenschaften zwischen Leiter und Isolator. Mit zunehmender Temperatur oder Lichteinfluss nimmt – anders als bei Metallen – der Widerstand des Halbleiters ab, die Leitfähigkeit steigt.

Heizenergiebedarf
Energie, die zur Gebäudebeheizung unter Berücksichtigung des Heizwärmebedarfs und der Verluste bei Wärmeübergabe, -verteilung, -speicherung und -erzeugung aufgebracht werden muss.

Heizgradtagzahl
Kenngröße für den Heizenergiebedarf innerhalb einer Heizperiode, definiert als Summe der täglichen Differenzen zwischen der mittleren Raumtemperatur von 20 °C und der mittleren Außenlufttemperatur über die Tage der Heizperiode. An einem Heiztag liegt die Tagesdurchschnittstemperatur unter 15 °C. Für zahlreiche Orte wurden aufgrund meteorologischer Aufzeichnungen Werte festgelegt.

Heizwärmebedarf Q_h [kWh/a]
Wärmemenge, die vom Heizsystem zugeführt werden muss, um die beheizten Räume auf Solltemperatur zu halten. Der Heizwärmebedarf wird durch Bilanzierung von Wärmeverlusten und Wärmegewinnen ermittelt. Kennzeichen der wärmeschutztechnischen Qualität eines Gebäudes.

Hilfsenergie
Energie zum Antrieb von Systemkomponenten wie Umwälzpumpen, Regelung etc.

Hologramme
Zur Lichtlenkung für einen definierten Einfallswinkel werden Transmissionshologramme in die Verglasung integriert. Die Umlenkung erzeugt eine spektrale Farbzerlegung wie bei einem Prisma. Durch den Einsatz von Weißlichthologrammen lassen sich die Regenbogenfarben wieder zu weißem Licht mischen.

Holzpellets-Heizung
Pellets-Einzelöfen (bis 11 kW) und Zentralheizungen (bis 35 kW) nutzen Restholz als Energiequelle zur CO_2-neutralen Verbrennung. Holzspäne und Sägemehl werden ohne Bindemittel zu kleinen Rollen gepresst (Länge 20–50 mm, ø 6–8 mm, Heizwert ca. 5 kWh/kg (= 0,5 l Heizöl)). Der Brennkessel wird je nach System manuell oder automatisch (Förderschnecke oder Saugsystem) mit Pellets versorgt. In der Brennkammer findet eine automatische Verbrennung statt. Eine digitale Steuerung optimiert Verbrennungsluft, Brennstoffmenge und Betriebstemperatur, um niedrige Abgaswerte und einen Wirkungsgrad bis zu 95 % zu erreichen. Pelletsheizungen dienen meist als Zusatzheizung für eine thermische Solaranlage zum Ausgleich bei zu geringer Solarstrahlung.

Hot-Spot-Effekt
Überhitzung einer einzelnen Zelle eines Solarmoduls. Tritt bei Teilverschattung ein.

Hüllfläche
Die Summe aller Flächen, die ein Gebäude gegen Außenluft, Erdreich und unbeheizte Räume abschließen.

Hybrid-Solarsysteme
Photovoltaik- und solarthermische Anlagen werden zur Steigerung des Wirkungsgrades als »solare Kraft-Wärme-Kopplung« zur Nutzung der Sonnenenergie eingesetzt, da Photovoltaikanlagen nur 15 % der Strahlung in elektrische Energie umwandeln können. Der Rest wird in Wärme umgesetzt.

Hybrid-Zellen
Zur Optimierung des Wirkungsgrades bestehen Hybrid-Zellen aus einem monokristallinen → Wafer, der von zwei Schichten amorphem Siliziums umgeben ist.

Indachmontage
Die Kollektoren oder Solarmodule sind konstruktiv in die Dachhaut integriert.

Infrarottransmission
Fähigkeit eines Materials, Wärmestrahlung mit Wellenlängen von 780–2800 nm hindurchtreten zu lassen.

Inselbetrieb / Inselsystem
Autarkes photovoltaisches System zur Erzeugung elektrischer Energie ohne Verbindung mit

einem Versorgungsnetz, meist mit Batterien als Energiespeicher.

Interne Wärmegewinne Q_I [kWh/a]
Wärmegewinne aus der Abwärme von Maschinen, Beleuchtung und Personen im Gebäude.

Jahresheizwärmebedarf Q_h [kWh/a]
Heizwärmebedarf eines Gebäudes innerhalb eines Jahres.

Jahresprimärenergiebedarf Q_p [kWh/m²a]
Energiemenge zur Deckung des Endenergiebedarfs unter Einbeziehung der Energiemenge vorgelagerter Prozesse außerhalb des Gebäudes bei der Gewinnung, Umwandlung und Verteilung des jeweiligen Brennstoffs.

Kilowattpeak [kW_p]
Nennleistung von Solarmodulen unter genormten Testbedingungen.

Kilowattstunde [kWh]
Einheit für Energie: Leistung von 1000 Watt [W] im Zeitraum einer Stunde [h]. 1kWh = 3600 kJ

Klimaanlage
Klimaanlagen regulieren das ganze Jahr über Lufttemperatur und Luftfeuchte auf gewünschte Werte. Sie vereinen alle vier Luftbehandlungsfunktionen und verfügen deshalb über: Luftbefeuchter, Luftkühler (gleichzeitig Luftentfeuchter) und Lufterwärmer. Umluft und Außenluft vermischen sich in der Mischkammer und werden dann gefiltert.

Kollektor (→ S. 166)

Kristalline Zellen (→ S. 164)

k-Wert
Veraltete Bezeichnung für den Wärmedurchgangskoeffizienten U.

Latentspeicher
Latentspeicher nutzen die Schmelzwärme und sind an eine jeweils feste Temperatur – die Schmelztemperatur – gebunden. Bei der Einspeicherung von Wärme beginnt das Material zu schmelzen und erhöht seine Temperatur solange nicht, bis es vollständig geschmolzen ist. Da trotz Wärmezufuhr keine merkliche Temperatur-erhöhung eintritt, nennt man die während des Phasenübergangs eingespeicherte Wärme auch »versteckte« oder latente Wärme. Latentspeicher verfügen über eine sehr große Speicherkapazität.

Leuchtdichte [cd/m²]
Maß für den Helligkeitseindruck einer Lichtquelle oder beleuchteten Fläche.

Leuchtdichteverteilung
Angabe über die Helligkeitswerte in einem Raum. Nach DIN 5035 soll im Arbeitsumfeld der maximale Helligkeitsunterschied zwischen hellster und dunkelster Fläche nicht mehr als 3:1 betragen, zwischen Arbeitsfläche und weiter entfernter Umgebung soll der maximale Leuchtdichteunterschied unter 10:1 liegen.

Leuchtstofflampe
In der Entladungslampe wird durch eine Quecksilberdampfentladung die aufgenommene Energiemenge in UV-Strahlung umgewandelt, diese bringt die innen auf die Glasröhre aufgebrachten Stoffe in den gewünschten Lichtfarben zum Leuchten. Die hohe → Lichtausbeute verringert den Energieeinsatz im Vergleich zur Glühlampe um 75 %.

Lichtausbeute η [lm/W]
Verhältnis von abgegebenem Lichtstrom zu aufgewendeter Leistung.

Lichteinfallswinkel
Winkel, unter dem ein Lichtstrahl auf eine Oberfläche trifft.

Lichtlenkende Gläser
Zur tieferen Ausleuchtung von Räumen mit Tageslicht werden lichtlenkende Gläser eingesetzt. Bei Gussgläsern werden die Oberflächen so stark verformt, dass die Strahlung, die durch die erste Glasoberfläche trifft, auf die nächste Oberfläche so geleitet wird, dass sie an die helle Decke des Raumes strahlt und von dort in den Raum. In Isoliergläsern werden zur Lichtleitung bogenförmige Kunststoffelemente in den Scheibenzwischenraum eingesetzt, die das Licht nach oben in den Raum lenken.

Lichtlenk-Jalousie
Tageslicht wird über die konkav gekrümmten Oberseiten reflektierender Lamellen über die Decke in die Raumtiefe gelenkt.

Lichtlenkung
Durch Lichtlenkung wird Tages- oder Kunstlicht tief in den Raum geführt, um es entfernt von der Lichtquelle zu nutzen. Die Tageslichtlenkung hängt dabei von zahlreichen baulichen und örtlichen Parametern ab.

Lichtstärke I in Candela [cd]
Die Einheit der Lichtstärke I bezeichnet den von einer Lichtquelle in eine bestimmte Richtung pro Raumwinkel ausgehende Lichtstrom.

Lichtstrom φ in Lumen [lm]
Der Lichtstrom quantifiziert die Lichtleistung, die von einer Lichtquelle in alle Richtungen ausgeht.

LON-Steuerung (→ Bussystem)

Luftgeschwindigkeit
Parameter für die Behaglichkeit in einem Raum. Bewegungen der Luft über 10 cm/s werden wahrgenommen, über 20 cm/s als unbehaglich empfunden.

Luftkollektor
Sonnenkollektor mit Luft als Wärmeträgermedium. Für Anwendungen mit direkter Nutzung der erwärmten Luft im nachfolgenden Prozess (Warmluftheizung, industrielle Trocknung). (→ S. 166)

Luftmasse AM (air mass)
Äquivalente relative Luftmasse zur Beschreibung der Länge des Weges von Licht durch die Atmosphäre. AM0 entspricht dem Sonnenspektrum im Weltraum, AM1 ist das durchschnittliche Spektrum am Äquator. AM1,5 ist das Referenzspektrum für die Standard-Test-Bedingungen von Solaranlagen und entspricht dem durchschnittlichen Spektrum bei 45° geographischer Breite.

Lüftungsanlagen mit Zu- und Abluftanlage
Durch gleiche Förderleistungen (gleiche Dimensionierung von Zu- und Abluftventilatoren) entsteht prinzipiell keine Druckänderung im Raum. Um Geruchsbelästigung in angrenzenden Räumen zu vermeiden, wird z.B. in Küchen der Abluftstrom größer dimensioniert als der Zuluftstrom (leichter Unterdruck).

Lüftungsanlagen mit Zuluftventilatoren
Die Zuluft wird mittels eines Ventilators in den Raum gedrängt. Dabei entsteht ein Überdruck, der dazu führt, dass überschüssige Luft durch Fenster, Türen etc. meist unkontrolliert entweicht.

Lüftungswärmeverlust Q_L [kWh/a]
Wärmeverlust durch den Luftaustausch gegen kalte Außenluft durch Raumlüftung und undichte Fugen (→ Fugendurchlasskoeffizient).

Luftverteilung / -kanal
Luftkanäle aus Aluminiumblech, verzinktem Stahlblech, Mauerwerk, Beton usw. dienen zum Transport der Luft von außen über die Klima- und Lüftungsgeräte in die Räume und wieder nach draußen. In den Räumen soll auf eine gleichmäßige und zugfreie Luftverteilung geachtet werden. Die Anlagen müssen den Anforderungen hinsichtlich des Brand- und Schallschutzes genügen.

Luftwechselrate [h^{-1}]
Angabe über die Häufigkeit des Austausches des Luftvolumens eines Raumes pro Stunde. Eine Luftwechselrate von 1 h^{-1} bedeutet, dass das gesamte Luftvolumen einmal pro Stunde ausgetauscht wird.

Massivspeicher
Massive oder gut speichernde Bauteile eines Gebäudes, z.B. unverkleidete Betondecken und Wände.

Mikrokristalline / Mikromorphe Zellen
(→ S. 164)

Mindestbeleuchtungsstärke
Die Mindestbeleuchtungsstärke ist in der DIN 5035 für zahlreiche Raumnutzungen festgelegt. (z.B. 500 lx an einem Büroarbeitsplatz).
(→ Beleuchtungsstärke)

Monokristalline Zellen (→ S. 164)

MPP (Maximum Power Point)
Arbeitspunkt auf der veränderlichen Strom-Spannungs-Kennlinie, an dem die PV-Zelle maximale Leistung produziert (Siliziumzelle etwa 0,45 V).

Nahwärmeversorgung / Nahwärmenetz
(→ Solare Nahwärme)

Nennbeleuchtungsstärke
Begriff für die gewünschte Beleuchtungsstärke bei einer bestimmten Raumnutzung unabhängig vom Alter der Lichtquellen.

Netzverbundsystem
Photovoltaiksystem mit Anschluss an das öffentliche Versorgungsnetz zum Ausgleich von Unterversorgung bei geringer Sonnenstrahlung und Einspeisung von Überschussenergie.

Niedrigenergiehaus
Ein Gebäude erfüllt den deutschen Niedrigenergiehaus-Standard, wenn es, abhängig von Haustyp und Standort, 30–70 kWh/m²a verbraucht, d.h. die Wärmeschutzverordnung von 1995 um mindestens 30 % unterschreitet. Damit ist jedes Haus, das den Mindestanforderungen der Energieeinsparverordnung von 2002 entspricht, ein Niedrigenergiehaus.

Nur-Luft-Klimatisierung
Bei Nur-Luft-Systemen erfolgen Transport und Verteilung der benötigten thermischen Energien ausschließlich über Luftvolumenströme, die zentral oder/und dezentral konditioniert werden.

Nutzbelichtung
Anteil der jährlichen Belichtung, der durch Tageslicht bereitgestellt wird.

Solarzellenmaterial	Zellwirkungsgrad (Labor)	Zellwirkungsgrad (Produktion)	Modulwirkungsgrad (Serienproduktion)
monokristallines Silizium	24,7 %	18,0 %	14,0 %
polykristallines Silizium	19,8 %	15,0 %	13,0 %
amorphes Slilizium	13,0 %	10,5 %	7,5 %
CIS	18,8 %	14,0 %	10,0 %
CdT	16,4 %	10,0 %	9,0 %
mikromorphes Silizium	12,0 %	10,7 %	9,1 %
Hybridzelle	20,1 %	17,3 %	15,2 %
Farbstoffzelle	12,0 %	7,0 %	5,0 %

Quelle: Fraunhofer ISE, 26th IEEE PVSC, NREL, Datenblätter verschiedener Hersteller

Photovoltaik bezeichnet die direkte Umwandlung von Licht in elektrische Energie durch den photoelektrischen Effekt in Halbleitern. Solarzellen bestehen meist aus Silizium. Man unterscheidet drei Zelltypen: monokristallin, polykristallin und amorph, wobei sich die einzelnen Zelltypen in Oberflächenstruktur, Farbigkeit und im Wirkungsgrad unterscheiden. Zur Herstellung einer Solarzelle wird das Halbleitermaterial dotiert. Durch den gezielten Zusatz von chemischen Elementen wird entweder ein positiver Ladungsträgerüberschuss (p-leitende Halbleiterschicht) oder ein negativer Ladungsträgerüberschuss (n-leitende Halbleiterschicht) im Halbleitermaterial hergestellt. Werden zwei unterschiedlich dotierte Halbleiterschichten in Kontakt gebracht, entsteht an der Grenzschicht ein p-n-Übergang. An diesem Übergang bilden sich dünne Schichten positiver und negativer Ladungsträger, wodurch sich ein inneres elektrisches Feld aufbaut. Über aufgedruckte Kontakte kann eine elektrische Spannung abgegriffen werden, die bei Silizium etwa 0,5 V beträgt. Die Stromstärke steigt mit höherer Bestrahlungsintensität, während die Spannung wenig von der Lichteinstrahlung beeinflusst wird. Höhere Zelltemperaturen bewirken eine Abnahme der elektrischen Leistung (Strom × Spannung) und verringern den Wirkungsgrad. Effizient arbeiten Solarzellen bei gleichmäßiger Bestrahlung und Zelltemperatur. Um eine gewünschte Spannung oder Leistung zu erreichen, werden Einzelzellen in Serie (höhere Spannung) oder in Reihe (höherer Strom) geschaltet. Photovoltaikmodule erreichen eine Nennleistung von 10–100 W_p. Der erzeugte Strom kann in ein autarkes System mit Batteriespeicher oder in ein Verbundsystem mit dem öffentlichen Versorgungsnetz gespeist werden.

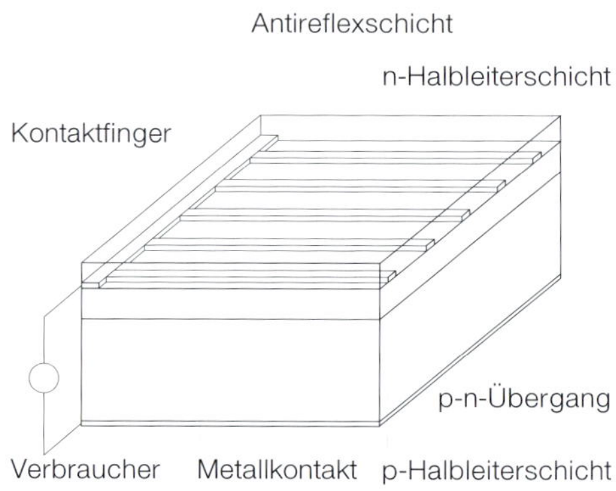

Schema einer kristallinen Solarzelle

PV-Modul aus monokristallinen Zellen

Bei der Produktion monokristalliner Zellen wird aus einer Siliziumschmelze ein Siliziumstab (ø 10–20 cm) mit völlig regelmäßiger Kristallstruktur gezogen. Der einkristalline Stab wird in dünne Scheiben (Wafer) geschnitten. Eine Strukturätzung sorgt für verbesserte Lichtaufnahme. Anschließend werden durch Gasdiffusion einige Siliziumatome im Wafer durch Fremdatome ersetzt, damit der photoelektrische Effekt stattfinden kann. Dann werden Kontakte auf Vorder- und Rückseiten aufgedruckt und eine Antireflexschicht zur Verringerung der Lichtverluste durch Reflexion aufgetragen, wodurch die ursprünglich silbergrauen Zellen dunkelblau bis schwarz erscheinen.

Monokristalline Siliziumzelle

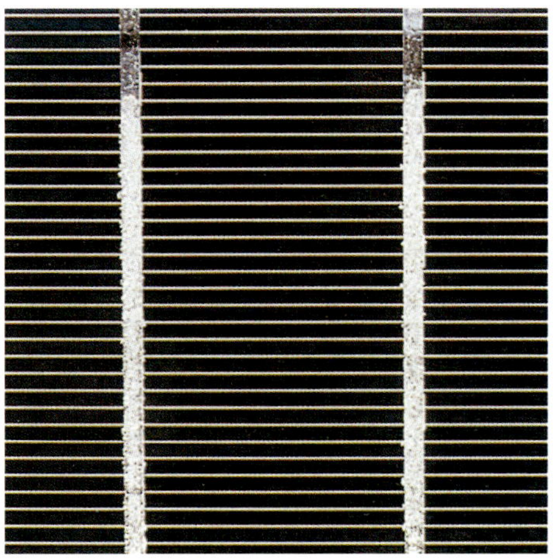

PV-Modul aus polykristallinen Zellen

Zur Herstellung polykristalliner Zellen wird Siliziumschmelze in eine Form gegossen. Beim Abkühlen bilden sich viele kleine Kristalle, wobei die Position der einzelnen Kristalle untereinander unregelmäßig ist; innerhalb eines Kristalls sind die Atome regelmäßig angeordnet. Der abgekühlte Block wird in rechteckige Wafer zersägt. Die Abgrenzung der einzelnen Kristalle in der Zelle beeinträchtigt den photovoltaischen Effekt und ist für den geringeren Wirkungsgrad dieses Zellentyps verantwortlich. Dem steht ein energie- und kostensparenderes Herstellungsverfahren gegenüber.

Polykristalline Siliziumzelle

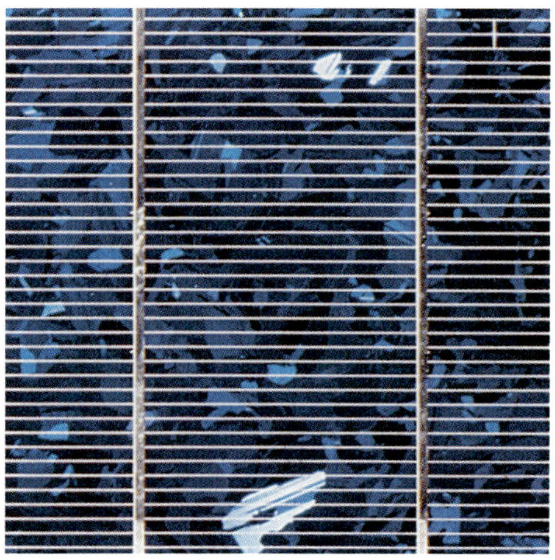

PV-Modul aus Dünnschichtzellen, auf der Basis von Kupfer, Indium und Selen (CIS)

Gasförmiges Silizium wird zur Herstellung amorpher Dünnschichtzellen auf ein Trägermaterial (z.B. Glas) aufgebracht, wobei eine dünne Schicht (Dicke < 1 µm) aus ungerichtetem Silizium entsteht. Ein Solarmodul wird im Ganzen produziert, ein Laser teilt die beschichtete Oberfläche in schmale Streifen, was eine Reihenschaltung einzelner Bereiche erzeugt. Bei diesem Herstellungsverfahren liegen die Produktionskosten unter denen kristalliner Zellen, da nur 1–2 % der Siliziummenge benötigt wird. Der geringe Wirkungsgrad der Module führt zu einem größeren Flächenbedarf.

CIS-Dünnschichtzelle

Nutzenergiebedarf
Energie, die vom Heizsystem unter normierten Bedingungen abgegeben werden muss, um den Heizwärmebedarf und den Trinkwasserwärmebedarf zu decken.

Nutzfläche
Anrechenbare Flächen in Gebäuden, die nicht zu Wohnzwecken genutzt werden. Die Nutzfläche gliedert sich in Haupt- und Nebennutzflächen.

Oberflächentemperatur θ (Theta) [°C]
Zur Unterscheidung von Lufttemperaturen wird für Oberflächentemperaturen das Zeichen θ verwendet.

Passivhaus
Das Passivhaus ist eine Weiterentwicklung des deutschen Niedrigenergiehaus-Standards. Der Heizwärmebedarf beträgt weniger als 15 kWh/m²a. Oft wird auf eine konventionelle Heizung verzichtet; stattdessen deckt ein Lüftungssystem den Restheizwärmebedarf.

Phasenverschiebung [h]
Zeitliche Verschiebung des inneren zum entsprechenden äußeren Temperaturverlauf. Durch einen langsamen Wärmedurchgang (Optimum 12 h) verschieben sich äußere Temperaturspitzen im Innenraum auf den Abend.

Photovoltaik
Bezeichnet die Direktumwandlung von Licht in elektrische Energie. (→ S. 164)

Photovoltaikmodul
Einheit aus zusammengeschalteten → Solarzellen. (→ S. 164)

Photovoltaischer Generator
Gesamtheit der zusammengeschalteten photovoltaischen Module einer Solarstromanlage.

Photovoltaisches System (autark, hybrid, netzgekoppelt) (→ S. 164)

Plattenwärmetauscher
Plattenwärmetauscher bestehen meistens aus dünnen Kunststoff- oder Aluminiumplatten, die in geringem Abstand aufeinander geschichtet sind. Dabei fließen Medien (z.B. Luft) in den Plattenhohlräumen aneinander vorbei, ohne sich zu vermischen. Das unterschiedliche Temperaturniveau führt dazu, dass Wärme von einem Medium auf das andere übertragen wird.

Plusenergiehaus
Gebäude, die im Jahresverlauf mehr Energie erzeugen als sie verbrauchen.

Polykristalline Zellen (→ S. 164)

Quellluftsystem
Kühle Zuluft quillt in den zu lüftenden Bereich und bildet ein Art Luftsee über dem Boden. An warmen Körpern steigt die Luft der Thermik folgend auf, führt frische undurchmischte Luft zu und bewirkt eine vollständige Durchspülung des Raumes. Geräuschlos und ohne Zugerscheinungen nimmt sie dabei Wärme auf und wird im oberen Raumbereich wieder abgesaugt.

Raumlufttechnische Anlagen (RLT-Anlagen)
Die Anlagen werden danach eingeteilt, ob sie über keine, eine, zwei, drei oder alle vier Luftbehandlungsfunktionen (Kühlen, Heizen, Be- und Entfeuchten) verfügen. Der Luftumsatz ist durch Ventilatoren (geregelter Luftzustand, Strömungsrichtung, Geschwindigkeit etc.) genau regelbar, um ihn den Bedürfnissen der Nutzer anzupasen.

Reflexblendung
Blendung kann durch eine Lichtquelle selbst verursacht werden oder als Reflexblendung durch Reflexion der Lichtquelle entstehen.

Relative Luftfeuchte
Verhältnis der in der Luft enthaltenen absoluten Wasserdampfmenge W zu der Wasserdampfsättigungsmenge W_S. Die Aufnahmefähigkeit der Luft für Wasserdampf steigt mit zunehmender Temperatur. Bei konstantem absolutem Feuchtegehalt und steigender Lufttemperatur sinkt die relative Luftfeuchte.

Rezeptoren
Im Auge werden auf die Netzhaut treffende Lichtreize durch zwei Rezeptorensysteme in neuronale Impulse umgesetzt, wobei die gleichmäßig verteilten und lichtempfindlichen Stäbchenrezeptoren für weitwinkliges Sehen bei geringen Beleuchtungsstärken und die Zapfenrezeptoren in der Sehachse für scharfes und farbiges Sehen sorgen.

Rohdichte [kg/m³]
Masse eines Stoffes bezogen auf sein Volumen. Die Fähigkeit zur Wärmespeicherung und die Wärmeleitfähigkeit λ steigen mit zunehmender Rohdichte.

Saisonale Energiespeicher
Langzeitspeicher zum Ausgleich der saisonalen Unterschiede der Sonnenstrahlung in Großspeichern (≥ 10 000 m³ Wasser).
(→ Grundwassernutzung)

Schaltbare Gläser
Zur bewussten Regelung des Solareintrags wurden Gläser mit steuerbaren Transmissionseigenschaften entwickelt, die zur Zeit als Prototypen vorliegen und noch nicht serienmäßig produziert werden. Die Gläser ändern ihren Strahlungstransmissionsgrad entweder bei einem Temperaturwechsel oder durch das Anlegen einer Spannung. Man unterscheidet thermotrope, thermochrome, elektrochrome und gasochrome Systeme sowie solche mit Flüssigkristallen.

Schwerkraftlüftung
Durch Sogwirkung hervorgerufene freie Lüftung durch Fenster, Türen oder Trauffirstöffnungen.

Selbstregelnde Fassaden
Fassaden, die mittels → schaltbarer Gläser ihre Lichtdurchlässigkeit je nach Tageslicht und Sonneneinstrahlung automatisch verändern.

Silizium
Silizium ist das zweithäufigste Element der Erdrinde und dient als Halbleitermaterial zur Herstellung von Solarzellen.

Solardach
Große segmentierte Kollektoranlage, die zugleich als Dacheindeckung funktioniert.

Solare Deckungsrate f_a
Anteil des durch Solarenergie abzudeckenden Energiebedarfs: Eine Solaranlage zur Brauchwasserwärmung kann z.B. eine solare Jahresdeckungsrate von etwa 55 % erreichen. Im Sommer kann die Deckungsrate mehr als 90 % betragen, im Winter unter 30 %.

Solare Nahwärme
Solarthermische Versorgung von geschlossenen Wohnsiedlungen mit Warmwasser und Raumwärme. Die aus Kollektoranlagen gewonnene Wärmeenergie wird semizentral gespeichert, um tageszeitliche und saisonale Unterschiede der Sonneneinstrahlung auszugleichen. In der Regel wird die Deckung des Wärmebedarfs durch andere Energieträger unterstützt. Auch eine vollständige solare Wärmebedarfsdeckung ist möglich; diese erfordert allerdings sehr große Speichervolumina (bis zu 20 000 m³).

Solare Wärmegewinne Q_S [kWh/a]
Wärmegewinne aus diffuser und direkter Sonneneinstrahlung auf die Bauteile eines Gebäudes.

Solargenerator
Photovoltaikanlage aus parallel oder in Reihe geschalteten Solarmodulen.

Solarkollektor (→ S. 166)

Solarthermie
Die Umwandlung der Strahlungsenergie der Sonne in nutzbare Wärme.

Solarthermische Kühlverfahren
(→ Adsorptionskältemaschinen, Sorptionstechnik)

Solarzelle
Halbleiter-Bauelement, in dem durch einen geeigneten Schichtaufbau Strahlungsenergie in elektrische Spannung umgewandelt wird.

Sonnenkollektor (→ S. 166)

Sorptionsgestütze Klimatisierung (SGK)
(→ Sorptionstechnik)

Sorptionstechnik
Alternative zur konventionellen, strombetriebenen Kältemaschinen mit einem Kälteerzeugungsverfahren auf der Basis von Lufttrocknung mit nachfolgender Verdunstungskühlung. Wasser ersetzt die bisherigen FCKW- bzw. FKW-haltigen Kältemittel in Kälteerzeugern. Der Vorteil von → DEC-Anlagen mit Sorptionstechnik gegenüber Anlagen mit konventioneller Kälteerzeugung liegt in der geringeren elektrischen Anschlussleistung, da die Kältemaschine entfällt, sowie dem daraus resultierenden niedrigem Strom- und geringem jährlichem Wasserverbrauch; auch die Rückkühlung der Kältemaschine entfällt.

Spezifische Wärmekapazität c [kWh/kgK] oder [kJ/kgK]
Wärmemenge, die je Massen- oder Volumeneinheit eines Materials eine Temperaturzunahme um 1 K bewirkt.

Spezifischer Transmissionswärmeverlustkoeffizient H_T [W/m²K]
Wärmestrom durch die Außenbauteile je Grad Kelvin Temperaturdifferenz.

Standard-Test-Bedingungen
Testbedingungen zur Ermittlung der Nennleistung von Solarmodulen. Solare Einstrahlung: 1 000 W/m², Zellentemperatur: 25 °C, Spektrum AM 1,5

Stapelzellen
Photovoltaikzellen, bei denen zwei bzw. drei Schichten übereinander aufgebracht sind (Tandem- bzw. Triple-Zellen), wobei zur Verbesserung des Wirkungsgrades jede der Schichten für einen anderen Spektralbereich (kurz-, mittel-, langwellige Strahlung) ausgelegt ist.

Systemkomponenten
Bestandteile eines PV-Netzes neben dem Generator wie Tragstruktur, Schalter, Regler, Zähler und Speicher.

Solarkollektoren

Kollektortyp	Konversionsfaktor	Thermischer Verlustfaktor [W/m² °C]	Themeraturbereich [°C]
Absorber (unabgedeckt)	0,82–0,97	10–30	bis 40
Flachkollektor	0,66–0,83	2,9–5,3	20–80
Vakuum-Flachkollektor	0,81–0,83	2,6–4,3	20–120
Vakuum-Röhrenkollektor	0,62–0,84	0,7–2,0	50–120
Speicherkollektor	ca. 0,55	ca. 2,4	20–70
Luftkollektor	0,75–0,90	8–30	20–50

1

Luftkollektor
Luftkollektoren nutzen die Solarstrahlung zur direkten Erwärmung von Luft. Ein luftdurch- oder umströmter Absorber liegt in einem wärmegedämmten Gehäuse unter einer Glasabdeckung. Luftkollektoren können als Frischluft- oder Umluftsystem betrieben werden. Beim Frischluftsystem wird Außenluft erwärmt und direkt verwendet, während im Umluftsystem das Trägermedium Luft in einem geschlossen Kreislauf geführt wird und die gesammelte Wärme über Wärmetauscher zur Verfügung stellt.
Das Umluftsystem ist geschützt vor Verschmutzung und wartungsfreundlicher. Beim Frischluftsystem hingegen entfallen die Wärmetauscher und die damit verbundenen Wärmeverluste. Luftkollektoren eignen sich für Anwendungen mit direkter Nutzung der erwärmten Luft (Warmluftheizung, industrielle Trocknung).

Flachkollektor
Flachkollektoren bestehen aus dunklen Absorberflächen mit meist mäanderförmig eingebetteten Rohren. Die Wärme gelangt vom Absorber über die Rohrwandung zum Wärmeträgermedium. Eine transparente Abdeckung aus Solarsicherheitsglas mit hohem Transmissionsgrad im kurzwelligen Spektralbereich verhindert die Wärmeabstrahlung vom Absorber (Treibhauseffekt) und Wärmeverluste durch Konvektion. Dicht mit dem hochgedämmten Gehäuse verbunden schützt sie den Absorber vor Witterungseinflüssen und vermindert Wärmeverluste des Kollektors durch Wärmeleitung.
Bei Vakuum-Flachkollektoren ist zur weiteren Minimierung der Wärmeverluste die Luft aus dem Innenraum des Kollektorkastens herausgepumpt. Flachkollektoren stellen eine kostengünstige Technik zur Trinkwassererwärmung und Raumbeheizung dar.

Vakuum-Röhrenkollektor
Die Absorber sind in eine luftleere, druckfeste und zur optimalen Nutzung der Solarstrahlung drehbar gelagerte Glasröhre eingebaut. Das Wärmeträgermedium durchströmt den Absorber direkt. Mehrere zusammengeschaltete und mit einer Sammelleitung verbundene Röhren bilden den Kollektor. Bei geringen Temperaturen verdampft der Wärmeträger im Rohr. Der Dampf steigt auf, gibt die Wärme über einen Wärmetauscher an das Medium im Sammelrohr ab, kondensiert und fließt wieder zurück. Damit dieser Prozess abläuft, muss der Kollektor eine Mindestneigung aufweisen. Er arbeitet bei hohen Absorbertemperaturen und bei niedriger Einstrahlung mit gutem Wirkungsgrad und eignet sich zur Erzeugung von Prozesswärme. Der gute Wirkungsgrad im Winter und in der Übergangszeit führt zu 30–50 % höheren Energiegewinnen im Jahresmittel.

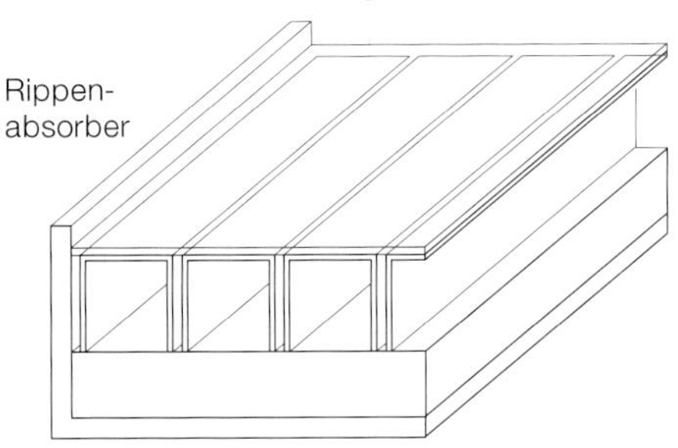

A

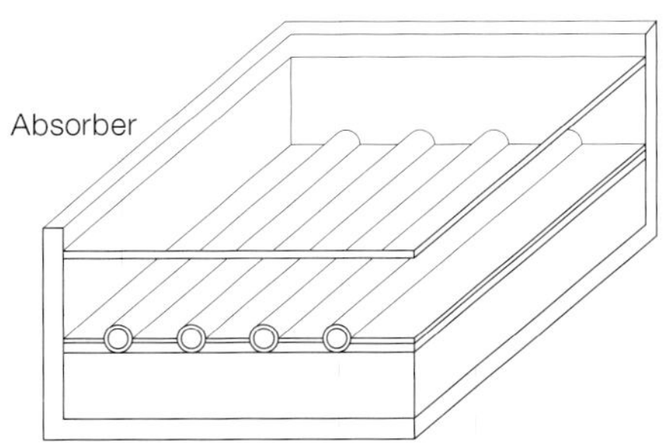

B

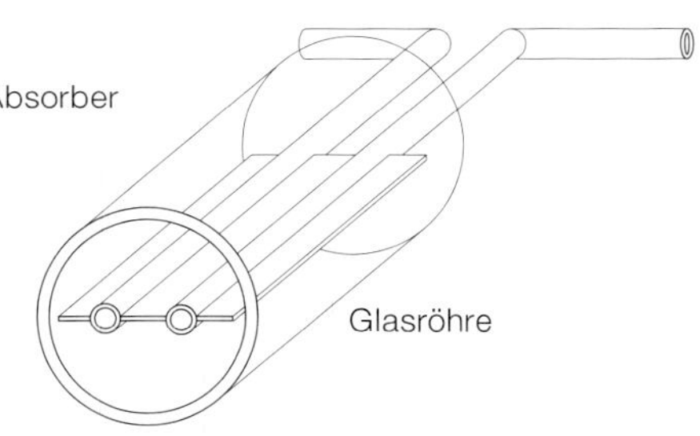

C

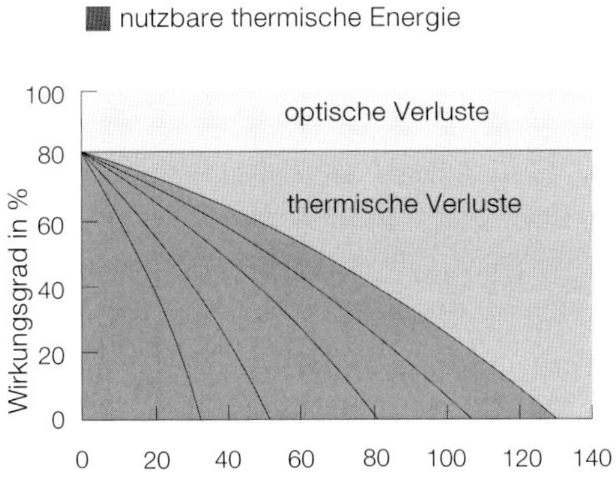

2

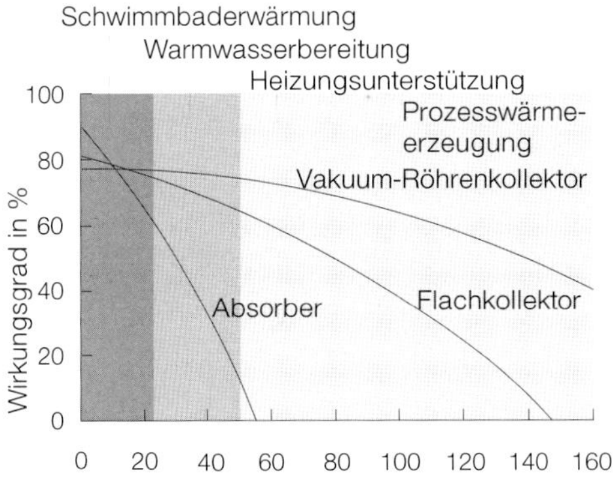

3

1 Konversions- und thermische Verlustfaktoren verschiedener Kollektortypen (Quelle: solarserver.de)
2 Wirkungsgradkennlinien eines Sonnenkollektors bei unterschiedlicher Einstrahlung
3 Wirkungsgradkennlinien und Arbeitsbereiche verschiedener Kollektortypen bei Einstrahlung von 1 000 W/m²

Tageslichtautonomie
Anteil der jährlichen Arbeitsstunden mit Tageslichtbeleuchtung.

Tageslichtlenkung
Technik, um diffuses Tageslicht mittels Spiegel- oder Lichtleitsystemen tief in den Raum zu leiten. (→ Lichtlenkung)

Tageslichtquotient
Verhältnis der Beleuchtungsstärke an einem Punkt im Innenraum zur Außenbeleuchtungsstärke bei bedecktem Himmel. Der Tageslichtquotient nimmt vom Fenster zur Raumtiefe hin kontinuierlich ab.

Tandem- / Tripel-Zellen (→ Stapelzellen)

Taupunkttemperatur θ (Theta) [°C]
Temperatur, bei der der Wasserdampfgehalt der Luft gesättigt ist. Bei Unterschreitung der Taupunkttemperatur fällt die überschüssige Wasserdampfmenge als Kondensat aus.

Teilklimaanlagen
Anlagen, die nicht über alle Einrichtungen einer Klimaanlage verfügen; dazu gehören Lufterwärmer und Luftbefeuchter. Sie dienen zur Regelung der relativen Luftfeuchte im Winter, bieten aber im Sommer keine Kühlung. Lufterwärmer und Luftkühler können im Sommer die Zuluft kühlen, im Winterbetrieb kann die relative Luftfeuchte nicht geregelt werden.

Thermoaktive Decke (→ Bauteilkühlung)

Transparente Wärmedämmung (TWD)
Gebäude-Außendämmung, die zwar lichtdurchlässig, aber nicht durchsichtig ist. Neben der Wärmedämmung bietet auch die Eigenschaft, blendungsfrei Tageslicht in größere Raumtiefen zu lenken, Vorteile. In Kombination mit Speichermassen können Wandaufbauten mit TWD zur Wärmespeicherung dienen.

Transparente Zellen
»Transparente« polykristalline Zellen stellen mit ihren interessanten optischen Effekten eine neue Technologie im Bereich der Gestaltung von Photozellen dar. In einem speziellen Bearbeitungsverfahren werden Vorder- und Rückseite des → Wafers jeweils in parallelen Schnitten gesägt. Die in Schnittpunkten entstehenden (Kleinst-) Löcher mindern zwar leicht die Flächenleistung, erzeugen jedoch den Eindruck einer transparenten Zelle.

Trinkwasserwärmebedarf
Nutzwärme zur Erwärmung der gewünschten Trinkwassermenge.

Umweltfaktoren (→ S. 160)

Vakuumröhrenkollektor (→ S. 166)

Verdrängungslüftung (→ Quellluftsystem)

Wafer
Dünne Siliziumscheiben mit Durchmessern bis zu 300 nm, die als Trägermaterial für die Herstellung von Computerchips und Photozellen verwendet werden.

Wärme Q [J] oder [Ws]
Form der Energie. 1 Joule [J] = 1 Wattsekunde [Ws]. $3{,}6 \cdot 10^6$ Ws = 1 Kilowattstunde [kWh].

Wärmebedarf Q [kWh]
Der Wärmebedarf errechnet sich aus Wärmeverlusten und Wärmegewinnen. Bei der Planung einer Solaranlage werden genaue Daten über die Menge, das Temperaturniveau und die zeitliche Verteilung der benötigten Wärme zugrunde gelegt.

Wärmebrücke
Bereich der Gebäudehülle mit erhöhtem Wärmeabfluss. Es besteht die Gefahr der Unterschreitung der Taupunkttemperatur mit resultierenden Feuchteschäden.

Wärmedurchgangskoeffizient U [W/m²K]
(früher k-Wert)
Die Konstante beziffert den Transmissionswärmeverluststrom in Watt je m² wärmeübertragender Fläche bei einer Temperaturdifferenz von 1 K.

Wärmedurchgangswiderstand R_T [m²K/W]
Die Summe von Wärmedurchlasswiderstand R und den Wärmeübergangswiderständen R_{si} und R_{se} dient als Zwischenwert zur Ermittlung des Wärmedurchgangskoeffizienten U.

Wärmedurchlasskoeffizient Λ (Lambda) [W/m²K]
Wärmestrom, der durch die Materialschicht mit der Dicke s bei einem gleich bleibenden Temperaturunterschied von 1 K zwischen den Oberflächen fließt.

Wärmedurchlasswiderstand R [m²K/W]
Kehrwert des Wärmedurchlasskoeffizient; gibt die Dämmwirkung einer Materialschicht als Widerstand an. Ein hoher Wert steht für gute Dämmwirkung.

Wärmeeindringkoeffizient b [$Ws^{0,5}$/m²K]
Kennwert für die Wärmeaufnahmeleistung eines Materials. Je höher der Wert ist, um so schneller erwärmt sich ein Bauteil.

Wärmeleitfähigkeit λ (Lambda) [W/mK]
Wert der Wärmemenge [W], die in 1 Stunde durch 1 m² einer 1 m dicken Materialschicht bei einem gleich bleibenden Temperaturunterschied von 1 K zwischen den Oberflächen geleitet wird. Ein kleiner Wert steht für gute Dämmeigenschaften eines Materials.

Wärmeschutzglas
Isolierglas mit einem besonders geringen → Wärmedurchgangskoeffizienten (U-Wert) und mindestens einer zum Scheibenzwischenraum beschichteten Oberfläche zur Verringerung der Wärmeabstrahlung. Der Scheibenzwischenraum ist oft mit Edelgasen (z.B. Argon, Krypton, Xenon) gefüllt.

Wärmespeicherung
Ein Material nimmt Wärmeenergie in Abhängigkeit von seiner Masse auf.

Wärmespeicherzahl S [Wh/m³K]
Volumenspezifische Wärmespeicherfähigkeit eines Bauteils.

Wärmestrom ϕ (Phi) [W]
Wärmemenge pro Zeiteinheit.

Wärmestromdichte q [W/m²]
Angabe der Wärmemenge [J], die in 1 Sekunde durch 1 m² eines Materialquerschnitts fließt.

Wärmetransmission
Durchgang von Wärmeenergie durch ein Bauteil in Richtung des Temperaturverlaufs.

Warmluftheizungen
Sie arbeiten meistens als Umluftanlagen. Die Luft wird in der Regel durch einen Gas- oder Ölbrenner direkt erhitzt. Ein Kanalnetz verteilt die Wärme in allen Räumen, die einen Zu- und einen Abluftanschluss haben. Im Vergleich zur Warmwasserheizung verfügt die Warmluftheizung über eine sehr kurze Aufwärmdauer, ist preisgünstiger und kann nicht einfrieren. Allerdings verursacht die Luftführung im Kanalnetz Geräusche, und die große Luftumwälzung führt zu vermehrter Staubentwicklung. Die Temperaturen in einzelnen Räume lassen sich nur schwer getrennt regeln.

Warmwasserkollektor (→ S. 166)

Wirkungsgrad η (Eta)
Verhältnis von Nutzenergie zur eingesetzten Energie.

Literatur

A Green Vitruvius. Principles and Practice of Sustainable Architectural Design, University College Dublin, the Architect's Council of Europe, Softtech and the Finnish Association of Architects, London 1999

Achilles; Braun; Seger; Stark; Volz: glasklar, produkte und technologien zum einsatz von glas in der architektur, München 2003

Ackermann, Thomas: Energieeinsparverordnung, Wiesbaden 2003

Althaus, Dirk: Fibel zum ökologischen Bauen, Berlin 2000

Behling, Sophia und Stefan: Sol Power. Die Evolution der solaren Architektur, München 1996

Birnbacher, Dieter (Hrsg.): Ökophilosophie, Ditzingen 1997

Brand, Cornelius: Die neuen Energiesparhäuser. Aktuelle Entwicklungen–Zeitgemäße Architektur, München 1997

Brandi, Ulrike; Geissmar-Brandi, Christoph: Lichtbuch. Die Praxis der Lichtplanung, Basel 2001

Brown, G. Z.; DeKay, Mark: Sun, Wind and Light. Architectural Design Strategies, New York 2001

Bundesarchitektenkammer (Hrsg.): Energiegerechtes Bauen und Modernisieren, Basel 1996

Buonocore, Pablo; Critchley, Michael A.: Tageslicht in der Architektur, Sulgen 2001

Compagno, Andrea: Intelligente Glasfassaden. Material, Anwendung, Gestaltung, 5. Auflage, Basel, 2002

Crowe, Norman; Economakis, Richard; Lykoudis, Michael (Hrsg.): Building Cities, Towards a Civil Society and Sustainable Environment, London 1999

Daniels, Klaus: Advanced Building Systems. A Technical Guide for Architects and Engineers, Basel 2003

Daniels, Klaus: Technologie des ökologischen Bauens. Grundlagen und Maßnahmen, Beispiele und Ideen, Basel 1995

Danner, Dietmar; Dassler, Friedrich H.; Hajek, Kristina: Die klima-aktive Fassade, Leinfelden-Echterdingen 1999

Deecke, Günther, Olesen: Die Betonkernaktivierung, Norderstedt 2003

Detail. Zeitschrift für Architektur + Baudetail, Solares Bauen, 1993/6, 1997/3, 1999/3, 2002/6

Deutsches Architekturmuseum; Volz, Michael: Die ökologische Herausforderung in der Architektur. Nachhaltigkeit, Bilanzierung, Normung, Recycling, Tübingen 1999

Deutsches Kupferinstitut (Hrsg.): Architektur & Solarthermie, Darmstadt 2002

Dietz, Bernhard: Zur Nutzung solarer Strahlung für die permanente Kälteerzeugung, Stuttgart 2002

EMPA-Akademie (Hrsg.); Bleich, Jürgen u.a.: Die Gebäudehülle. Konstruktive, bauphysikalische und umweltrelevante Aspekte, Stuttgart 2000

Farmer, John; Richardson, Kenneth (Hrsg.): Green Shift, Changing Attitudes in Architecture to the Natural World, Oxford 1999

Fischer, Udo: Tageslichttechnik, Köln 1982

Fox, Ulrich: Sonnenkollektoren. Thermische Solaranlagen, Stuttgart 1998

Ganslandt, Rüdiger; Hoffmann, Harald: Handbuch der Lichtplanung, Braunschweig 1992

Gauzin-Müller, Dominique: Nachhaltigkeit in Architektur und Städtebau, Basel 2002

Gfeller-Corthésy, Roland: Bartenbach Lichtlabor: Bauen mit Tageslicht, Bauen mit Kunstlicht, Braunschweig 1998

Graf, Anton: Neue Passivhäuser, 25 Beispiele für den Energiestandard der Zukunft, München 2003

Graham, Peter: Building Ecology, Oxford 2003

Grimm, Friedrich: Energieeffizientes Bauen mit Glas, München 2003

Grobe, Carsten: Passivhäuser, Grundlagen, Bauphysik, Konstruktionsdetails, Wirtschaftlichkeit, München 2002

Gunßer, Christoph: Energiesparsiedlungen. Konzepte, Techniken, Realisierte Beispiele, München 2000

Guzowski, Mary: Daylighting for Sustainable Design, New York 1999

Hagan, Susannah: Taking Shape. A new Contract between Architecture and Nature, New York 2001

Hagemann, Ingo B.: Gebäudeintegrierte Photovoltaik. Architektonische Integration der Photovoltaik in die Gebäudehülle, Köln 2002

Herzog, Thomas (Hrsg.): Solarenergie in Architektur und Stadtplanung, München 1996

Huber; Müller; Oberländer: Das Niedrigenergiehaus, Stuttgart, Berlin, Köln 1996

Hullmann, Heinz: Photovoltaik in Gebäuden, Stuttgart 2000

Humm, Othmar (Hrsg.): NiedrigEnergie- und PassivHäuser, Staufen 1998

Humm, Othmar; Toggweiler, Peter: Photovoltaik und Architektur, Basel 1993

Kaiser, Yvonne; Hastings, S. R.: Niedrigenergie-Solarhäuser. Systeme, Projekte, Technologien, Basel 1998

Kaltenbach, Frank (Hrsg.): Detail Praxis, Transluzente Materialien. Glas, Kunststoff, Metall, München 2003

Kramer, Heinrich; von Lorn, Walter: Licht – Bauen mit Licht, Köln 2002

Krapmeier H.; Drössler E.: CEPHEUS. Wohnkomfort ohne Heizung, Wien 2002

Landesinstitut für Bauwesen des Landes Nordrhein-Westfalen (Hrsg.), Zeine, Carl: Stromsparpotentiale in Landesbauten, Aachen 1997

Lewis, Owen; Goulding, Jon: European Directory of Sustainable and Energy Efficient Building, London 1999

Lloyd Jones, David; Hudson, Jennifer: Architektur und Ökologie, zeitgenössiche bioklimatische Bauten, Stuttgart 1998

Lüling, Claudia (Hrsg.): Architektur unter Strom, Berlin 2000

Meyer, Roland: Das EnergieEinsparHaus, Taunusstein 2001

Mürmann, Herbert: Wohnungslüftung. Kontrollierte Lüftung mit Wärmerückgewinnung: Systeme, Planung, Ausführung, Heidelberg 1999

Ökologisches Bauen-Phase II. Stand und zukünftige Entwicklungen, Thesis, Bauhaus Universität Weimar, Heft 1/1999

Oesterle; Lieb; Lutz; Heusler: Doppelschalige Fassaden, München 1999

Österreichisches Institut für Baubiologie und -ökologie, Donau Universität Krems, Zentrum für Bauen und Umwelt (Hrsg.); Mötzl, H.; Zelger,T.: Ökologie der Dämmstoffe. Grundlagen der Wärmedämmung, Lebenszyklusanalyse von Wärmedämmstoffen. Optimale Dämmstandards, Wien 2000

Oswald, Philipp: Wohltemperierte Architektur. Neue Techniken des energiesparenden Bauens, Heidelberg 1994

Porteous, Colin: The New eco-Architecture. Alternatives from the modern Movement, London 2002

Reiners, Holger: Energie effektiv nutzen. Die besten Einfamilienhäuser, München 2002

Reyer, Eckhard u.a.: Kompendium der Dämmstoffe, Stuttgart 2002

Roaf, Sue; Fuentes Manuel; Thomas, Stephanie: Ecohouse A Design Guide, Oxford 2002

Schittich, Christian (Hrsg.), Gebäudehüllen. Konzepte, Schichten, Material, München/Basel 2001

Schittich, Christian; Staib, Gerald; Balkow, Dieter; Schuler, Matthias; Sobek, Werner: Glasbau Atlas, München/Basel 1998

Schneider, Astrid (Hrsg.): Solararchitektur für Europa, Basel 1996

Schüle, R. u.a.: Thermische Solaranlagen. Marktübersicht. Leitfaden für den Kauf von Solar-Brauchwasseranlagen, Staufen 1997

Seltmann, Thomas: Fotovoltaik: Strom ohne Ende, Berlin 2000

SIA Schweizerischer Ingenieur- und Architekten Verein: Kriterien für nachhaltige Bauten, Zürich 2000

Slessor, Catherine: Eco-Tech. Umweltverträgliche Architektur und Hochtechnologie, Ostfildern 1997

Sliwinski, Sigismund; Stach, Edgar: Sustainability in Architecture, University of Tennessee 2002

Smith, Peter F.: Architecture in a Climate of Change. A Guide to Sustainable Design, New York 2001

Suttor, Wolfgang; Müller, Armin: Das Mini-Blockheizkraftwerk. Eine Heizung die kostenlos Strom erzeugt, Heidelberg 2000
Thermoaktive Bauteilsysteme, Forum Planen 15/August 2003

Thierfelder, Anja (Hrsg.): Transsolar- KlimaEngineering, Basel 2003

Thomas, Randall (Hrsg.); Fordham, Max: Photovoltaics and Architecture, London, New York 2001

Treberspurg, Martin: Neues Bauen mit der Sonne. Ansätze zu einer klimagerechten Architektur, 2. Auflage, Wien 1998

UIA Berlin 2002 e.V. (Hrsg.): Resource Architecture (4 Publikationen: Kongressbericht, Postersession, Ausstellungskatalog, Studentenwettbewerb), Basel 2002

Umweltforum Bau e.V.(Hrsg.): Niedrigenergiehäuser, Karlsruhe 1997

Weik, Helmut: Expert-Praxislexikon, Sonnenenergie und solare Techniken, Renningen 2000

Weik, Helmut: Sonnenenergie für eine umweltschonende Baupraxis, Renningen 1995

Wigginton, Michael; Harris, Jude: Intelligent Skins, Oxford 2002

Zimmermann, Mark: Handbuch der passiven Kühlung. Rationelle Energienutzung in Gebäuden, Stuttgart 2003

Webadressen

Bauhaus – Universität Weimar
www.uni-weimar.de/architektur/oekologisches_bauen

Bundesamt für Bauwesen und Raumordnung
www.urban21.de

Bundesministerium für Umwelt
www.bmu.de

Datenbanken, Projekte, Förderungen, Herstellerinformationen, Produkte
www.solarinfo.de

Deutsche Gesellschaft für Sonnenenergie
Aktuelle Informationen zu den Themen erneuerbare Energien und rationelle Verwendung von Energie
www.dgs-solar.org

Energieinstitut Voralberg
www.energieinstitut.at

Eurosolar
Europäische Vereinigung für Erneuerbare Energien
www.eurosolar.org

Glossar mit ausführlichen Erläuterungen zu solaren Energietechniken
www.regio3.ch/solarregion/inhalt.htm

Internationales Wirtschaftsforum Regenerative Energien
www.iwr.de/solar

Kostengünstige Passivhäuser als Europäische Standards
www.cepheus.de

Netzwerk für solares und ökologisches Bauen
www.agsn.de

Öko-Insitut e.V., Institut für angewandte Ökologie
www.oeko.de

Passivhaus Institut
www.passiv.de

Praxis-Informationen und Hilfen zur Anwendung der Energieeinsparverordnung (EnEV)
www.enev-online.de

Solarcity
www.solarcity.org

Solarenergie Informations- und Demonstrationszentrum
www.solid.de

Sunrise 2002: »Die europäischen Märkte für Solarthermie und Photovoltaik«, Marktstudie
www.deutsche-energie-agentur.de

Umfassende Informationen zu allen solaren Themenbereichen
www.solarserver.de

VDB Berufsverband Deutscher Baubiologen e.V.
www.baubiologie.net

Website für Architekturstudenten
www.candarch.de/links_architektur/oekologie.htm
Zeitschrift für EnergieEffizientes Bauen
www.e-bauen.de

Passivreihenhaus in Dornbirn, Österreich

Architekten:
Johannes Kaufmann Architektur
JKA, Dornbirn
www.jkarch.at

Johannes Kaufmann
geboren 1967 in Bezau;
seit 1993 eigenes Architekturbüro;
1996–2000 Bürogemeinschaft mit
Oskar Leo Kaufmann.

Bauherr:
Errichtergemeinschaft Falkenweg
Energiekonzeption:
Planungsteam E-PLUS
Kaltheier & Partner OEG, Egg
Tel.: +43 5512 26068
Fax: +43 5512 26068-17
Bauphysik:
Lothar Künz, Hard
Tel.: +43 5574 778510
Fax: +43 5574 61689
Tragwerksplaner:
Merz Kaufmann Bauingenieure
(Holzbau), Dornbirn
Tel.: +43 5572 36031-0
Fax: +43 5572 36031-40
Mader & Flatz Ziviltechniker GmbH
(Betonbau), Bregenz
Tel.: +43 5574 44129-0
Fax: +43 5574 44129-33
Fertigstellung: 2002

Holzbau:
Kaufmann Zimmerei, Reuthe
Tel.: +43 5514 2209
Fax: +43 5514 3275
Baumeister:
Strohmeier Bau GmbH, Lauterach
Tel.: +43 5574 64260 0
Fax: +43 5574 77299
Dachdecker + Sprengler:
Heinzle Sprenglerei,
Kohblach-Götzis
Tel.: +43 5523 62343
Fax: +43 5523 62343-18
Fenster:
Böhler Fenser GmbH, Wolfurt
Tel.: +43 5512 74550
Fax: +43 5512 77390
Installateur:
Steurer Installationen
Energietechnik GmbH,
Schwarzenberg
Tel.: +43 5574 2958
Fax: +43 5574 2958-8
Elektriker:
Elektro Vögel, Mellau
Tel.: +43 5518 2232
Fax: +43 5518 2232-4

Wohnanlage in Kolding, Dänemark

Architekten:
3xNielsen, Århus
Mitarbeiter:
Christian Platz, Palle Holsting,
Jørgen Søndermark, Lars Poulsen,
Malene Knudsen, Carsten Olsen
www.3xn.dk

Lars Frank Nielsen
geboren 1951 in Esbjerg ;
seit 1986 eigenes Büro mit Kim
Herforth Nielsen.

Kim Herforth Nielsen
geboren 1954 in Sønderberg;
seit 1986 eigenes Büro mit Lars
Frank Nielsen.

Bauherr:
AAB Kolding
Haustechnik-/Tragwerks- und
Energieplaner:
COWI, Vejle
Generalunternehmer:
Højgaard & Schulz Vest,
Kolding
Tel.: +45 7551 7088
Fax: +45 7551 7075
Fertigstellung: 1998

Passivreihenhäuser in Ulm, Deutschland

Architekten:
Brucker Architekten, Stuttgart
Mitarbeiter:
Angelina Fellhauer,
Peter Lell, Jürgen Groß
Tel.: +49 711 611663

Johannes Brucker;
seit 1986 eigenes Büro;
Lehrbeauftragter an der
Universität Stuttgart.

Bauherr:
Bauherrngemeinschaft
Sonnenfeld GbR, Ulm
Haustechnik-/Elektroplaner/
Bauphysik:
ebök, Tübingen
Tragwerksplaner:
Harry Lieb, Ulm
Landschaftsplanung:
Johannes Brucker, Stuttgart
Fertigstellung: 2001

Rohbau:
Härle Hoch- und Tiefbau
Betonfertigteile GmbH, Maselheim
Tel:: +49 7351 1587-0
Fax: +49 7351 9501331
Häufele & Sohn GmbH & Co. KG,
Ulm
Tel.: +49 731 40194-0
Fax: +49 731 40194-40
Zimmerei/Holzbau:
Lehner GmbH,
Bonndorf-Wellingen
Tel.: +49 7703 919347
Fax: +49 7703 919367
Fenster:
Pazen GmbH,
Zelting-Rachtig
Tel.: +49 6571 90450
Fax: +49 6571 3602
Heizungs- und Lüftungstechnik:
Fa. Prestle, Biberach
Tel.: +49 7351 5000-13
Fax: +49 7351 5000-55
Wärmedämm-Verbundsystem:
Wilhelm Frank, Ulm
Tel.: +49 731 37636
Fax: +49 731 36782
Dachabdichtung:
Deutsche Asphalt GmbH, Ulm
Tel.: +49 731 93611-0
Fax: +49 731 93611-99
Sarnafil GmbH, Feldkirchen
Tel.: +49 89 90480859
Fax: +49 89 99145100
Mauerwerk:
Kalksandstein
Kontor Südwest GmbH, Karlsruhe
Tel.: +49 721 981640
Fax: +49 721 814083

Punkthäuser in Innsbruck, Österreich

Architekten:
Baumschlager & Eberle, Lochau
Projektleitung:
Gerhard Zweier, Wolfurt
office@be-g.com

Carlo Baumschlager
geboren 1956; seit 1985
Bürogemeinschaft mit Dietmar
Eberle; seit 1985 Lehrtätigkeit.

Dietmar Eberle
geboren 1952; seit 1985
Bürogemeinschft mit Carlo
Baumschlager; seit 1983 Lehrtätigkeit; seit 1999 Professur
an der ETH Zürich.

Bauherr:
Neue Heimat Tirol, Gemeinnützige
Wohnungsbau- und
Siedlungsgesellschaft mbH,
Innsbruck
Haustechnik:
GMI Gasser & Messner, Dornbirn
Klimatherm, Rum
HLS/Solartechnik:
Ortner GmbH, Innsbruck
Tel.: +43 512 224910
Fax: +43 512 2825302
Wohnungslüftung:
Hermes electronics (Genvex),
Essen
Tel.: + 49 201 89911-0
Fax: + 49 201 89911-20
Tragwerksplaner:
Marc Wallnöfer, Innsbruck
IFS Ziviltechniker GmbH,
Innsbruck
Gerhard Neuner, Rum
Elektroplanung:
Obwieser GmbH, Absam
Außenanlagen:
Kienast + Vogt, Zürich
Fertigstellung: 2000

Klappläden Fassade:
Meyer GmbH und Co. KG,
Nüziders
Tel.: +43 5552 63548-0
Fax: +43 5552 63548-22
Glaser:
Foidl Bau- und Kunstglas,
St. Margarethen
Tel.: +43 5244 626668
Fax: +43 5244 626669
Tischler Fenster/Innentüren:
Kienpointner GmbH, Waidring
Tel.: +43 5353 53485
Fax: +43 5353 5950
Gastherme:
Vaillant GmbH, Innsbruck
Tel.: +43 512 580464
Fax: +43 512 580464-15
Solarkollektor:
Teufel & Schwarz
Heizungsgroßhandel GmbH, Going
Tel.: +43 5358 3939
Fax: +43 5358 3900
Doma Solartechnik, Satteins
Tel.: +43 5524 5353
Fax: +43 5524 5353-10
Wärmetauscher/Solarspeicher:
Forstner Speichertechnik, Dornbirn
Tel.: +43 5572 26274
Fax: +43 5572 26274
Luftaufbereitung/
Außenluftvorwärmung:
Weger Luft- und Klimatechnik,
Lienz
Tel.: +43 4852 7126-0
Fax: +43 4852 7126-020
Wohnungslüftungsgeräte:
Pichler GmbH, Klagenfurt
Tel.: +43 463 32769
Fax: +43 463 37548
Regenwassertanks:
Freudenthaler GmbH & Co. KG,
Inzing
Tel.: +43 5238 53045
Fax: +43 5238 530464
Trockenbau:
Linder GmbH, Baden
Tel.: +43 5223 46700
Fax: +43 5223 46700-70

Estrich:
Kronbichler GmbH, Ebbs
Tel.: +43 5372 43575
Fax: +43 5372 42932
Parkett/Naturstein:
Freisinger GmbH & Co. KG, Ebbs
Tel.: +43 5372 42209
Fax: +43 5372 42209-2
Terrazzo:
Maccione GmbH, Rum
Tel.: +43 512 263163
Fax: +43 512 263163-4
Baumeister:
Porr AG, Rum
Tel.: +43 512 2405
Fax: +43 512 2405-59
WU-Beton:
Zementol GmbH, Dornbirn
Tel.: +43 5572 2435-0
Fax: +43 5572 2435-05

Kanzlei in Röthis, Österreich

Architekten:
Reinhard Drexel, Hohenems
Mitarbeiter:
Sabine Schneider, Eveline Drexel

Reinhard Drexel
geboren 1967;
1994–1996 Mitarbeit im Büro Baumschlager-Eberle; seit 1997 eigenes Büro; seit 2000 Lehrtätigkeit an der HTL-Rankweil.

Bauherr:
Hatto Frick, Sylvia Frick
Gebäudelüftung/
Wärmerückgewinnung:
Drexel Solarlufttechnik und Lüftungsbau GmbH, Bregenz
Tel.: +43 5574 71856-0
Fax: +43 5574 71856-7
Tragwerksplaner:
bhm-Ingenieure, Rankweil
Tel.: +43 5522 46101
Fertigstellung: 2001

Zimmermann:
Summer-Holzbau, Röthis
Tel.: +43 5522 45217
Fax: + 43 5522 47803
Sonnenschutzelemente:
Manfred Köb, Bregenz
Tel.: +43 5574 70583
Fax: +43 5574 70584
Holzfenster:
Schertler, Lauterach
Tel.: +43 5574 6888-0
Fax: +43 5574 70108
Geschliffener Gussasphalt:
BITU-Terrazzo, Hard
Tel.: +43 5574 6587-0
Fax: +43 5574 6587-4

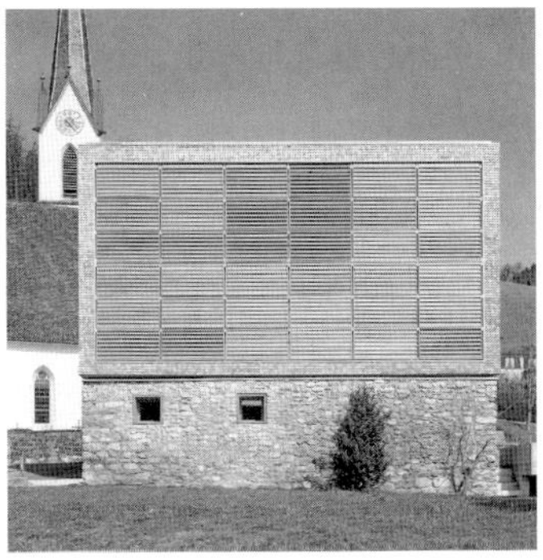

Turnhalle in Wängi, Schweiz

Architekten:
Fent Solare Architektur, Wil
www.fent-solar.com

Guiseppe Fent
geboren 1952 in Hemberg;
seit 1995 ausschließliche Tätigkeit im Bereich der Solararchitektur; Entwicklung der Lucido-Fassade.

Bauherr:
Volksschulgemeinde und Politische Gemeinde Wängi
Projekt- und Bauleitung:
Almer + Almer AG, Wängi
Energieberechnungen/
Fassadenkonstruktion:
Lucido Solar AG, Wil
Haustechnik:
Martin Eisenbart, Münchwilen
Tragwerksplaner:
Steiner Jucker Blumer, Frauenfeld
Elektroplanung:
Bächler, Frauenfeld
Landschaftsplanung:
Fent Solar Architektur
Fertigstellung: 2002

Holzbau:
Arge Blumer-Lehmann, Isenring, Ammann, Blumer-Lehmann AG, Erlenhof
Fenster:
Fensterfabrik, Albisrieden

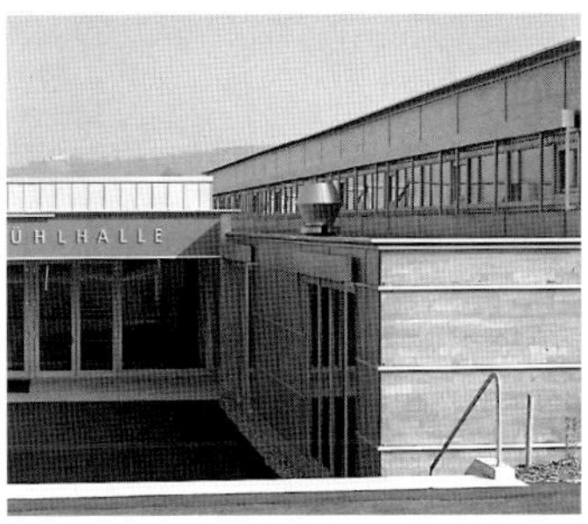

Hauptschule in Klaus, Österreich

Architekten:
Dietrich I Untertrifaller Architekten
Projektleitung:
Peter Nußbaumer
Mitarbeiter:
Tobias Dieng, Thomas Spiegel
www.dietrich.untertrifaller.com

Helmut Dietrich
geboren 1957 in Mellau;
seit 1986 selbstständiger Architekt; Arbeitsgemeinschaft mit Much Untertrifaller; 1994 Gründung Dietrich I Untertrifaller Architekten.

Much Untertrifaller
geboren 1959 in Bregenz;
1982–1985 Mitarbeit im Architekturbüro Much Untertrifaller sen.; seit 1986 eigenes Büro mit Helmut Dietrich und Much Untertrifaller sen.;
seit 1994 Dietrich I Untertrifaller Architekten.

Bauherr:
Gemeinde Klaus Immobilienverwaltungs GmbH & Co KEG
Bauleitung:
E. Gmeiner Baugesellschaft mbH, Schwarzach
Baukoordination:
BAM GmbH, Götzis
HSL-Planung:
IGT Consulting & Engineering GmbH, Hohenems
Bauphysik:
Bernhard Weithas, Hard
Betonstatik: Mader/Flatz, Bregenz
Holzstatik:
Merz Kaufmann & Partner, Dornbirn
Kostenmanagement:
JM Projektabwicklung GmbH, Feldkirch
Elektroplanung:
Hecht Licht- und Elektroplanungs OEG, Rankweil
Akustik: Karl Brüstle, Dornbirn
Geotechnik:
Plankel-Pelzl & Partner, Lauterach
Landschaftsarchitekten:
Rotzler, Krebs Partner, Winterthur
Fertigstellung: 2003

Kunstlichtbeleuchtung/
Photovoltaikanlage:
Heinzlemänner Elektroinstallationen GmbH, Götzis
Fixverglasung:
Glas Marte GmbH, Bregenz
Passivhausfenster:
Heinrich Manahl GmbH, Bludenz Bings
Heizung, Sanitäranlage:
Markus Stolz GmbH & Co. KG, Bludenz
Lüftungsanlage:
Lippuner Energie und Metallbautechnik GmbH, Weiler
Sonnenschutz:
Fesal- Sonnen- und Wetterschutz Sonderegger GesmbH, Koblach
Baumeister: Dobler Bau GmbH
Thomas Heiß, Helmut Gartler, Klaus Peschl, Röthis

Konferenz- und Ausstellungsgebäude in Osnabrück, Deutschland

Architekten:
Herzog + Partner
Architekten BDA GbR
Thomas Herzog, Hanns Jörg Schrade
Mitarbeiter:
Stefan Sinning, Kirsten Braun, Patrick Bröll, Peter Gotsch, Matthias Lettau, Sybille Fries
www.herzog-partner-architekten.de

Thomas Herzog
geboren 1941 in München;
seit 1971 eigenes Büro;
seit 1973 Professor; seit 1993 an der TU München.

Hanns Jörg Schrade
geboren 1951 in Stuttgart;
seit 1994 Partnerschaft mit Thomas Herzog.

Bauherr:
Deutsche Bundesstiftung Umwelt, Osnabrück
Projektsteuerung und Bauleitung:
Reinders & Partner GbR Architekten BDA, Osnabrück
Baugrunduntersuchungen:
Jagau & Partner, Syke
Topographie:
Vermessungsbüro Werner Flüssmeyer, Osnabrück
Schallschutz-Lärmemission:
Kötter Consulting Engineers GmbH
Tragwerksplanung:
Barthel & Maus, München
Prüfstatiker:
Speich, Hinkes und Partner, Hannover
Energie- und Anlagentechnik:
ZAE Bayern e.V., Garching
Bau- und Raumakustik,
Bauphysik: Müller BBM, Planegg
Landschaftsarchitektur:
Latz & Partner, Kranzberg
Medientechnik:
MedienSL GmbH, Kürten
Versuche Membrandach:
Universität GH Essen, Bauwesen, Essen
Belastungsbeurteilung anfallendes Aushubmaterial:
Chemisches Laboratorium Weißling GmbH, Hannover

Fertigstellung: 2002

Rohbau-und Fliesenarbeiten:
Kleine-Kuhlmann GmbH,
Ankum
Außenanlage:
Heinrich Steinhake GmbH,
Osnabrück
Holztragwerk/Abdichtung/
Faserzement:
Holzbau Brüggemann
GmbH & Co. KG,
Neuenkirchen
Membrandach:
B & O Hightex GmbH,
Rimsting/Chiemsee
Fassade/Fenster und
Überkopfverglasung:
LANCO, Göttingen
Tageslichtarbeiten/
Montage Tageslichtmodule:
H. & J. Harms, Zwickau
Sonnenschutztechnik GbR,
Sonnenschutz Linearantrieb und
Elektrische Steuerung:
RSI-Schröder & Imhof GbR,
Großwallstadt
Stahlbauarbeiten:
Heinrich Rohlfing GmbH,
Stemwede
Estricharbeiten:
Fußboden Krause GmbH,
Versmold
Förderanlagen:
OSMA-Aufzüge A. Schenk
GmbH & Co. KG,
Osnabrück
Sanitärinstallation/
Heizungsarbeiten:
Eckhard Senger
GmbH & Co. KG,
Osnabrück
Lufttechnische Anlagen:
Kuhr GmbH, Meppen
Elektroinstallation:
OSMO-Anlagenbau,
Georgsmarienhütte

Bürogebäude in Solihull, England

Architekten:
Arup Associates, London
Daniel Jang Wong
www.arupassociates.com

Ove Arup
1895–1988,
seit 1938 mit Arne Arup
Arup & Arup Ltd; seit 1946 Ove
Arup & Partners.

Bauherr:
BVP Developments Ltd.,
The Arup Group,
Solihull
Haustechnikplaner:
Arup Associates, London
Peter Warburton, Patrick Regan,
Malcolm Wallace
Tragwerksplaner:
Arup Associates, London
Terry Raggett, Damian Eley
Landschaftsplanung:
Bernard Ede mit Roger Griffiths
Associates, Rugby
Bauleiter:
Rob Saunders,
The Arup Group
Generalunternehmer:
Interserve Project Sevices,
Birmingham
Tel.: +44 121 3444888
Fax: +44 121 3444677
Fertigstellung: 2001

Stahlbau:
Green & Sons Ltd., Spalding, Lincs
Tel.: +44 1406 370585
Fax: +44 1406 370766
Down & Francis Ltd.,
Birmingham
Tel.: +44 121 4333300
Fax: +44 121 4599222
Feuerschutzanstrich
für Stahlkonstruktion:
Fire Management Ltd.,
Shrewsbury Shropshire
Tel.: +44 1939 291210
Dachaufbauten:
Laubeuf UK Ltd.,
Sheffield
Dachdeckerarbeiten:
Richard Lees Steel Decking Ltd.,
Ashbourne, Derbyshire
Tel.: +44 1335 300999
Sharkey and Company,
Birmingham
Tel.: +44 121 3803700
Fax: +44 121 3803710
Hohldeckenelemente:
Tarmac Topfloor Ltd.,
Ashbourne,
Derbyshire
Tel.: +44 1335 360601
Fax: +44 1335 360014
Holzverschalung:
Swift Horsman,
Ware Hertfordshire
Tel.: +44 1920 466795
Fax: +44 1920 461026
Tischlerarbeiten:
Joinery Shoppe Ltd.,
Aldridge, Walsall
Tel.: +44 1922 455997
HLS-Ingenieure:
Haden Young Ltd.,
Birmingham
Tel.: +44 121 7061116
Fax: +44 121 7065229
Aufzug:
Express Evans Lifts,
Lichfield, Staffordshire
Drehtür:
Boon Edam,
Ashford, Kent
Außenanlagen:
Kevin Pickering,
Wotton Fields, Northampton

Verwaltungsgebäude in Recanati, Italien

Architekt:
MCA, Mario Cucinella Architects,
Bologna
www.mcarchitects.it

Mario Cucinella,
seit 1992 eigenes Büro; seit 1999
Bürogemeinschaft mit Elizabeth
Francis in Bologna; Lehrauftrag an
der Universität Ferrara.

Bauherr:
iGuzzini Illuminazione, Recanati
Tel.: +39 071 75881
Fax: +39 071 75881
Planung Haustechnik:
Domenella Engineers,
Civitanova Marche
Konzept natürliche Belüftung:
Stephen Jolly, Alistair Guthrie
Ove Arup & Partners, London
Energiekonzept:
EDAS, Energy Design Advice
Sheme
Brian Ford, London
Tageslichtkonzept:
MCA mit Polytechnikum Lausanne
Stahlbau und Fassaden:
Promo, Corridonia, Italien
Tel.: +39 733 433542
Fax: +39 733 433433
Kontrollsystem:
Johnson Controls SpA,
Sesto San Giovanni Milan
Statik Beton:
Stefano Sabbatini, Recanati
Fertigstellung: 1997

Rohbau:
GM, Civitanova Marche
Ausführung Haustechnik:
General Impianti, Recanati
Atriumgarten:
Mauro Paccamiccio Vivaista,
Recanati

Verwaltungsgebäude in Landquart, Schweiz

Architekten:
Bearth & Deplazes Architekten AG,
Chur
Mitarbeiter:
Bettina Werner, Marlene Wallimann,
Roger Durrer, Urs Geiger,
Andreas Egger
www.deplazes.arch.ethz

Valentin Bearth
geboren 1957 in Tiefencastel;
1984–1988 Mitarbeit im Atelier
Peter Zumthor, Haldenstein;
seit 1988 gemeinsames Büro mit
Andrea Deplazes; seit 2000
Gastprofessor Accademia di
architettura, Mendrisio; seit 2001
Bearth + Deplazes AG, Chur.

Andrea Deplazes
geboren 1960 in Chur;
seit 1988 gemeinsames Büro mit
Valentin Bearth; seit 1997 Professor
für Architektur + Konstruktion, ETH
Zürich; seit 2001 Mitinhaber der
Bearth + Deplazes AG, Chur.

Bauherr:
ÖKK Graubünden Stiftung,
Landquart
Bauleitung: Toscano AG, Thusis
Energie- und Lüftungskonzept:
Andrea Rüdi, Chur
Waldhauser Haustechnik AG,
Münchenstein
Haustechnik/ HLS-Ingenieure:
ARGE, Landquart
Hans Gadient, Trimmis
Tragwerksplaner:
Conzett Bronzini Gartmann AG,
Chur
Bauphysik: Edy Toscano AG, Chur
Elektroingenieur: Elkom Partner AG,
Chur
Inneneinrichtung:
Abitare Hürlimann, Chur
Fertigstellung: 2002

Produktionsgebäude in Braunschweig, Deutschland

Architekten:
Banz + Riecks Architekten BDA,
Bochum
www.banz-riecks.de

Elke Banz
1990–1992 Mitarbeit im Büro
Eckhardt Gerber, Dortmund;
1992–1993 Mitarbeit im Büro Jörg
Friedrich, Hamburg; seit 1994
freiberufliche Tätigkeit in Bochum.

Dietmar Riecks
1991–1994 Mitarbeit im Büro Thomas Herzog, München, seit 1994 freiberufliche Tätigkeit in Bochum; 1995–2000 Lehrauftrag Universität Dortmund.

Bauherr:
Solvis Energiesysteme GmbH & Co. KG, Braunschweig
Energie und Tageslicht:
Fraunhofer Institut für Solare Energiesysteme ISE, Freiburg
Bauphysik: Robert Borsch-Laaks, Büro für Bauphysik, Aachen
Haustechnik:
Solares Bauen GmbH, Freiburg
Blower-Door Messung:
Ingenieurgesellschaft Bauen + Energie + Umwelt, Springe/ Eldagsen
Tragwerksplaner:
Burkhard Walter, Ingenieurbüro für Bauwesen, Aachen
Fabrikplanung und Produktionslogistik:
Vollmer und Scheffczyk GmbH, Hannover
Prüfstatik:
Ingenieurbüro kgs, Hildesheim
Bodengutachter:
Suckow & Zarske GbR, Braunschweig
Brandschutz:
Neumann Kex & Partner, Schmallenberg
Fertigstellung: 2002

Verwaltungsgebäude in Würzburg, Deutschland

Architekten:
Webler+Geissler, Architekten BDA, Stuttgart
www.webler-geisler.de

Garnet Geissler
geboren 1958 in Würzburg; 1985–1989 Mitarbeit bei Norman Foster, London; seit 1990 gemeinsames Büro mit Martin Webler; 1992–1993 Lehrauftrag an der Universität Stuttgart.

Martin Webler
geboren 1957 in Hannover; 1984–1987 Mitarbeit im Büro Norman Foster, London; seit 1990 gemeinsames Büro mit Garnet Geissler; 1988–1989 Lehrauftrag an der Universität Stuttgart.

Bauherr:
Herrmann Püttmer, Kirchberg an der Murr
Haus- und Gebäudeleittechnik:
Ingenieurgesellschaft Püttmer IGP, Ludwigsburg
Tel.: +49 7141 9915125
Fax: +49 7141 99151296
Tragwerksplaner:
Ingenieurbüro für Bauwesen Wolff, Stuttgart
Tel.: +49 711 712263
Fax: +49 711 7189410
Elektroplanung:
Ingenieurbüro Klausch & Partner, Erfurt
Baukonstruktion:
Götz GmbH, Fellbach
Sonnenschutz:
WAREM, Marktheidenfeld am Main
Systemwand, Systemdecke:
Webler + Geissler, Architekten BDA, Stuttgart
Ingenieurgesellschaft Püttmer, Ludwigsburg
Götz GmbH, Würzburg
Energietechnik/Kältetechnik/BHKW:
Gesellschaft für Bodenanalytik und Umwelttechnik, Mannheim
Gesellschaft für Energietechnik, Bremen
Solarkollektoren:
Ingenieurgesellschaft Püttmer IGP, Ludwigsburg
Götz GmbH, Würzburg
Stahlbau: Stahlbau, Halle
Fassade: Götz GmbH, Würzburg
Glas: SANCO, Nördlingen
Fertigstellung: 1995

Akademie in Herne, Deutschland

Architekten:
Jourda Architectes, Paris
Hegger Hegger Schleif, Kassel
Mitarbeiter:
Andreas Wiege, Gerhard Greiner
www.hhs-architekten.de

Françoise-Hélène Jourda
geboren 1955; 1979–1983 Lehrbeauftragte; Professur an der TU Wien.

Manfred Hegger,
seit 1980 Partnerschaft HHS Planer + Architekten; seit 1973 Lehrtätigkeit an verschiedenen Hochschulen; seit 2001 Professur an der TU Darmstadt.

Bauherr:
Land Nordrhein-Westfalen
Energiekonzept:
HL Technik, Stuttgart
Photovoltaikanlage:
Pilkington Solar International, Köln
Tel.: +49 221 92597062
Fax: +49 221 2581117
Flabeg Solar Int. GmbH, Köln
Tel.: +49 221 925970-0
Fax: +49 221 2581117
Tragwerksplanung:
Schleich Bergermann und Partner, Stuttgart
Wechselrichter:
E.U.S. Gesellschaft für innovative Energieumwandlung und -speicherung mbH, Gelsenkirchen
Tel.: +49 209 1672210
Fax: +49 209 1672201
Glashülle:
Schneider, Stimpfach
Tel.: +49 7967151-0
Fax: +49 7967 521/522
Hoch- und Tiefbau:
Echterhoff - Holland Hoch- und Tiefbau GmbH, Bochum
Tel.: +49 234 92211-0
Fax: +49 234 287345
Züblin AG, Duisburg
Tel.: +49 203 2820-0
Fax: +49 203 27283
Gutehoffnungshütte Baugesellschaft mbH, Oberhausen
Tel.: +49 208 6788-0
Fax: +49 208 6788-299
Bodensanierung/Recycling:
BSR GmbH, Bochum
Tel.: +49 234 68789-0
Fax: +49 234 9129633
Holzbau
Kaufmann Holz AG, Reuthe
Tel.: +43 5574 804-0
Fax: +43 5574 804-201
Bauklimatik:
GfA-Gesellschaft für Aerophysik mbH, München
Tel.: +49 89 7233081
Fax: +49 89 7233082
Fertigstellung: 1994

Deutscher Bundestag in Berlin, Deutschland

Architekten:
Foster and Partners, London
www.fosterandpartners.com

Norman Foster
geboren 1935 in Manchester; 1961 Gründung Team 4 mit Richard Rogers; seit 1967 eigenes Büro Foster and Partners.

Haustechnik:
Kuehn Bauer Partner, beratende Ingenieure GmbH, Hallbergmoos
www.kbp.de

Bauherr:
Bundesbaugesellschaft Berlin im Auftrag der Bundesrepublik Deutschland
Energiekonzeption/Technikplanung:
Kaiser Bautechnik, Duisburg
Fischer Haustechnik, Wehrheim
Amstein und Walthert, Zürich
Planungsgruppe Karnasch-Hackstein
Tragwerksplanung:
Ove Arup Partnership, London
Schleich Bergermann und Partner, Stuttgart
Leonhard und Andrä, Stuttgart
Akustik/Schallschutz:
Müller BBM GmbH, Planegg
Georg Plenge, Egling-Thanning
Lichtplanung:
Claude Engle
Fassadenberatung:
Emmer und Pfenniger, Münchenstein
Bauphysik:
Bobran Ingenieure, Stuttgart
Denkmalschutzberatung:
Acantus, Bristol
Brandschutz:
Wolfram Klingsch, Wuppertal
Fertigstellung: 1894
Umbau: 1999

Ausführung:
Energiekonzeption:
ARGE Reichstagskuppel
Waagner-Biro AG, Wien/München
Tel.: +43 1 28844544
Fax: +43 1 288447842
Götz GmbH, Dillingen
Tel.: +49 9071 7000
Fax: +49 9071 6343

Autoren

Christian Schittich (Herausgeber)

Jahrgang 1956
Architekturstudium an der TU München,
anschließend sieben Jahre Büropraxis, publizistische Tätigkeit,
seit 1991 Redaktion DETAIL, seit 1992 verantwortlicher Redakteur,
seit 1998 Chefredakteur;
Autor und Herausgeber zahlreicher Fachbücher und Fachartikel.

Manfred Hegger

Jahrgang 1946
Architekturstudium an der Universität Stuttgart, der Hochschule für Gestaltung in Ulm, der TU Berlin und der London School of Economics and Political Science,
1969–1970 Partnerschaft Arbeitsgruppe Nutzungsforschung,
1979–1982 Berater OECD Paris,
seit 1980 Partnerschaft HHS Planer + Architekten GbR, Kassel,
1973–1990 Lehrauftrag am Institut für Schulbau der Universität Stuttgart, Fachbereich Architektur,
1977–1979 Gastprofesssur im Fachbereich Architektur der Universität Kassel,
seit 1979 am Institut für Entwerfen und Architektur der Universität Hannover (Lehrauftrag, Honorarprofessur),
seit 2001 Professur am Lehrstuhl für Entwerfen und energieeffizientes Bauen der TU Darmstadt, Fachbereich Architektur.

Roland Krippner

Jahrgang 1960
Ausbildung als Maschinenschlosser,
Architekturstudium an der Gesamthochschule Kassel,
1993–1995 Büropraxis,
seit 1995 wissenschaftlicher Mitarbeiter/Assistent am Lehrstuhl für Gebäudetechnologie, Prof. Thomas Herzog, TU München;
seit 1994 publizistische Tätigkeit.

Michael Kuehn

Jahrgang 1941
seit 1960 Studium der Elektrotechnik an der TU Hannover,
seit 1970 Fachleitung für Energietechnik, Kraftanlagen Heidelberg AG,
1980 Gründung des Ingenieurunternehmens Kuehn Bauer Partner,
Konzepte, Studien, Entwicklungen, technische Gesamtplanung, Realisierung von städtebaulichen Planungen und Hochbauprojekten.

Dirk Mattner

Jahrgang 1965
Maschinenbaustudium an der TU Braunschweig und
TU Stuttgart, Schwerpunkt Energietechnik,
seit 1994 bei Kuehn Bauer Partner, München, Projektleiter TGA,
Studien, Forschungsarbeiten, Konzeptentwicklungen, Planung und Realisierung.

Helmut F. O. Müller

Jahrgang 1943
Architekturstudium an der Universität Hannover, der Universität Stuttgart und dem London University College, Diplom 1972,
1972–1982 Planungs- und Forschungstätigkeit in der Bauwirtschaft, in verschiedenen Ingenieurbüros und an der Universität Stuttgart, Promotion 1979,
1982–1993 Professor im Fachbereich Architektur an der FH Köln,
1991–1997 Gründung und Leitung des Instituts für Licht- und Bautechnik an der FH Köln (ILB),
seit 1993 Professor des Lehrstuhls Klimagerechte Architektur an der Universität Dortmund,
seit 1997 Geschäftsführender Gesellschafter der GLB, Gesellschaft für Licht und Bautechnik mbH, Dortmund;
seit 1979 publizistische Tätigkeit.

Heide Schuster

Jahrgang 1969
Architekturstudium an der FH Darmstadt, Diplom 1997,
1997–1998 Postgraduiertenstipendium,
Master of Arts an der Architectural Association, London 1998,
seit 1997 freie Architektin,
seit 2000 wissenschaftliche Mitarbeiterin am Lehrstuhl für Klimagerechte Architektur an der Universität Dortmund;
seit 1999 publizistische Tätigkeit.

Abbildungsnachweis

Allen, die durch Überlassung ihrer Bildvorlagen, durch Erteilung von Reproduktionserlaubnis und durch Auskünfte am Zustandekommen des Buches mitgeholfen haben, sagen die Autoren und der Verlag aufrichtigen Dank. Sämtliche Zeichnungen in diesem Werk sind eigens angefertigt. Nicht nachgewiesene Fotos stammen aus dem Archiv der Architekten oder aus dem Archiv der Zeitschrift „DETAIL, Zeitschrift für Architektur". Trotz intensivem Bemühen konnten wir einige Urheber der Fotos und Abbildungen nicht ermitteln, die Urheberrechte sind aber gewahrt. Wir bitten um dementsprechende Nachricht.

- All Air Charter, Berlin: S. 150
- BASF Schweiz, Zürich: 2.11
- Bonfig, Peter, München: 2.16, S. 12
- Bryant, Richard/Arcaid, Kingston-upon-Thames: S. 153, 159
- Cook, Peter/View, London: S. 112–113,115, 117
- de Calan, Jean, Paris: S. 118–123
- Feiner, Ralph, Malans: S. 125–127, 129
- Fischer, Hans-Dieter, Herne: S. 142
- Fraunhofer Institut Solare Energiesysteme, Freiburg: 2.10
- Gesellschaft für Licht und Bautechnik mbH, Dortmund: 5.16, 5.25
- Gilbert, Dennis, London: 1.2
- Halbe, Roland/artur, Köln: 5.14, S. 130–131, 132 oben, 134–135
- Hegger, Manfred, Darmstadt: 2.2
- Heinrich, Michael, München: 4.25
- Helbling, Bruno, Zürich: 3.8
- Hempel, Jörg, Aachen: 1.3
- Holzherr, Florian, München: S. 94–97
- Hand & Errico, Tricase: S. 98–101
- Hueber, Eduard, New York: S. 88–89
- Huthmacher, Werner, Berlin: 5.12
- Kaltenbach, Frank, München: S. 38, 91, 92, 144
- Kämpfen, Beat, Zürich: 3.4
- Keller, Andreas/artur, Köln: 5.13
- Klomfar & Partner, Wien: S. 103, 105, 107
- Kober, Bertram/Punctum, Leipzig: S. 108–111
- Krase, Waltraud, Frankfurt: 4.11
- Lehrstuhl für klimagerechte Architektur, Universität Dortmund: 5.17, 5.21, S. 145
- Martínez, Ignacio, Lustenau: S. 72–73, 76–77
- Mjell, Ivar, Irhus: S. 79, S. 81
- Müller, Helmut F.O., Dortmund: 5.26
- Müller-Naumann, Stefan, München: S. 56, 132
- Nikolic, Monika/artur, Köln: S. 143
- Ott, Thomas, Mühltal: 5.23
- Richters, Christian, Münster: S. 136–138, 139 rechts und links, 140–141, 146–147
- Rosenberg, Simone, Berlin: 4.3
- Roth, Lukas, Köln: S. 26
- Schittich, Christian, München: 1.1, 2.4, 2.5, 2.6, 3.6, 4.23, 5.5, S. 8, 104, 149, 152, 157
- Schodder, Martin, Stuttgart: 5.9
- Schuster, Heide, Dortmund: 5.2, 5.8
- Soratroi, Ernst, Innsbruck: S. 90
- Spiluttini, Margherita, Wien: 2.12, 3.12
- Südwestdeutsches Archiv für Architektur und Ingenieurbau Karlsruhe, Foto: Horstheinz Neuendorf, Baden-Baden: 4.19, 4.21
- Tollerian, Dietmar, Linz: 3.7
- Walti, Ruedi, Basel: 5.24
- Weber, Jens, München: 4.2
- Young, Nigel, London: S. 154, 164 links und Mittte
- Zentrum für Sonnenenergie- und Wasserstoff-Forschung Baden-Württemberg: S. 164 rechts
- Zwickert, Gerhard, Berlin: 3.9

Aus Büchern und Zeitschriften::

- Bode, Peter, M. (u.a.), Entscheidung zur Form, Wien-München, 1973: 4.14, 4.15, 4.17
- Daniels, Klaus, Technologie des ökologischen Bauens. Grundlagen und Maßnahmen, Beispiele und
- Ideen, Basel, 1995: 2.8, 2.9
- Danner, Dietmar; Dassler, Friedrich H.; Hajek, Kristina, Die klima-aktive Fassade, Leinfelden-Echterdingen, 1999: 5.10
- DBZ Deutsche Bauzeitschrift, 8/2001: 3.10
- DIN 5034: 5.11
- Koppelkamm, Stefan, Künstliche Paradiese, Berlin, 1988: 2.3
- Lange, Horst, Handbuch für Beleuchtung, Landsberg am Lech, 1992: 5.4
- Produktinformation Firma Siemens: 5.7
- Schirmer, Wulf (Hg.), Egon Eiermann 1904–1970 Bauten und Projekte, Stuttgart, 2002: 4.18, 4.22

Artikel- und rubrikeinführende s/w-Aufnahmen

S. 8; Die Sonne, Quelle der solaren Energie
S. 12; Pfarrheim in Schwindkirchen; arc Architekten, München
S. 26; Museum für Archäologie, Herne; von Busse Klapp Brüning, Essen
S. 38; Swiss Re Konzernzentrale, London; Foster and Partners, London
S. 56; Flughafen München, Terminal 2; Koch + Partner, München

Foto Schutzumschlag:
Reichstagskuppel, Berlin
Architekten: Foster and Partners
Foto: Christian Schittich